网络嵌入

理论、方法和应用

杨成　刘知远　涂存超　石川　孙茂松◎著　杨成◎译

Network Embedding

Theories, Methods, and Applications

人民邮电出版社

北京

图书在版编目（ＣＩＰ）数据

网络嵌入 ： 理论、方法和应用 / 杨成等著 ； 杨成
译. -- 北京 ： 人民邮电出版社, 2023.9
ISBN 978-7-115-61142-0

Ⅰ. ①网… Ⅱ. ①杨… Ⅲ. ①人工智能 Ⅳ.
①TP18

中国国家版本馆CIP数据核字(2023)第023167号

版权声明

◆ 著　　　杨　成　刘知远　涂存超　石　川　孙茂松
　译　　　杨　成
　责任编辑　郭泳泽
　责任印制　王　郁　焦志炜
◆ 人民邮电出版社出版发行　　北京市丰台区成寿寺路 11 号
　邮编　100164　　电子邮件　315@ptpress.com.cn
　网址　https://www.ptpress.com.cn
　涿州市般润文化传播有限公司印刷
◆ 开本：800×1000　1/16
　印张：13.25　　　　　　2023 年 9 月第 1 版
　字数：257 千字　　　　　2023 年 9 月河北第 1 次印刷
　著作权合同登记号　图字：01-2021-4397 号

定价：99.80 元

读者服务热线：(010)81055410　印装质量热线：(010)81055316
反盗版热线：(010)81055315
广告经营许可证：京东市监广登字 20170147 号

内容提要

很多机器学习算法需要数据实例的实值特征向量作为输入. 表示学习技术将数据投影到向量空间，它在计算机视觉和自然语言处理等领域都有良好的表现. 对于网络或者图数据这些具有离散关系的数据，表示学习的研究同样很重要. 网络嵌入旨在学习每个节点或边的向量表示，用以编码网络的拓扑结构信息. 网络嵌入具有良好的效率和性能优势，已经广泛应用于节点分类和链接预测等下游任务中.

本书全面地介绍了网络表示学习的基本概念、模型和应用. 本书从网络嵌入的背景和兴起开始介绍，为读者提供一个整体的描述；通过对多个代表性方法的介绍，阐述了网络嵌入技术的发展和基于矩阵分解的统一网络嵌入框架；提出了结合附加信息的网络嵌入方法——结合图中节点属性/内容/标签的网络嵌入；面向不同特性图结构的网络嵌入方法——面向具有社区结构的/大规模的/异质图结构的网络嵌入. 本书还进一步介绍了网络嵌入的不同应用，如推荐场景和信息扩散预测. 本书的最后总结了这些方法和应用，并展望了未来的研究方向.

关键词

网络嵌入，网络表示学习，节点嵌入，图神经网络，图卷积网络，社交网络，网络分析，深度学习.

前　言

表示学习技术可以从数据中提取有用的信息，用于学习分类器或其他预测器，并在诸多领域取得了良好的表现，例如，计算机视觉和自然语言处理．对于网络或者图数据这类具有离散关系的数据，表示学习的研究同样很重要．通过将网络中的相似节点映射到向量空间的相邻区域，网络嵌入（Network Embedding，NE）能够学到用于编码网络性质的潜在特征．网络嵌入技术为图结构数据的研究提供了一个全新的视角，在过去 5 年里成为机器学习和数据挖掘领域的热门话题．

本书全面介绍了网络表示学习（Network Representation Learning，NRL）的基本概念、模型和应用．本书的第一部分从一般图的网络嵌入开始介绍，即在表示学习过程中只有网络拓扑结构是已知的．通过介绍网络表示发展历史和其代表方法，进一步从理论角度提出了网络嵌入的一般框架．该框架可以涵盖诸多典型的网络嵌入算法，并引导我们开发一种可以应用于任何网络嵌入方法，用于提升其性能的高效算法．

接下来，我们将在第二部分中介绍结合附加信息的网络嵌入方法．在现实世界中，网络中的每个节点通常都具有丰富的附加信息，如文本特征或其他元数据．对网络结构和这些附加信息进行联合学习将显著提高网络嵌入的质量．本部分将分别引入结合节点属性（第 3 章）、内容（第 5 章）和标签（第 6 章）的网络嵌入算法实例．在第 4 章，我们还从图卷积网络（Graph Convolution Network，GCN）的角度重新探讨了结合属性信息的网络嵌入．

然后，我们将在第三部分介绍在具有不同特性的图上的网络嵌入，包括具有社区结构的图（第 7 章）、大规模图（第 8 章）和异质图（第 9 章）．社区结构广泛存在于社会网络中，可以为专注局部邻域的网络嵌入提供互补的全局知识．现实世界的网络通常也是大规模和异构的，这促使我们为这类图设计专门的网络嵌入算法，以获得更高的效率和有效性．

我们将在第四部分介绍网络嵌入技术在各种场景中的应用，即社会关系提取（第 10 章）、推荐系统（第 11 章）和信息扩散预测（第 12 章）．网络嵌入将分别作为第 10 章、第 11 章、第 12 章中算法的主体、关键部分、辅助输入．

最后，我们将展望网络嵌入的未来方向，并在第五部分总结全书．

本书的目标读者是从事机器学习和数据挖掘，特别是网络分析领域的研究人员和工程师．虽然每一章的内容大多是自成一体的，但读者必须具备机器学习、图论和主流深度学习架构（如卷积神经网络、循环神经网络和注意力机制）等方面的基本背景．建议读者通过阅读第一部分的内容快速了解网络嵌入领域，并通过第二部分 ～ 第四部分的内容深入研究不同场景下的网络嵌入算法的变体. 我们希望第五部分的展望章节能够启发读者提出自己的网络嵌入方法.

杨成　刘知远　涂存超　石川　孙茂松

2021 年 2 月

致 谢

在此向所有参与本书编写、校对、翻译、排版工作的人员表达诚挚的感谢！本书的部分章节源自我们之前发表的论文 (Cui et al., 2020; Lu et al., 2019; Tu et al., 2018 2016b, 2017a,b; Yang et al., 2015, 2017a,b, 2018a; Zhang et al., 2018b)，特此向从事网络嵌入领域相关研究的所有合作者表示感谢：Edward Chang, Ganqu Cui, Zhichong Fang, Shiyi Han, Linmei Hu, Leyu Lin, Han Liu, Haoran Liu, Yuanfu Lu, Huanbo Luan, Hao Wang, Xiangkai Zeng, Deli Zhao, Wayne Xin Zhao, Bo Zhang, Weicheng Zhang, Zhengyan Zhang, Jie Zhou. 此外，本书的出版得到了国家重点研发项目 (编号：2018YFB1004503)、国家自然科学基金项目 (编号：62002029、U20B2045、61772082)、中央高校基本科研业务费 (编号：2020RC23) 的支持. 感谢卢志远、刘曜齐、张琦对本书翻译工作提供的大力协助. 感谢所有帮助本书出版的编辑、审稿人和其他工作人员. 最后，要特别感谢我们的家人对我们的支持.

杨成　刘知远　涂存超　石川　孙茂松

2021 年 2 月

作者简介

杨成

北京邮电大学计算机学院副教授. 他分别于 2014 年和 2019 年获得清华大学计算机科学专业学士学位和博士学位. 其研究方向包括网络表示学习、社会计算和自然语言处理，在 IJCAI、ACL、ACM TOIS、IEEE TKDE 等顶级会议和期刊上发表论文四十余篇，谷歌学术引用近四千次.

刘知远

清华大学计算机科学与技术系副教授. 他分别于 2006 年和 2011 年获得清华大学计算机科学与技术专业学士和博士学位. 研究方向是自然语言处理和社会计算，在国际期刊和 IJCAI、AAAI、ACL、EMNLP 等会议上发表了六十余篇论文，谷歌学术应用量超过一万次.

涂存超

清华大学计算机科学与技术系博士后. 他分别于 2013 年和 2018 年获得清华大学计算机科学与技术专业学士和博士学位. 其研究方向包括网络表示学习、社会计算和法律智能，在 IEEE TKDE、AAAI、ACL、EMNLP 等国际期刊和会议上发表论文二十余篇.

石川

北京邮电大学计算机学院教授. 其主要研究方向包括数据挖掘、机器学习和大数据分析. 在数据挖掘方面的顶级期刊和会议，如 IEEE TKDE、ACM TIST、KDD、WWW、AAAI 和 IJCAI 等，发表了相关论文一百余篇.

孙茂松

清华大学计算机科学与技术系教授，清华大学人工智能研究院常务副院长. 其研究方向包括自然语言处理、互联网智能、机器学习、社会计算和计算教育学，在各种顶级会议和期刊上发表论文二百余篇，谷歌学术引用量超 1.5 万次，并于 2020 年当选欧洲科学院外籍院士.

目　录

第一部分　网络嵌入介绍

第二部分 结合附加信息的网络嵌入

第三部分　面向不同特性图结构的网络嵌入

第四部分　网络嵌入应用

第五部分 网络嵌入展望

第一部分

网络嵌入介绍

第1章　网络嵌入基础

基于数据表示学习的机器学习算法在过去几年中取得了巨大的成功. 数据的表示学习可以为分类器和其他预测器的学习提取有用的信息，已在计算机视觉和自然语言处理等机器学习任务中得到了广泛的应用. 在过去的十几年中，研究人员也提出了许多关于网络表示学习的工作，并在很多重要的应用场景中取得了优异的成果. 在本章中，我们将先介绍网络嵌入的背景和动机，然后给出网络嵌入的起源并形式化定义问题；最后给出本书的整体概述.

1.1　背景

网络（图）由一组节点及其之间的连边组成，是我们日常生活和学术研究中广泛使用的一种数据类型，如 Facebook 中的社交网络和 DBLP 中的引文网络（Ley, 2002）. 研究人员对机器学习在网络中的许多重要应用进行了广泛的研究，如节点分类（Sen et al., 2008）、社群检测（Yang and Leskovec, 2013）、链接预测（Liben-Nowell and Kleinberg, 2007）及异常检测（Bhuyan et al., 2014）. 多数服务于这些应用的监督学习算法需要一组数值特征作为输入（Grover and Leskovec, 2016）. 因此，如何用数值表示网络是网络分析的关键问题.

与视觉和文本数据不同，图结构数据具有“全局性”的特点，不能被划分成彼此独立的图片或段落进行处理. 网络数据一般用邻接矩阵的形式来表示. 邻接矩阵是一个方阵，其维数等于网络中的节点数. 邻接矩阵中的第 i 行 j 列表示第 i 个节点和第 j 个节点之间是否有一条有向边. 理论上说，邻接矩阵中非零元素的数目，也就是网络中边的条数，至多可以是网络中节点数目的平方. 然而，真实世界中的网络通常是稀疏的，所以通常假设边数与节点数呈线性关系. 例如，在一个社交网络中，每个用户只会链接少量的好友，与网络中的所有用户相比，这可以被视为一个小常数. 因此，邻接矩阵非常稀疏，其大部分元素为零. 我们在图 1.1 中给出了著名的空手道俱乐部社交网络的一个示例.

尽管邻接矩阵从直觉上很容易理解，但邻接矩阵表示法存在两个主要缺点：高维性和稀疏性. 高维性，指每个节点都需要一个长度等于节点数的向量来表示，这增加了后续环节中的计算开销. 数据稀疏性，指矩阵中的非零元素非常稀疏，因此该表示中编码的信息量有限. 这两个缺点使得将机器学习和深度学习技术应用于传统邻接矩阵表示不可行.

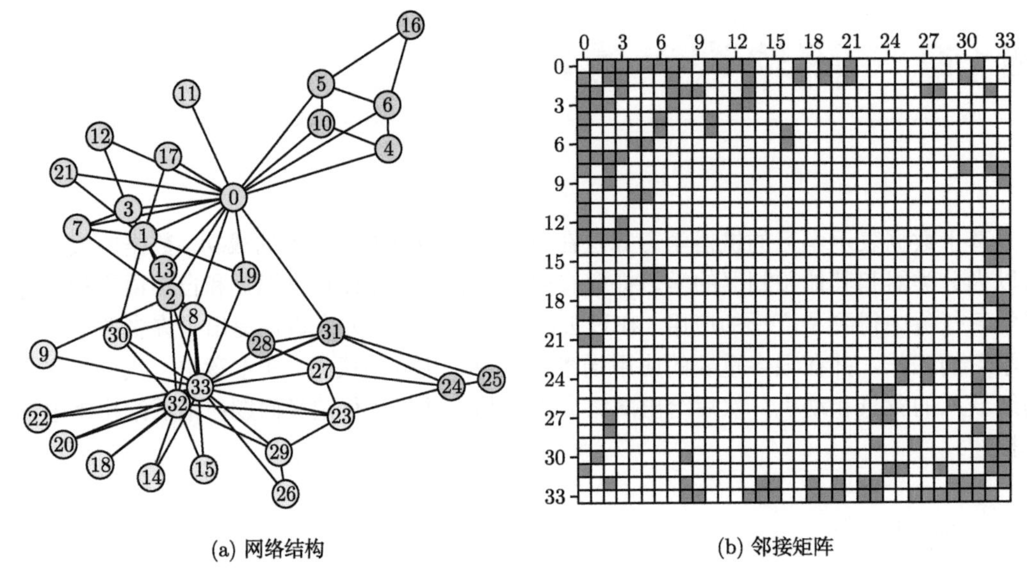

图 1.1 空手道俱乐部社交网络及其邻接矩阵示例，其中白色块表示零项

人工选取特征可能可以解决以上两个问题. 例如，我们可以为每个节点提取一组特征，如度数、PageRank 值、中心性等指标. 然而，这样的特征工程需要大量的人力和专业知识. 同时，提取的特征不能很好地推广到不同的数据集. 所以，虽然用数值表示网络是进行网络分析的重要前提，但是在传统的表示方法中仍然存在一些未解决的挑战.

1.2 网络嵌入的兴起

表示学习（Bengio et al., 2013）通过优化来学习特征嵌入，是为了避免特征工程，提高特征的灵活性而提出的. 为了解决上述挑战，受最近图像、语音和自然语言等领域表示学习技术的启发，研究人员提出了网络表示学习 (或网络嵌入) 的概念. 网络嵌入的目标是将每个节点的结构信息编码成一个低维实值向量，以进一步作为各种网络分析任务的特征.

下面将网络表示学习中的问题形式化. 令 $G=(V,E)$ 代表输入网络，其中，V 是节点集合，E 是边集合. 网络表示学习旨在为每个节点 $v\in V$ 学习 $r_v\in\mathbb{R}^k$ 的 k 维向量表示，其中 k 远小于节点数 $|V|$.

由于 r_v 是一个稠密实值表示，所以 r_v 能够缓解邻接矩阵等网络表示方法的稀疏性问题. 我们可以把 r_v 看作节点 v 的特征，这些特征能够方便地作为诸如逻辑回归、支持向量机（Support Vector Machine，SVM）等分类器的输入，并应用于节点分类等机器学习任务. 需要注意的是，我们学习得到的网络表示并非针对特定任务，因而可以在不同的任务之间通用.

网络表示学习有助于我们更好地理解节点之间的语义相关性，并进一步减轻了稀疏性带来的不便. 图 1.2 展示了将图 1.1 中的网络通过 DeepWalk（DW；Perozzi et al., 2014）算法编码后得到的二维网络表示. 在图 1.2 中，我们可以看到具备相似结构的节点在向量空间中的网络表示也是相似的，也就是说，节点表示成功地保留了结构信息. 网络嵌入为大规模网络的表示提供了一种简单有效的方法，减轻了传统基于符号表示的稀疏性问题. 因此，网络嵌入近年来备受关注（Grover and Leskovec, 2016; Perozzi et al., 2014; Tang et al., 2015b）[①]，并在链接预测、节点分类及社区发现等网络分析任务中都有良好的表现.

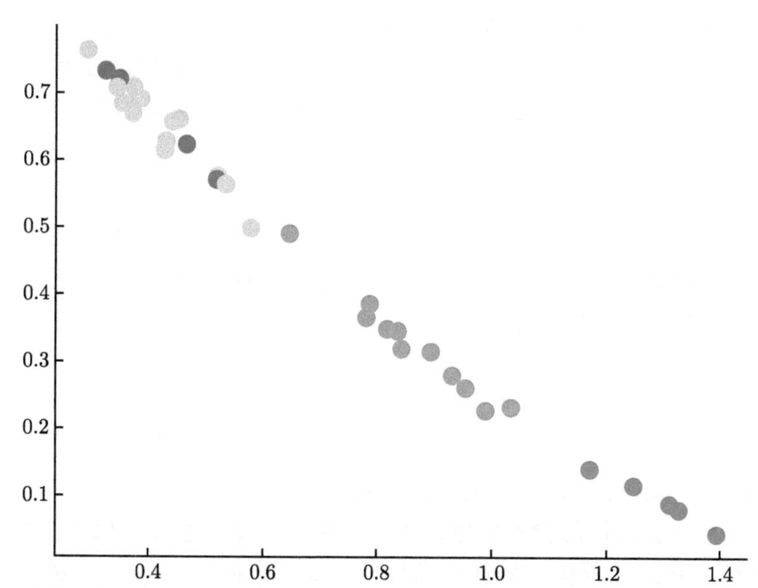

图 1.2 经典网络嵌入方法 DeepWalk（Perozzi et al., 2014）的实例. 将图 1.1中的网络结构作为输入，DeepWalk 为网络中的每一个节点学习了一个 2 维向量表示

1.3 网络嵌入的评估

算法学习到的网络表示质量难以直接评估. 因此，研究人员往往将网络表示应用于各种下游任务，并通过下游任务的性能评估网络表示质量. 常见的评估任务有节点分类、链接预测及节点聚类（社区发现）.

① 事实上，在利用结构信息方面，2010 年以前也有许多开创性的工作（Belkin and Niyogi, 2001; Chen et al., 2007; Tang and Liu, 2009）. 我们将在后续章节对此进行详细介绍.

1.3.1 节点分类

网络 $G=(V,E)$ 中，节点子集 $V_L \subset V$ 带有标签，其中，V 是顶点集合，E 是边集合，节点分类的目标是预测无标签节点集合 $V_U \subset V$ 中的每一个节点 v 的标签.

对于无监督网络嵌入方法，我们以学习到的节点表示作为输入特征来训练逻辑回归或 SVM 等标准后处理分类器. 需要注意的是，网络结构只用于学习网络表示，而不会用于训练分类器.

对于半监督网络嵌入方法，节点表示训练过程会使用 V_L 节点的类别标签. 这些方法通常在模型中就包含了分类模块，因此不需要后处理分类器. 在第 6 章中我们会进一步详细介绍半监督表示学习方法.

节点分类问题可以进一步划分为多分类问题和多标签分类问题.

对于多分类问题，每个节点都具有标签集中的一个标签，评估指标通常是分类准确率. 对于多标签分类问题，每个节点可能具有多个标签，我们总共需要进行节点数 × 标签数次预测. 在这种情况下，评估指标通常包括 Micro-F1（所有预测中的 F1 值）和 Macro-F1（所有类别中 F1 指标的平均值）.

1.3.2 链接预测

给定一个部分观测的图 $G=(V,E)$，链接预测的目标是找出网络中缺失的连边. 形式上，链接预测方法会量化每个节点对 $(v_i,v_j)\notin E$ 的相似度评分，并判断缺失链接的得分是否会高于不存在的链接的得分.

为了使用网络嵌入方法进行链接预测，我们通常计算对应节点表示之间的点积或 $L1/L2$ 范数距离作为相似度评分. 对于点积函数，得分越高表示两个节点的相似度越高. 而对于 $L1$ 和 $L2$ 范数，得分越低表示两个节点相似度越高.

链接预测也可以看作信息检索问题：丢失的链接是要检索的正确“文档”，因此在相似度方面应该排名靠前. 链接预测评估指标包括曲线下面积 (Area Under Curve, AUC; Hanley and McNeil, 1982）和平均倒数排名（Mean Reciprocal Rank, MRR; Voorhees et al., 1999）等. 给定所有节点对的相似度，AUC 是一个随机未观测到的链接比一个随机不存在的链接具有更高相似度的概率；MRR 是一种统计度量方法，用于评估未观察到的链接在随机不存在的链接中得分的排名，其中所有链接都有相同的头节点和不同的尾节点. 事实上，大多数信息检索的评估指标均可用于评估链接预测.

1.3.3 节点聚类

给定图 $G=(V,E)$，节点聚类的目标是将节点划分到 K 个不相交子集 $V=V_1\cup V_2\cup\cdots\cup V_K$ 中，其中相同子集中的节点之间应当比不同子集中的节点之间更相似（或紧密连接）. 子集数目 K 可以是预设好的，也可以是通过聚类算法学习到的.

与节点分类任务相似，谱聚类（Ng et al., 2002）等后处理算法会通过学习节点表示的相似矩阵，得到节点的聚类关系.

节点聚类指标根据是否掌握聚类的真实值分为两类. 如果不知道聚类的真实值，可以使用模块度（modularity; Newman, 2006）或 Davies–Bouldin 指数（Davies and Bouldin, 1979）评估同一聚类中的节点是否紧密连接或位于相近的位置. 如果已经掌握聚类的真实值，则需要 Hungarian（Kuhn, 1955）等后处理算法来生成预测聚类与真实聚类之间的映射. 然后就可以使用标准化互信息（Normalized Mutual Information，NMI）或调整兰德系数（Adjusted Rand Index，ARI; Gan et al., 2007）方法进行评估了.

本章介绍了网络嵌入的基本内容，接下来的章节会详细介绍典型的网络表示学习方法.

第2章　一般图的网络嵌入

在本章中，我们会介绍最一般和最常见的网络嵌入方法，这些方法主要从网络拓扑中学习节点表示，且不利用附加信息（如节点属性）或额外假设（如社区结构的存在）. 虽然近 5 年来网络表示学习成为了机器学习领域中的热门研究方向，但实际自 21 世纪初以来，网络嵌入已经有了较长的历史. 首先，我们将按照时间顺序介绍几种具有代表性的算法，用于概述网络嵌入技术的发展历程. 接着，我们将提出一个基于矩阵分解的网络嵌入的一般框架，并从理论上说明典型方法实际上是该框架的特例. 最后，基于该框架，我们提出了一种高效算法，用于提高任何网络嵌入方法的性能.

2.1　代表性方法

2.1.1　早期工作 (约 2001~2013)

自 21 世纪初以来，网络嵌入已经有了很长的历史. 早期降维工作（Roweis and Saul, 2000; Tenenbaum et al., 2000）首先会根据数据点之间的相似度建立一个邻域图，然后再将图中的信息转换为低维向量. 其优化目标假设相连节点的表示应该有更近的距离，并最终转化为一个可解的特征向量计算问题. 例如，拉普拉斯特征映射（Laplacian eigenmap; Belkin and Niyogi, 2001）利用欧几里得距离的平方来度量节点表示的相似性，该方法希望最小化所有相连节点的距离和:

$$\min_{\boldsymbol{R}} \sum_{(v_i,v_j)\in E} \|r_i - r_j\|^2, \tag{2.1}$$

其中，$\boldsymbol{R}$ 是一个 $|V| \times d$ 维的矩阵，$\boldsymbol{R}$ 的第 i 行表示节点 v_i 的 d 维向量表示 $\boldsymbol{r}_i$. 为了避免得到全零解，拉普拉斯特征映射加入了如下约束：

$$\boldsymbol{R}^{\mathrm{T}}\boldsymbol{D}\boldsymbol{R} = \boldsymbol{I}_d, \tag{2.2}$$

其中，$\boldsymbol{D}$ 是一个 $|V| \times |V|$ 维度矩阵，$\boldsymbol{D}$ 中的元素 D_{ii} 是节点 v_i 的度，$\boldsymbol{I}_d$ 是一个 $d \times d$ 维的单位阵.

图的拉普拉斯矩阵 $\boldsymbol{L}$ 定义为对角阵 $\boldsymbol{D}$ 和邻接矩阵 $\boldsymbol{A}$ 的差，即 $\boldsymbol{L} = \boldsymbol{D} - \boldsymbol{A}$. 因此，优化目标可以写为矩阵的迹的形式：

$$\min_{\boldsymbol{R}} \operatorname{tr}(\boldsymbol{R}^{\mathrm{T}}\boldsymbol{L}\boldsymbol{R}). \tag{2.3}$$

可以证明式 (2.3) 的最优解 $\boldsymbol{R}^*$ 就是拉普拉斯矩阵 L 的 d 个最小非零特征值的特征向量，同时这个解也满足式 (2.2).

通过拉普拉斯特征映射这一示例的介绍，我们现在已经了解了网络嵌入早期工作的架构：① 定优化目标；② 将目标重新转化成矩阵形式；③ 证明可以通过特征向量的计算得到最优解. 这一框架一直用到 2014 年，被广泛使用了约 10 年时间，后续工作则更加关注网络本身的特性. 例如，有向图嵌入（Directed Graph Embedding，DGE；Chen et al., 2007）重点研究面向有向图的非对称优化目标设计，SocioDim （Tang and Liu，2011）将模块度（modularity，衡量网络与均匀随机网络的距离的指标）纳入优化目标. 然而，特征向量计算的时间和空间复杂度可以达到 $O(|V|^2)$，使得这些工作难以应用于大规模网络.

2.1.2 近期工作（2014 至今）

随着表示学习技术在自然语言处理领域取得巨大成功，DeepWalk（Perozzi et al., 2014）采用了著名的词嵌入模型 word2vec（Mikolov et al., 2013b）来学习节点表示. 表 2.1 说明了 DeepWalk 和 word2vec 之间的类比关系. 首先，DeepWalk 通过说明随机游走序列中的节点频度与文本中的单词频度一样服从幂率分布，将随机游走序列和序列中的节点分别类比为句子和单词. 然后，DeepWalk 在采样到的随机游走序列上使用 Skip-Gram 和分层 softmax 模型来学习节点表示. 下面正式介绍在网络表示学习领域起到重要作用的 DeepWalk 算法.

表 2.1 DeepWalk 和 word2vec 的类比关系

方法	对象	输入	输出
DeepWalk	节点	随机游走	节点嵌入
word2vec	词	句子	词嵌入

形式上，给定图 $G=(V,E)$，随机游走序列 $(v_1,v_2,\cdots,v_i)$ 从 v_1 开始，之后每一个节点 v_k 在节点 v_{k-1} 的邻居节点中随机选取. 事实上，随机游走序列可以应用到诸多网络分析任务中，如相似性度量（Fouss et al., 2007）和社区发现（Andersen et al., 2006）.

与语言模型类似，DeepWalk 提出对短随机游走序列进行建模，在给定随机游走序列前 $(i-1)$ 个节点的情况下，估计观察到节点 v_i 的可能性:

$$P(v_i|(v_1,v_2,\cdots,v_{i-1})). \tag{2.4}$$

语言模型中对式 (2.4) 的简化是使用节点 v_i 来预测随机游走序列中 v_i 的邻居节点，其中 w 是窗口大小. 邻居节点称为中心节点的“上下文节点”，该模型在词表示学习中被称为 Skip-Gram 模型. 因此，随机游走序列中的单个节点 v_i 的优化函数可表示为

$$\min -\log P((v_{i-w},\cdots,v_{i-1},v_{i+1},\cdots,v_{i+w})|v_i). \tag{2.5}$$

基于独立性假设，DeepWalk 忽略了节点的顺序和偏移，进一步简化了上述公式. 损失函数可以重写为

$$\min \sum_{k=-w,k\neq 0}^{w} -\log P(v_{i+k}|v_i). \tag{2.6}$$

通过对每个采样到的随机游走序列中的所有节点进行求和得到总的损失函数.

DeepWalk 的最后一步是建模上下文节点对 v_j 和 v_i 之间的转移概率 $P(v_j|v_i)$. 在 DeepWalk 中，每个节点 v_i 都具有两个维度相同的表示：节点表示 $\boldsymbol{r}_i \in \mathbb{R}^d$ 和上下文表示 $\boldsymbol{c}_i \in \mathbb{R}^d$. 概率 $P(v_j|v_i)$ 由所有节点上的 softmax 函数定义：

$$P(v_j|v_i) = \frac{\exp(\boldsymbol{r}_i \cdot \boldsymbol{c}_j)}{\sum_{k=1}^{|V|} \exp(\boldsymbol{r}_i \cdot \boldsymbol{c}_k)}, \tag{2.7}$$

其中 · 表示内积运算.

最后，DeepWalk 采用分层 softmax 作为 softmax 函数的近似以提高效率，并采用随机梯度下降法进行参数学习.

DeepWalk 在效率和性能上都优于传统的网络嵌入方法. DeepWalk 具备以下两个主要优势.

（1） DeepWalk 作为一种浅层神经网络模型，采用随机梯度下降（SGD）法进行参数训练，而不用将问题转化为特征向量计算，大大加快了训练过程，使 DeepWalk 在大规模网络中具有更好的可扩展性.

（2） DeepWalk 利用随机游走代替邻接矩阵来表征网络结构. 与邻接矩阵相比，随机游走可以进一步捕捉非直接相连节点之间的相似性，因为在随机游走中，具有多个相同邻居的两个节点很可能以上下文节点对的形式出现. 因此，随机游走可以为下游任务提供更多语义信息同时达到更好的性能. 此外，每个随机游走序列的训练过程只需要局部信息，因此可以通过流算法或分布式算法等来提高 DeepWalk 的时间和空间效率.

自 2014 年 DeepWalk 提出以来，网络嵌入已经成为机器学习和数据挖掘领域的一个新兴研究方向.

LINE（Tang et al., 2015b）通过建模节点间的一阶和二阶邻近度来学习大规模网络嵌入，其中一阶邻近度表示直接相连的节点，二阶邻近度表示具有共同邻居的节点.

具体来说，LINE 将节点 v_i 和 v_j 之间的一阶邻近度参数化为概率

$$p_1(v_i, v_j) = \frac{1}{1+\exp(-\boldsymbol{r}_i \cdot \boldsymbol{r}_j)}, \tag{2.8}$$

其中 $\boldsymbol{r}_i$ 和 $\boldsymbol{r}_j$ 指对应节点的节点表示.

目标概率被定义为加权平均 $\hat{p}_1(v_i, v_j) = w_{ij} / \sum_{(v_i,v_j)\in E} w_{ij}$，其中 w_{ij} 为边的权重. 因此，训练目标就是最小化概率 p_1 和 $\hat{p}_1$ 之间的距离：

$$\mathcal{L}_1 = D_{\mathrm{KL}}(\hat{p}_1 \,||\, p_1), \tag{2.9}$$

其中 $D_{\mathrm{KL}}(\cdot\,||\,\cdot)$ 是两个概率分布的 KL 散度.

另一方面，节点 v_j 出现在 v_i 上下文中的概率 (即 v_j 是 v_i 的邻居) 被参数化为

$$p_2(v_j|v_i) = \frac{\exp(\boldsymbol{c}_j \cdot \boldsymbol{r}_i)}{\sum_{k=1}^{|V|} \exp(\boldsymbol{c}_k \cdot \boldsymbol{r}_i)}, \tag{2.10}$$

其中 $\boldsymbol{c}_j$ 是节点 v_j 的上下文表示. 值得注意的是，如果两个节点有很多共同邻居，则它们的表示与共同邻居的上下文表示的内积会很大. 因此，这类节点的表示会非常相似，可以捕获二阶邻近度.

类似地，目标概率被定义为 $\hat{p}_2(v_j|v_i) = w_{ij} / \sum_k w_{ik}$，训练目标是最小化

$$\mathcal{L}_2 = \sum_i \sum_k w_{ik} D_{\mathrm{KL}}(\hat{p}_2(\cdot, v_i) \,||\, p_2(\cdot, v_i)). \tag{2.11}$$

最后，LINE 对一阶和二阶邻近度表示进行独立训练，并在训练阶段结束后将两种表示拼接起来作为节点表示. LINE 在有向图、无向图及带权重图上都可以用来进行网络表示学习.

node2vec（Grover and Leskovec, 2016）进一步推广了 DeepWalk 算法，随机游走序列生成时，加入了两个额外的超参数以控制随机游走序列进行局部广度优先搜索或者全局深度优先搜索：DeepWalk 按照均匀分布选择下一个节点来生成随机游走序列，而 node2vec 设计了一种邻居节点采样策略，可以在广度优先搜索和深度优先搜索之间平滑变换. 其背后的思想是，广度优先搜索可以从微观角度捕获局部信息，而深度优先搜索可以从宏观角度捕获信息，进而对整个网络信息进行编码.

具体而言，假设有一个通过边 (t, v) 到达节点 v 的随机游走序列，node2vec 将边 (v, x) 的下一个游走节点的转移概率定义为 $\pi_{vx} = \alpha_{pq}(t, x) \cdot w_{vx}$，其中

$$\alpha_{pq}(t, x) = \begin{cases} \dfrac{1}{p}, & d_{tx} = 0; \\ 1, & d_{tx} = 1; \\ \dfrac{1}{q}, & d_{tx} = 2. \end{cases} \tag{2.12}$$

且 d_{tx} 表示节点 t 和节点 x 之间的最短路径距离. p 和 q 是控制随机游走行为的超参数. 较小的 p 将增加重复访问一个节点的概率，并限制在局部邻域内的随机游走，而较小的 q 将鼓励随机游走探索更遥远的节点.

GraRep（Cao et al., 2015）分解不同的 k 阶邻近度矩阵，并将从每个矩阵中学习到的表示拼接起来. SDNE（Wang et al., 2016a）采用深度神经网络模型进行表示学习. 这里仅列出了部分较为有影响力的后续工作，更多算法将在后续章节中详细介绍. 在 2.2 节中，我们将介绍一种通用的网络嵌入框架.

2.2 理论：一种统一的网络嵌入框架

在本节中，我们会将几种具有代表性的网络嵌入方法归纳到一种统一的两步框架中，包括构建邻近度矩阵和降维. 第一步，构建邻近度矩阵 $\boldsymbol{M}$，其中每个元素 M_{ij} 编码了节点 i 和节点 j 之间的邻近度信息. 第二步，对邻近度矩阵进行降维，以得到网络表示. 不同的网络嵌入方法会采用不同的降维算法，如特征值计算和奇异值分解等. 我们对第一步（即构建邻近度矩阵）的分析表明，将更高阶邻近度进一步编码到邻近度矩阵中可以提高网络嵌入的质量.

2.2.1 k 阶邻近度

首先，对本节所用到的符号进行说明，并引入 k 阶邻近度的概念. 设 $G=(V,E)$ 为给定网络，其中，V 为节点集合、E 为边集合. 网络表示学习旨在为每个节点 $v \in V$ 学习 $\boldsymbol{r}_v \in \mathbb{R}^d$ 的 d 维实数向量表示. 本章不失一般性地假设网络是无权无向图. 定义邻接矩阵 $\widetilde{\boldsymbol{A}} \in \mathbb{R}^{|V|\times|V|}$，其中当 $(v_i,v_j)\in E$ 时 $\widetilde{A}_{ij}=1$，否则 $\widetilde{A}_{ij}=0$. 对角矩阵 $\boldsymbol{D}\in\mathbb{R}^{|V|\times|V|}$，其中 $D_{ii}=d_i$ 表示节点 v_i 的度数. $\boldsymbol{A}=\boldsymbol{D}^{-1}\widetilde{\boldsymbol{A}}$ 是归一化的邻接矩阵，其每一行的和都等于 1. 类似地，可以定义拉普拉斯矩阵 $\widetilde{\boldsymbol{L}}=\boldsymbol{D}-\widetilde{\boldsymbol{A}}$ 和归一化的拉普拉斯矩阵 $\boldsymbol{L}=\boldsymbol{D}^{-\frac{1}{2}}\widetilde{\boldsymbol{L}}\boldsymbol{D}^{-\frac{1}{2}}$.

（归一化的）邻接矩阵和拉普拉斯矩阵刻画了节点间的直接连接关系，即一阶邻近度. 注意一阶邻近度矩阵的每个非对角元素都对应着网络中的一条边. 然而，现实世界中的网络一般是稀疏的，也就是说 $O(E)=O(V)$. 因此，一阶邻近度矩阵十分稀疏，不足以对节点间的邻近度关系进行充分建模. 所以研究人员也探索了更高阶的邻近度关系（Cao et al., 2015; Perozzi et al., 2014; Tang et al., 2015b）. 举例来说，二阶邻近度可以由节点间的共同邻居来刻画. 从另一个角度看，节点 v_i 和 v_j 之间的二阶邻近度也可以用一个从 v_i 开始的 2 步随机游走到达 v_j 的概率来建模. 直觉上说，如果 v_i 和 v_j 有很多共同节点，那么这个概率也会很大. 在基于随机游走的概率设置中，我们可以将其推广到 k 阶邻近度（Cao et al., 2015）：一个从 v_i 开始的 k 步随机游走到达 v_j 的概率. 注意，归一化的邻接矩阵 $\boldsymbol{A}$ 是随机游走的单步概率转移矩阵. 因此，可以计算 k 步概率转移矩阵作为 k 阶邻近度矩阵

$$\boldsymbol{A}^k=\underbrace{\boldsymbol{A}\boldsymbol{A}\cdots\boldsymbol{A}}_{k\text{ 个}}. \tag{2.13}$$

其中元素 A_{ij}^k 是节点 v_i 和 v_j 之间的 k 阶邻近度.

2.2.2 网络表示学习框架

现在我们已经介绍了 k 阶邻近度矩阵的概念. 在本节中，我们将会介绍基于邻近度矩阵降维的网络表示学习框架，并通过理论分析来证明之前提到的社交维度（Social Dimension, SD; Tang and Liu, 2011）、DeepWalk（Perozzi et al., 2014）、GraRep（Cao et al., 2015）、TADW（Yang et al., 2015）和 LINE（Tang et al., 2015b）等方法都可以统一到这个框架中.

我们将网络表示学习方法归纳为一个两步网络表示学习框架.

步骤 1：构建邻近度矩阵. 计算编码了 k 阶邻近度矩阵信息的矩阵 $\boldsymbol{M} \in \mathbb{R}^{|V|\times|V|}$，其中 $k=1,2,\cdots,K$. 例如，$\boldsymbol{M}=\frac{1}{K}\boldsymbol{A}+\frac{1}{K}\boldsymbol{A}^2+\cdots+\frac{1}{K}\boldsymbol{A}^K$ 表示 $k=1,2,\cdots,K$ 阶邻近度矩阵的平均组合. 邻近度矩阵 $\boldsymbol{M}$ 一般表示为归一化邻接矩阵 $\boldsymbol{A}$ 的 K 次多项式形式，记作 $f(\boldsymbol{A}) \in \mathbb{R}^{|V|\times|V|}$. 这里多项式 $f(\boldsymbol{A})$ 的幂次 K 对应邻近度矩阵中编码的最高阶邻近度. 注意，邻近度矩阵 $\boldsymbol{M}$ 的存储计算不一定需要 $O(|V|^2)$ 的复杂度，因为我们只需要计算和存储非零元素.

步骤 2：降维. 计算网络嵌入矩阵 $\boldsymbol{R} \in \mathbb{R}^{|V|\times d}$ 和上下文嵌入矩阵 $\boldsymbol{C} \in \mathbb{R}^{|V|\times d}$，使其乘积 $\boldsymbol{R}\boldsymbol{C}^{\mathrm{T}}$ 可以近似邻近度矩阵 $\boldsymbol{M}$. 这里不同的算法可能会利用不同的距离函数来最小化 $\boldsymbol{M}$ 和 $\boldsymbol{R}\boldsymbol{C}^{\mathrm{T}}$ 之间的差异. 例如，我们可以用矩阵 $\boldsymbol{M}-\boldsymbol{R}\boldsymbol{C}^{\mathrm{T}}$ 的范数来衡量距离并将其最小化.

接下来，我们将证明多种已有的网络表示学习算法都可以纳入此框架.

社交维度（Tang and Liu, 2011）计算归一化拉普拉斯矩阵 $\boldsymbol{L}$ 的前 d 个特征向量作为 d 维网络表示. 嵌入向量中的信息来自于一阶邻近度矩阵 $\boldsymbol{L}$. 注意，实值对称矩阵 $\boldsymbol{L}$ 可以通过特征值分解[①]被分解为 $\boldsymbol{L}=\boldsymbol{Q}\boldsymbol{\Lambda}\boldsymbol{Q}^{-1}$，其中 $\boldsymbol{\Lambda} \in \mathbb{R}^{|V|\times|V|}$ 为对角阵，$\Lambda_{11} \geqslant \Lambda_{22} \geqslant \cdots \geqslant \Lambda_{|V||V|}$ 为特征值，且 $\boldsymbol{Q} \in \mathbb{R}^{|V|\times|V|}$ 为特征向量矩阵.

我们可以这样将社交维度归纳到我们的框架中：令邻近度矩阵 $\boldsymbol{M}$ 为一阶邻近度矩阵 $\boldsymbol{L}$，网络嵌入矩阵 $\boldsymbol{R}$ 为本征向量矩阵 $\boldsymbol{Q}$ 的前 d 列，上下文嵌入矩阵为 $\boldsymbol{C}^{\mathrm{T}}$ 为 $\boldsymbol{\Lambda}\boldsymbol{Q}^{-1}$ 的前 d 行.

DeepWalk（Perozzi et al., 2014）将广泛使用的词表示方法 Skip-Gram 应用到了网络表示学习中. DeepWalk 为每个节点学习两个表示，分别是网络嵌入矩阵 $\boldsymbol{R} \in \mathbb{R}^{|V|\times d}$ 和上下文嵌入矩阵 $\boldsymbol{C} \in \mathbb{R}^{|V|\times d}$. 我们的目标是求出矩阵 $\boldsymbol{M}$ 的表达式，其中 $\boldsymbol{M}=\boldsymbol{R}\boldsymbol{C}^{\mathrm{T}}$.

假设我们有一个由随机游走序列生成的节点–上下文集合，其中 D 中的每一个元素是一个节点–上下文对 (v,c). 对于每一个节点–上下文对 (v,c)，$N(v,c)$ 表示 (v,c) 出现在集合 D 中的次数. $N(v)=\sum_{c'\in V_C} N(v,c')$ 和 $N(c)=\sum_{v'\in V} N(v',c)$ 分别表示 v 和 c 出现在 D 中的次数.

① 见维基百科 Eigendecomposition of a matrix 词条

已经有研究表明，在维度 d 足够大的情况下，采用负采样的 Skip-Gram（SGNS）本质上是隐式地分解一个词–上下文矩阵 $\boldsymbol{M}$（Levy and Goldberg, 2014）. $\boldsymbol{M}$ 中的每个元素为

$$M_{ij} = \log \frac{N(v_i, c_j) \cdot |D|}{N(v_i) \cdot N(c_j)} - \log n, \tag{2.14}$$

其中 n 表示每个词–上下文对的负样本数目. M_{ij} 可以理解为平移了 $\log n$ 的词–上下文对 (v_i, c_j) 的点对互信息（Pointwise Mutual Information，PMI）. 类似地，我们可以证明[①]采用 softmax 的 Skip-Gram 本质上是在分解矩阵 $\boldsymbol{M}$，其中

$$M_{ij} = \log \frac{N(v_i, c_j)}{N(v_i)}. \tag{2.15}$$

接下来将讨论 M_{ij} 在 DeepWalk 中表示的意义. 显然，节点–上下文对的采样方法会影响矩阵 $\boldsymbol{M}$. 假设网络是连通且无向的，这里将讨论基于 DeepWalk 的理想采样方法 $N(v)/|D|$、$N(c)/|D|$ 和 $N(v,c)/N(v)$. 首先，生成一个足够长的随机游走序列 RW. 用 RW_i 来表示 RW 中位于位置 i 的节点. 然后，在当且仅当 $0 < |i-j| \leqslant w$ 时将节点—上下文对 (RW_i, RW_j) 添加到 D 中，其中 w 是 Skip-Gram 模型中的窗口大小.

对于无向图，节点 i 每出现一次，就会在 D 中被记录 $2w$ 次. 因此，$N(v_i)/|D|$ 是 v_i 出现在随机游走序列的频率，即 v_i 的 PageRank 值. 另外，请注意 $2wN(v_i, v_j)/N(v_i)$ 是 v_j 在 v_i 的左或右 w 邻居中观察到的期望次数. 现在我们试着求出 $N(v_i, v_j)/N(v_i)$.

将 PageRank 中的转移矩阵记作标准化邻接矩阵 $\boldsymbol{A}$. 我们用 e_i 表示 $|V|$ 维行向量，且其中除了第 i 项是 1 外，其他所有的元素都是 0. 假设我们从节点 i 开始进行随机游走，并使用 e_i 表示初始状态. $e_i\boldsymbol{A}$ 的第 j 项是节点 i 游走到节点 j 的概率，即 $e_i\boldsymbol{A}$ 是所有节点上的分布. 所以，$e_i\boldsymbol{A}^w$ 的第 j 项即节点 i 在第 w 步游走到节点 j 的概率. 因此，$[e_i(\boldsymbol{A} + \boldsymbol{A}^2 + \cdots + \boldsymbol{A}^w)]_j$ 是 v_j 在 v_i 的右 w 邻居中出现的期望次数. 进一步得到

$$\frac{N(v_i, v_j)}{N(v_i)} = \frac{[e_i(\boldsymbol{A} + \boldsymbol{A}^2 + \cdots + \boldsymbol{A}^w)]_j}{w}. \tag{2.16}$$

这个等式也同样适用于有向图. 因此，我们可以看到 $M_{ij} = \log N(v_i, v_j)/N(v_i)$ 是节点 i 在第 w 步游走到节点 j 的平均概率的对数.

总之，DeepWalk 隐式地将矩阵 $\boldsymbol{M} \in \mathbb{R}^{|V| \times |V|}$ 分解为乘积 $\boldsymbol{R}\boldsymbol{C}^{\mathrm{T}}$，其中

$$\boldsymbol{M} = \log \frac{\boldsymbol{A} + \boldsymbol{A}^2 + \cdots + \boldsymbol{A}^w}{w}, \tag{2.17}$$

---

① 详细推导可以参考我们在 arXiv 上的证明（Yang and Liu, 2015）

w 是 Skip-Gram 模型中的窗口尺寸，矩阵 $\boldsymbol{M}$ 刻画了一阶、二阶，直至 w 阶邻近度的平均值.

DeepWalk 算法不直接计算 k 阶邻近度矩阵，而是基于随机游走生成的蒙特卡罗采样来近似高阶邻近度矩阵.

为了将 DeepWalk 算法概括到此处的两步框架中，我们可以简单地将邻近度矩阵设为 $\boldsymbol{M}=f(\boldsymbol{A})=\dfrac{\boldsymbol{A}+\boldsymbol{A}^2+\cdots+\boldsymbol{A}^w}{w}$. 注意，为了避免数值问题，这里忽略了式 (2.17) 中的对数操作.

GraRep（Cao et al., 2015）精确地计算 $k=1,2,\cdots,K$ 的 k 阶邻近度矩阵 $\boldsymbol{A}^k$，并为每个 k 计算特定的表示，最后将这些表示拼接起来. GraRep 通过 SVD 分解降低了 k 阶邻近度矩阵 $\boldsymbol{A}^k$ 的维数. 具体而言，我们假设 k 阶邻近度矩阵 $\boldsymbol{A}^k$ 被分解为 $\boldsymbol{U\Sigma S}$ 的乘积，其中 $\boldsymbol{\Sigma}\in\mathbb{R}^{|V|\times|V|}$ 是一个对角线矩阵，$\Sigma_{11}\geqslant\Sigma_{22}\geqslant\cdots\geqslant\Sigma_{|V||V|}\geqslant 0$ 为奇异值，且 $\boldsymbol{U},\boldsymbol{S}\in\mathbb{R}^{|V|\times|V|}$ 为正交矩阵. 对于 GraRep，我们可以定义 k 阶网络嵌入和上下文嵌入 $\boldsymbol{R}_{\{k\}},\boldsymbol{C}_{\{k\}}\in\mathbb{R}^{|V|\times d}$ 分别为 $\boldsymbol{U\Sigma}^{\frac{1}{2}}$ 和 $\boldsymbol{S}^{\mathrm{T}}\boldsymbol{\Sigma}^{\frac{1}{2}}$ 的前 d 列. 因此，k 阶表示 $\boldsymbol{R}_{\{k\}}$ 的计算也符合我们的框架. 然而，GraRep 无法有效应用于大规模网络（Grover and Leskovec, 2016）：虽然一阶邻近度矩阵 $\boldsymbol{A}$ 是稀疏的, 但是直接计算 $\boldsymbol{A}^k$ $(k\geqslant 2)$ 的开销是 $O(|V|^2)$ 级的，无法适应大规模网络数据的需要.

类似地，文本辅助 DeepWalk（Text-Associated DeepWalk，TADW；Yang et al., 2015）及 LINE（Tang et al., 2015b）等也可以纳入我们的框架.

2.2.3 对比观察

到目前为止，我们已经证明了 5 种代表性的网络表示学习算法可以归纳进我们的两步框架，即邻近度矩阵构建和降维. 在本工作中，我们将研究重点放在第一步，研究如何为网络表示学习定义更好的邻近度矩阵. 对于不同降维方法的研究，如 SVD 分解等，将留给以后进行.

我们在表 2.2 中比较了 SD、DeepWalk 和 GraRep 方法. 有以下观察.

表 2.2 三种网络嵌入方法的比较

方法	邻近度矩阵	计算	效率	效果
SD	$\boldsymbol{L}$	精确	高	低
DeepWalk	$\sum_{k=1}^{K}\dfrac{\boldsymbol{A}^k}{K}$	近似	高	中
GraRep	$\boldsymbol{A}^k,k=1,\cdots,K$	精确	低	高

观察 1：建模更高阶、更精确的邻近度矩阵可以提高网络表示的质量. 换句话说，如果我们合理使用更高幂次的多项式邻近度矩阵 $f(\boldsymbol{A})$，网络表示学习质量会更好.

从网络表示学习的发展过程中，我们可以看到 DeepWalk 优于 SD，因为 DeepWalk 考虑了更高阶的邻近度，而高阶邻近度矩阵可以为低阶邻近度矩阵补充更多的信息. GraRep 优于 DeepWalk，这是因为 GraRep 精确地计算了 k 阶邻近度矩阵，而不是像 DeepWalk 一样使用蒙特卡罗近似.

观察 2：对于大规模网络来说，高阶邻近度矩阵的精确计算并不适用. GraRep 的主要缺点在于精确计算 k 阶邻近度矩阵的复杂度. 实际上，高阶邻近度矩阵的计算需要 $O(|V|^2)$ 的时间. 当 k 增加时，SVD 分解的复杂度也随着 k 阶邻近度矩阵的稠密而增长. 总体来说，$O(|V|^2)$ 级别的复杂度对于大规模网络来说还是过高了.

观察 1 引导我们在网络表示学习算法中探索更高阶的邻近度矩阵，但观察 2 却阻止了我们对高阶邻近度矩阵的精确计算. 因此，我们转而研究如何有效地从近似的更高阶邻近度矩阵中学习网络嵌入. 在 2.3 节中，我们将形式化该问题，并提出相关算法.

2.3 方法：网络嵌入更新

精确计算高阶接近度非常耗时，无法扩展到大规模网络. 因此，我们只能基于近似更高阶邻近度矩阵学习更优的网络表示. 为了提高效率，我们还寻求使用编码了低阶邻近度信息的网络表示，以避免重复计算. 所以，我们提出了一种适用于任何网络表示学习方法的算法——网络嵌入更新 (Network Embedding Update，NEU)，以进一步提高其性能. 其背后的思路是，直觉上，NEU 处理后的表示可以隐式地从理论上近似逼近更高阶的邻近度，从而获得更好的性能.

我们将在 3 个公开数据集上设计实验，并通过多标签分类和链接预测这两个任务来评估网络表示的质量. 实验结果表明，在通过 NEU 增强后，现有方法学习到的网络表示在上述两种评估任务中都取得显著的提升. 此外，NEU 的执行时间不到 DeepWalk 和 LINE 等主流网络表示学习方法训练时间的 1%，可以忽略不计.

2.3.1 问题形式化

为了提高效率，我们的目标是使用编码低阶邻近矩阵信息的网络表示作为基础，以避免重复计算. 我们将问题形式化如下.

问题形式化：假设邻接矩阵 $\boldsymbol{A}$ 为一阶邻近度矩阵，给定网络嵌入 $\boldsymbol{R}$ 和上下文嵌入 $\boldsymbol{C}$，其中 $\boldsymbol{R},\boldsymbol{C}\in\mathbb{R}^{|V|\times d}$. 假设 $\boldsymbol{R}$ 和 $\boldsymbol{C}$ 由上述网络表示学习框架得到，也就是乘积 $\boldsymbol{R}\boldsymbol{C}^{\mathrm{T}}$ 近似了 K 次的多项式矩阵 $f(\boldsymbol{A})$. 我们的目标是学习更优的网络表示 $\boldsymbol{R}'$ 和 $\boldsymbol{C}'$，使其乘积近似比 $f(\boldsymbol{A})$ 幂次更高的矩阵 $g(\boldsymbol{A})$. 此外，算法应该在关于 $|V|$ 的线性时间内完成. 注意，时间复杂度的下界是 $O(|V|d)$，即嵌入矩阵 $\boldsymbol{R}$ 的参数规模.

2.3.2 近似算法

在本小节中，我们提出了一种简单、快速、有效的迭代更新算法，用于解决上述问题.

方法：给定超参数 $\lambda \in \left(0, \frac{1}{2}\right]$，归一化邻接矩阵 $\boldsymbol{A}$，我们按照如下方法来更新网络嵌入 $\boldsymbol{R}$ 和上下文嵌入 $\boldsymbol{C}$：

$$\begin{aligned}\boldsymbol{R}' &= \boldsymbol{R} + \lambda \boldsymbol{A}\boldsymbol{R}, \\ \boldsymbol{C}' &= \boldsymbol{C} + \lambda \boldsymbol{A}^{\mathrm{T}}\boldsymbol{C}.\end{aligned} \tag{2.18}$$

计算 $\boldsymbol{AR}$ 和 $\boldsymbol{A}^{\mathrm{T}}\boldsymbol{C}$ 的时间复杂度都是 $O(|V|d)$，这是因为矩阵 $\boldsymbol{A}$ 是稀疏的，且拥有 $O(|V|)$ 的非零元素数. 因此，式 (2.18) 的每轮迭代时间均为 $O(|V|d)$. 注意，初始表示 $\boldsymbol{R}$ 和 $\boldsymbol{C}$ 的乘积近似了 K 次的多项式邻近度矩阵 $f(\boldsymbol{A})$，现在我们证明该算法可以得到更优的表示 $\boldsymbol{R}'$ 和 $\boldsymbol{C}'$：其乘积 $\boldsymbol{R}'\boldsymbol{C}'^{\mathrm{T}}$ 近似了 $(K+2)$ 次的多项式邻近度矩阵 $g(\boldsymbol{A})$，且有矩阵无穷范数定义的近似上界.

定理：对于给定的网络和嵌入表示 $\boldsymbol{R}$ 和 $\boldsymbol{C}$，我们假设 $\boldsymbol{R}\boldsymbol{C}^{\mathrm{T}}$ 与邻近度矩阵 $\boldsymbol{M} = f(\boldsymbol{A})$ 间的近似是有界的 $r = ||f(\boldsymbol{A}) - \boldsymbol{R}\cdot\boldsymbol{C}^{\mathrm{T}}||_{\infty}$，这里 $f(\cdot)$ 是 K 次的多项式. 则式 (2.18) 更新后的表示 $\boldsymbol{R}'$ 和 $\boldsymbol{C}'$ 的乘积近似了 $(K+2)$ 次的多项式 $g(\boldsymbol{A}) = f(\boldsymbol{A}) + 2\lambda \boldsymbol{A} f(\boldsymbol{A}) + \lambda^2 \boldsymbol{A}^2 f(\boldsymbol{A})$，且近似上界$r' = (1 + 2\lambda + \lambda^2) r \leqslant \frac{9}{4} r$.

证明：假设 $\boldsymbol{S} = f(\boldsymbol{A}) - \boldsymbol{R}\boldsymbol{C}^{\mathrm{T}}$ 且 $r = ||\boldsymbol{S}||_{\infty}$.

$$\begin{aligned}||g(\boldsymbol{A}) - \boldsymbol{R}'\boldsymbol{C}'^{\mathrm{T}}||_{\infty} &= ||g(\boldsymbol{A}) - (\boldsymbol{R} + \lambda\boldsymbol{A}\boldsymbol{R})(\boldsymbol{C}^{\mathrm{T}} + \lambda \boldsymbol{C}^{\mathrm{T}}\boldsymbol{A})||_{\infty} \\ &= ||g(\boldsymbol{A}) - \boldsymbol{R}\boldsymbol{C}^{\mathrm{T}} - \lambda\boldsymbol{A}\boldsymbol{R}\boldsymbol{C}^{\mathrm{T}} - \lambda\boldsymbol{R}\boldsymbol{C}^{\mathrm{T}}\boldsymbol{A} - \lambda^2\boldsymbol{A}\boldsymbol{R}\boldsymbol{C}^{\mathrm{T}}\boldsymbol{A}||_{\infty} \\ &= ||\boldsymbol{S} + \lambda\boldsymbol{A}\boldsymbol{S} + \lambda\boldsymbol{S}\boldsymbol{A} + \lambda^2\boldsymbol{A}\boldsymbol{S}\boldsymbol{A}||_{\infty} \\ &\leqslant ||\boldsymbol{S}||_{\infty} + \lambda||\boldsymbol{A}||_{\infty}||\boldsymbol{S}||_{\infty} + \lambda||\boldsymbol{S}||_{\infty}||\boldsymbol{A}||_{\infty} + \lambda^2||\boldsymbol{S}||_{\infty}||\boldsymbol{A}||_{\infty}^2 \\ &= r + 2\lambda r + \lambda^2 r,\end{aligned} \tag{2.19}$$

这里的倒数第二个等式用 $g(\boldsymbol{A})$ 和 $\boldsymbol{S}$ 的定义替换了 $g(\boldsymbol{A})$ 和 $f(\boldsymbol{A}) - \boldsymbol{R}\boldsymbol{C}^{\mathrm{T}}$. 而由于 $\boldsymbol{A}$ 的每一行的和为 1，最后一个等式利用了 $||\boldsymbol{A}||_{\infty} = \max_i \sum_j |A_{ij}| = 1$.

在我们的实验设置中，我们假设低阶邻近度的权重应该大于高阶邻近度，因为它们与原始网络更直接相关. 因此，给定 $g(\boldsymbol{A}) = f(\boldsymbol{A}) + 2\lambda\boldsymbol{A}f(\boldsymbol{A}) + \lambda^2\boldsymbol{A}^2 f(\boldsymbol{A})$，有 $1 \geqslant 2\lambda \geqslant \lambda^2 > 0$，即$\lambda \in \left(0, \frac{1}{2}\right]$. 这个证明表示更新后的节点表示可以在 $\frac{9}{4}$ 倍矩阵无穷范数内，近似幂次更高 2 阶的 $g(\boldsymbol{A})$. 证毕.

算法：更新式 (2.18) 可以在两个方向做进一步推广. 一个方向是，根据式 (2.20) 更新

$\boldsymbol{R}$ 和 $\boldsymbol{C}$:

$$\begin{aligned}\boldsymbol{R}' &= \boldsymbol{R} + \lambda_1 \boldsymbol{A}\boldsymbol{R} + \lambda_2 \boldsymbol{A}(\boldsymbol{A}\boldsymbol{R}),\\ \boldsymbol{C}' &= \boldsymbol{C} + \lambda_1 \boldsymbol{A}^{\mathrm{T}}\boldsymbol{C} + \lambda_2 \boldsymbol{A}^{\mathrm{T}}(\boldsymbol{A}^{\mathrm{T}}\boldsymbol{C}).\end{aligned} \tag{2.20}$$

时间复杂度仍然是 $O(|V|d)$，但式 (2.20) 在一次迭代中可以比式 (2.18) 近似更高阶的邻近度矩阵. 当然，我们也可以使用在式 (2.20) 基础上考虑更高阶信息的更复杂的更新. 但在我们的实验中，我们使用式 (2.20) 作为性价比更高的选择.

另一个方向是，更新公式可以被执行 T 轮以获得更好的结果. 但是，近似上界会随 T 呈指数增长，所以该更新无法被执行无限次. 注意，$\boldsymbol{R}$ 与 $\boldsymbol{C}$ 的更新完全独立. 因此，对于网络表示学习只需更新表示 $\boldsymbol{R}$. 我们将算法命名为 NEU. NEU 避免了高阶邻近度矩阵的精确计算，但可生成实际上近似了更高阶邻近度的网络嵌入. 因此，该算法可以有效地提高网络嵌入的质量. 直观上，式 (2.18) 和式 (2.20) 允许学习到的表示进一步传播给每个节点的邻居，因此可以编码更远距离的节点间邻近度. 因此，节点之间更长距离的邻近度可以用网络嵌入表示. NEU 过程如算法 2.1 所示.

算法 2.1 NEU

输入: 超参数 λ_1, λ_2 和 T, 网络及上下文嵌入 $\boldsymbol{R}, \boldsymbol{C} \in \mathbb{R}^{|V|\times d}$

输出: 返回网络及上下文嵌入 $\boldsymbol{R}, \boldsymbol{C}$

1: **for** iter $= 1$ to T **do**

2: $\quad \boldsymbol{R} \doteq \boldsymbol{R} + \lambda_1 \boldsymbol{A}\boldsymbol{R} + \lambda_2 \boldsymbol{A}(\boldsymbol{A}\boldsymbol{R})$

3: $\quad \boldsymbol{C} \doteq \boldsymbol{C} + \lambda_1 \boldsymbol{A}^{\mathrm{T}}\boldsymbol{C} + \lambda_2 \boldsymbol{A}^{\mathrm{T}}(\boldsymbol{A}^{\mathrm{T}}\boldsymbol{C})$

4: **end for**

2.4 实验

我们在多标签分类和链接预测两个任务上评估网络嵌入的质量. 我们对基线方法学习到的嵌入执行 NEU，并报告测试性能和运行时间.

2.4.1 数据集

我们将在以下 3 个公开数据集上进行实验：Cora（Sen et al., 2008）、BlogCatalog, 以及 Flickr（Tang and Liu, 2011）. 这里假设这 3 个数据集都是无向无权图.

Cora 数据集拥有 7 大类，共 2,708 篇机器学习论文和 5,429 条链接. 这些链接是文档之间的引用关系. 每篇文章有且仅有一个类别标签. 每篇文章拥有 1,433 维的二进制文本特征向量，表示对应单词是否出现在文章之中.

BlogCatalog 数据集拥有 10,312 个博主，以及 333,983 条博主间的好友关系. 标签是博主的话题兴趣. 该数据集中有 39 个标签，一个博主可以有多个标签.

Flickr 数据集拥有 80,513 名照片分享网站用户，以及 5,899,882 条用户间的好友关系. 标签是用户和兴趣组间的从属关系. 该数据集中有 195 个标签，每个用户可以有多个标签.

2.4.2 基线方法和实验设置

我们考虑了多种基线方法来证明 NEU 算法的有效性和鲁棒性. 对于所有方法和数据，我们设置表示维度 $d = 128$.

图分解 (Graph Factorization，GF) 直接用 SVD 分解了归一化邻接矩阵 $\boldsymbol{A}$，以获取网络嵌入.

SD（Tang and Liu, 2011）计算归一化拉普拉斯矩阵的前 d 个特征向量作为 d 维表示.

DeepWalk（Perozzi et al., 2014）生成随机游走序列并使用 Skip-Gram 模型学习表示. DeepWalk 除维度 d 外有 3 个超参数：窗口大小 w、随机游走长度 t 和每节点游走数 γ. 随着这些超参数的增加，训练样本的数量和运行时间也将增加. 我们评估了 DeepWalk 的 3 组超参数：原作者所实现代码的默认参数 $\text{DeepWalk}_{\text{low}}(w = 5, t = 40, \gamma = 10)$；node2vec（Grover and Leskovec, 2016）中的设置 $\text{DeepWalk}_{\text{mid}}(w = 10, t = 80, \gamma = 10)$；原始论文（Perozzi et al., 2014）中的设置 $\text{DeepWalk}_{\text{high}}(w = 10, t = 40, \gamma = 80)$.

LINE（Tang et al., 2015b）是一种可扩展的网络表示学习算法，它使用两个独立的网络表示来建模节点之间的一阶和二阶邻近度（LINE_{1st} 和 LINE_{2nd}）.（除总训练样例数 $s = 10^4|V|$ 外）我们使用默认超参数设置，使得 LINE 和 $\text{DeepWalk}_{\text{mid}}$ 有相当的运行时间.

TADW（Yang et al., 2015）在矩阵分解框架下将文本信息引入了 DeepWalk. 我们在 Cora 数据集上加入此基线方法.

node2vec（Grover and Leskovec, 2016）利用随机游走的宽度优先和深度优先搜索推广 DeepWalk，这是一个半监督网络表示学习算法. 我们使用其论文中的超参数 $w = 10, t = 80, \gamma = 10$，并对其他两个超参数 $p, q \in \{0.25, 0.5, 1, 2, 4\}$ 进行网格搜索作为半监督训练.

GraRep（Cao et al., 2015）精确地计算了 k 阶邻近度矩阵 $\boldsymbol{A}^k$，为每个 k 计算了单独的表示，并将这些表示拼接起来，其中 $k = 1, 2, \cdots, K$. 因为 GraRep 计算效率低下（Grover and Leskovec, 2016），这里只在最小的数据集 Cora 中测试了 GraRep（Cao et al., 2015）. 这里设置 $K = 5$，因此 GraRep 有 $128 \times 5 = 640$ 维.

实验设置: 对于 SD、DeepWalk、LINE、node2vec，我们直接采用原作者所提供的实现. 我们设置 NEU 的超参数为：对于所有数据集 $\lambda_1 = 0.5, \lambda_2 = 0.25$；对于 Cora 和 BlogCatalog，$T = 3$；对于 Flickr，$T = 1$. 这里 $\lambda_1 = 0.5, \lambda_2 = 0.25$ 是出于低阶邻近度应该具备更高权重的假设的经验设置，T 是 10% 随机验证集上效果开始下降的最大轮数. 实际上，如果我们对下游任务没有任何先验知识，可以直接设置 $T=1$. 实验在单个 CPU 上执行以便于执行时间比较，CPU 型号为 Intel Xeon E5-2620 @2.0GHz.

2.4.3 多标签分类

对于多标签分类任务，我们随机选择部分节点作为训练集，剩下的作为测试集. 和前人工作（Tang and Liu, 2009, 2011）一样，我们将网络嵌入视为节点特征，并将它们提供给 LibLinear（Fan et al., 2008）实现的一对多 SVM 分类器. 重复 10 次实验并报告 Macro-F1 和 Micro-F1 的平均值. 因为 Cora 数据集中一个节点只有一个标签，所以只报告分类准确率. 根据前人工作（Ben-Hur and Weston, 2010）的建议，我们会在将网络嵌入提供给分类器前，对网络嵌入的每维进行归一化，以使每维的 $L2$ 范数等于 1. 我们同样在 NEU 算法更新的前后进行归一化. 实验结果见表 2.3 ~ 表 2.5. 括号内的数字代表 NEU 算法更新后的效果. “运行时间” 列的“+0.1”“+0.3”“+1”和“+8”代表了 NEU 的额外运行时间.

表 2.3 Cora 数据集分类准确率 (%)

方法	标签节点			时间（秒）
	10%	50%	90%	
GF	50.8(**68.0**)	61.8(**77.0**)	64.8(77.2)	4(+0.1)
SC	55.9(**68.7**)	70.8(**79.2**)	72.7(80.0)	1(+0.1)
$\text{DeepWalk}_{\text{low}}$	71.3(76.2)	76.9(81.6)	78.7(81.9)	31(+0.1)
$\text{DeepWalk}_{\text{mid}}$	68.9(**76.7**)	76.3(82.0)	78.8(84.3)	69(+0.1)
$\text{DeepWalk}_{\text{high}}$	68.4(**76.1**)	74.7(80.5)	75.4(81.6)	223(+0.1)
LINE_{1st}	64.8(70.1)	76.1(80.9)	78.9(82.2)	62(+0.1)
LINE_{2nd}	63.3(**73.3**)	73.4(80.1)	75.6(80.3)	67(+0.1)
node2vec	76.9(77.5)	81.0(81.6)	81.4(81.9)	56(+0.1)
TADW	78.1(84.4)	83.1(86.6)	82.4(87.7)	2(+0.1)
GraRep	70.8(76.9)	78.9(82.8)	81.8(84.0)	67(+0.3)

表 2.4 BlogCatalog 数据集分类 Micro-F1 分数 (%)

方法	标签节点			时间（秒）
	1%	5%	9%	
GF	17.0(**19.6**)	22.2(**25.0**)	23.7(**26.7**)	19(+1)
SC	19.4(20.3)	26.9(28.1)	29.0(31.0)	10(+1)
$\text{DeepWalk}_{\text{low}}$	24.5(26.4)	31.0(33.4)	32.8(35.1)	100(+1)
$\text{DeepWalk}_{\text{mid}}$	24.0(**27.1**)	31.0(33.8)	32.8(35.7)	225(+1)
$\text{DeepWalk}_{\text{high}}$	24.9(26.4)	31.5(33.7)	33.7(35.9)	935(+1)
LINE_{1st}	23.1(24.7)	29.3(**31.6**)	31.8(33.5)	241(+1)
LINE_{2nd}	21.5(**25.0**)	27.9(**31.6**)	30.0(**33.6**)	244(+1)
node2vec	25.0(27.0)	31.9(34.5)	35.1(37.2)	454(+1)

表 2.5 Flickr 数据集分类 Micro-F1 分数（%）

方法	标签节点			时间（秒）
	1%	5%	9%	
GF	21.1(21.8)	22.0(23.1)	21.7(23.4)	241(+8)
SC	24.1(**29.2**)	27.5(**34.1**)	28.3(**34.7**)	102(+8)
$\text{DeepWalk}_{\text{low}}$	28.5(**31.4**)	30.9(33.5)	31.3(33.8)	1,449(+8)
$\text{DeepWalk}_{\text{mid}}$	29.5(31.9)	32.4(35.1)	33.0(35.4)	2,282(+8)
$\text{DeepWalk}_{\text{high}}$	31.8(33.1)	36.3(36.7)	37.3(37.6)	9,292(+8)
LINE_{1st}	32.0(32.7)	35.9(36.4)	36.8(37.2)	2,664(+8)
LINE_{2nd}	30.0(31.0)	34.2(34.4)	35.1(35.2)	2,740(+8)

以 Cora 数据集为例，当训练比率为 10% 时，NEU 用 0.1 秒将 TADW 的分类准确率从 78.1 提升到了 84.4. 由于 node2vec 在 Flickr 数据集上的实验在 24 小时内没有停止，所以我们排除了 node2vec 在该数据集上的结果. 我们加粗了实验结果中 NEU 取得超过 10% 相对提升的数据. 我们还进行了显著性检验（显著性水平 0.05 配对 t 检验）.

2.4.4 链接预测

为了进行链接预测测试，我们需要在给定网络嵌入的前提下对每对节点进行评分. 对于每对节点表示 $\boldsymbol{r}_i$ 和 $\boldsymbol{r}_j$，我们尝试了 3 个评分函数：余弦相似度 $\frac{\boldsymbol{r}_i \cdot \boldsymbol{r}_j}{||\boldsymbol{r}_i||_2||\boldsymbol{r}_j||_2}$，内积 $\boldsymbol{r}_i \cdot \boldsymbol{r}_j$ 和逆 $L2$ 距离 $1/||\boldsymbol{r}_i - \boldsymbol{r}_j||_2$. 我们使用 AUC 值（Hanley and McNeil, 1982），即一条未观测到的边比一条不存在的边的评分高的概率，作为评价指标. 为每个基线方法选取性能最好的评分函数. 随机去掉 Cora 中 20% 的边、BlogCatalog 和 Flickr 中 50% 的边作为测试集，并用剩余的边训练节点表示. 这里还添加了 3 个常用链接预测方法作为参考：共同邻居（Common Neighbors，CN）、雅卡尔指数（Jaccard index）和索尔顿指数（Salton index; Salton and McGill, 1986）. 我们只报告 DeepWalk$\in$\{$\text{DeepWalk}_{\text{low}}$, $\text{DeepWalk}_{\text{mid}}$, $\text{DeepWalk}_{\text{high}}$\} 和 LINE$\in$\{$\text{LINE}_{\text{1st}}$, LINE_{2nd}\} 最优的结果，省略了 node2vec 的结果，因为其和 DeepWalk 最优结果相当或更差. 实验结果如图 2.1 所示. 对于每个数据集，最左边 3 列是传统的 3 个链接预测基线，其他每对基线代表一个网络表示学习算法和其被 NEU 增强后的结果.

2.4.5 实验分析

对于这两个评估任务的实验结果，有 4 个主要结论.

（1） NEU 在这两个评估任务上使用几乎可忽略不计的运行时间，一致且显著地提高了各种网络嵌入算法的性能. 在 Flickr 数据上的绝对提升没有 Cora 和 BlogCatalog 上显著，这主要是因为 Flickr 数据集的平均度数有 147，远远大于其他两个数据集. 因此，其高阶邻近度的信息被一阶邻近度信息稀释了. 但对于平均度数只有 4 的 Cora 数据集，NEU 具有非常显著的改进，因为高阶邻近度对于稀疏网络起着重要作用.

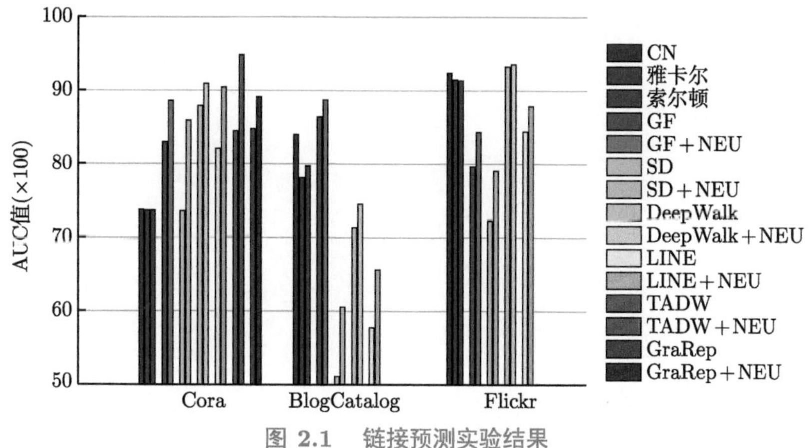

图 2.1 链接预测实验结果

（2） NEU 可以促进网络表示学习方法更快更稳定的收敛. 可以看到，$\text{DeepWalk}_{\text{low}}$+NEU 和 $\text{DeepWalk}_{\text{mid}}$+NEU 的效果分别与 $\text{DeepWalk}_{\text{mid}}$ 和 $\text{DeepWalk}_{\text{high}}$ 的效果相当甚至更优，而前者却用了更少的总时间. 此外，DeepWalk 在 Cora 数据集遇到了过拟合问题：分类准确率随着参数规模增多而减少. 但是 DeepWalk 搭配 NEU 的效果却十分稳定.

（3） NEU 对于不能归纳到两步框架的 node2vec 算法同样有效. NEU 不仅不会降低 node2vec 性能，反而使其略有提升. 这个观察证明了 NEU 的有效性和鲁棒性.

（4）NEU 可以作为评估未来网络表示学习方法的预处理步骤，因为 NEU 不会增加时间和空间的复杂度.

2.5 扩展阅读

在本章中，我们提出了一个统一的基于矩阵分解的网络表示学习框架. 该框架涵盖了 DeepWalk、LINE 和 GraRep 等网络表示学习算法. 也有一些后续工作（Huang et al., 2018; Liu et al., 2019b; Qiu et al., 2018）讨论了网络嵌入和矩阵分解之间的等价性，并将 PTE（Tang et al., 2015a）和 node2vec（Grover and Leskovec, 2016）等更多网络表示学习方法纳入到矩阵分解框架中. 需要注意的是，由于假设的不同，在这些工作中，同样的网络表示学习方法的等效矩阵分解形式可能会有所差异.

本章的部分内容摘自我们 2017 年在国际人工智能联合会议（International Joint Conference on Artificial Intelligence，IJCAI）上所发表的论文（Yang et al., 2017a）.

第二部分

结合附加信息的网络嵌入

第3章　结合节点属性的网络嵌入

多数网络表示学习方法聚焦于网络拓扑结构的利用. 事实上，网络中的节点通常具有丰富的属性特征，而传统的网络表示学习方法无法很好地利用这些信息. 本章以文本属性为例，介绍 TADW 模型. 受到当时最先进的网络表示学习方法 DeepWalk 实际上等同于矩阵分解（Matrix Factorization，MF）的证明启发，TADW 在矩阵分解框架下，将节点的文本属性纳入网络嵌入. 我们通过在节点多分类任务中的表现来评估 TADW，以及其他基线方法的性能. 实验结果表明，TADW 在这 3 个数据集上的表现全都超过了其他基线方法，在网络结构噪声较多或训练集比例较小的情况下尤其如此.

3.1　概述

如第 2 章所述，现有的网络表示学习方法通过网络拓扑结构来学习网络表示. 举例来说，社交维度（Tang and Liu, 2009, 2011）通过计算网络的拉普拉斯矩阵或者模块度矩阵的特征向量获取节点表示. 自然语言处理领域的词表示模型 Skip-Gram 被应用于网络随机游走序列，以学习网络中的节点表示，即 DeepWalk（Perozzi et al., 2014）算法. 社交维度和 DeepWalk 都将网络结构作为输入，以学习节点表示，且不考虑任何的附加信息.

在现实世界中，网络节点通常具有丰富的信息，如文本内容或其他元数据. 例如，维基百科文章彼此通过超链接形成网络，并且每篇文章（作为网络中的节点）都具有描述文本，这对于网络嵌入也是潜在的可利用信息. 因此，我们以文本属性为例，提出了一个网络结构与特征信息相结合学习网络表示的思路.

首先，一种简单直接的方法是：先独立地从文本特征和网络特征中学习表示，然后将两者拼接. 然而，该方法没有考虑网络结构和文本信息之间的复杂关系，因此通常效果一般. 然而，文本信息同样难以直接纳入现有的网络表示学习框架，例如，DeepWalk 在网络中随机游走时无法简单地处理其他来源的信息.

幸运的是，对于给定网络 $G = (V, E)$，我们已经在第 2 章证明了 DeepWalk 实际上等价于分解矩阵 $\boldsymbol{M} \in \mathbb{R}^{|V|\times|V|}$，其中每个元素 M_{ij} 是节点 v_i 在固定步数内随机游走到节点 v_j 的平均概率的对数. 图 3.1a 展示了矩阵分解形式的 DeepWalk：将矩阵 $\boldsymbol{M}$ 分解成两个低维矩阵 $\boldsymbol{W} \in \mathbb{R}^{k\times|V|}$ 和 $\boldsymbol{H} \in \mathbb{R}^{k\times|V|}$ 的乘积，其中 $k \ll |V|$. DeepWalk 将矩阵 $\boldsymbol{W}$ 作为 k 维的节点表示.

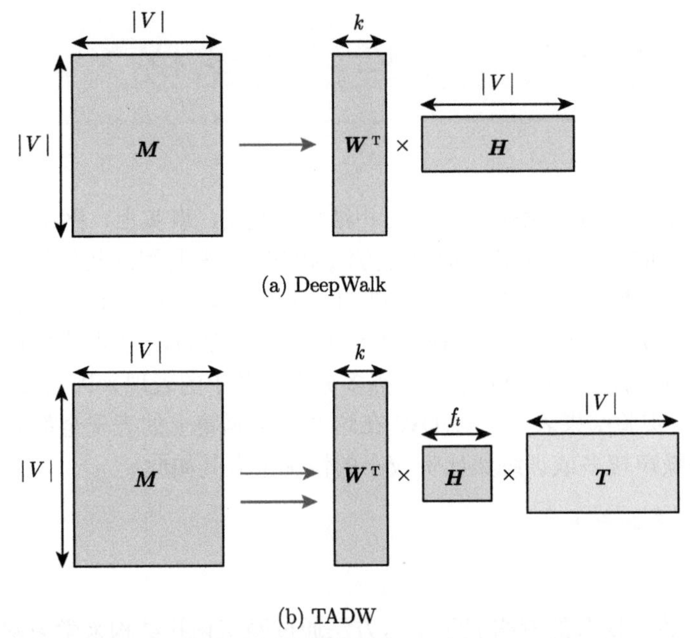

图 3.1 矩阵分解形式的 DeepWalk 与 TADW

矩阵分解形式的 DeepWalk 启发我们在矩阵分解框架下引入文本信息. 图 3.1b 展示了本章工作的主要思路: 把矩阵 $\boldsymbol{M}$ 分解成 3 个矩阵 $\boldsymbol{W} \in \mathbb{R}^{k\times|V|}$、$\boldsymbol{H} \in \mathbb{R}^{k\times f_t}$ 和 $\boldsymbol{T} \in \mathbb{R}^{f_t\times|V|}$（文本特征矩阵）的乘积，然后将 $\boldsymbol{W}$ 和 $\boldsymbol{HT}$ 拼接成 $2k$ 维的节点表示.

TADW 能够同时从网络结构和文本信息中学习网络表示，因此学习到的网络表示具有更少的噪声和更好的一致性. 此外，TADW 无监督、与任务无关，其表示可以方便地应用于各种任务，如链接预测、相似度计算和节点分类.

本章对工作在这 3 个数据集上的算法和基线方法进行了测试. 当训练比例为 10% ~ 50% 时，本工作学习到的表示的分类准确率超过基线方法 2% ~ 10%. 当训练比率小于 10% 时，我们使用半监督分类器——直推式 SVM（Transductive SVM，TSVM）对上述方法进行了测试. 当训练比率为 1% 时，TADW 比其他基线方法性能提升了 5% ~ 20%，特别是网络结构信息噪声较大时.

3.2 方法: 文本辅助 DeepWalk

在本节中，首先简要介绍低秩矩阵分解的概念，然后介绍结合网络与文本信息的表示学习算法.

3.2.1 低秩矩阵分解

矩阵是表示关系数据的常用方法，矩阵分析的一个问题是通过其部分元素来推理矩阵信息的内在规律. 通常假设矩阵 $\boldsymbol{M} \in \mathbb{R}^{b\times d}$ 近似地拥有较低的秩 k，其中 $k \ll \{b, d\}$. 基于此假设，我们可以用低秩近似来补全矩阵 $\boldsymbol{M}$ 中的缺失元素. 然而，解决一个秩约束的最优化问题一般是 NP 难的. 因此，研究者们转而寻找矩阵 $\boldsymbol{W} \in \mathbb{R}^{k\times b}$ 和 $\boldsymbol{H} \in \mathbb{R}^{k\times d}$ 来最小化损失函数 $L(\boldsymbol{M}, \boldsymbol{W}^{\mathrm{T}}\boldsymbol{H})$ 和一个迹范数约束. 这个约束被进一步替换为一个更简单的惩罚项（Yu et al., 2014）. 在本章的工作中，我们将使用平方损失函数.

正式地，我们让矩阵 $\boldsymbol{M}$ 中被观测到的元素集合为 Ω. 我们想要找到矩阵 $\boldsymbol{W} \in \mathbb{R}^{k\times b}$ 和 $\boldsymbol{H} \in \mathbb{R}^{k\times d}$ 来最小化

$$\min_{\boldsymbol{W},\boldsymbol{H}} \sum_{(i,j)\in\Omega} \left(M_{ij} - (\boldsymbol{W}^{\mathrm{T}}\boldsymbol{H})_{ij}\right)^2 + \frac{\lambda}{2}\left(||\boldsymbol{W}||_{\mathrm{F}}^2 + ||\boldsymbol{H}||_{\mathrm{F}}^2\right), \tag{3.1}$$

其中，$||\cdot||_{\mathrm{F}}$ 表示矩阵的弗罗贝尼乌斯（Frobenius）范数，λ 是平衡两部分的调节参数.

低秩矩阵分解只基于 $\boldsymbol{M}$ 的低秩假设补全矩阵 $\boldsymbol{M}$. 如果矩阵 $\boldsymbol{M}$ 中的对象追加了其他特征，我们可以使用归纳矩阵补全（Natarajan and Dhillon, 2014）来利用这些特征. 通过将两个特征矩阵合并到目标函数中，归纳矩阵补全可以利用行和列单元的更多信息. 假设有特征矩阵 $\boldsymbol{X} \in \mathbb{R}^{f_x\times b}$ 和 $\boldsymbol{Y} \in \mathbb{R}^{f_y\times d}$，其中 $\boldsymbol{X}$ 和 $\boldsymbol{Y}$ 的第 i 列分别是单元 i 的 f_x 和 f_y 维的特征向量. 我们的目标是计算矩阵 $\boldsymbol{W} \in \mathbb{R}^{k\times f_x}$ 和 $\boldsymbol{H} \in \mathbb{R}^{k\times f_y}$ 来最小化

$$\min_{\boldsymbol{W},\boldsymbol{H}} \sum_{(i,j)\in\Omega} \left(M_{ij} - (\boldsymbol{X}^{\mathrm{T}}\boldsymbol{W}^{\mathrm{T}}\boldsymbol{H}\boldsymbol{Y})_{ij}\right)^2 + \frac{\lambda}{2}\left(||\boldsymbol{W}||_{\mathrm{F}}^2 + ||\boldsymbol{H}||_{\mathrm{F}}^2\right). \tag{3.2}$$

需要注意的是，归纳矩阵补全是为了利用特征来完成矩阵补全（Natarajan and Dhillon, 2014），目标和本章工作完全不同. 受归纳矩阵补全工作的启发，我们将文本信息引入网络表示学习.

3.2.2 TADW 算法

给定网络 $G = (V, E)$ 和对应的文本特征矩阵 $\boldsymbol{T} \in \mathbb{R}^{f_t\times|V|}$，我们提出 TADW 算法，用于从网络结构 G 和文本特征 $\boldsymbol{T}$ 中学习每个节点 $v \in V$ 的表示.

回顾一下，DeepWalk 首次将 Skip-Gram（Mikolov et al., 2013b）这一被广泛使用的词表示方法用于网络结构中的节点表示. 我们在第 2 章中证明了 DeepWalk 等价于分解矩阵 $\boldsymbol{M}$，$M_{ij} = \log([e_i(\boldsymbol{A} + \boldsymbol{A}^2 + \cdots + \boldsymbol{A}^t)]_j/t)$，其中，$t$ 是 Skip-Gram 的窗口大小，$\boldsymbol{A}$ 是行归一化的邻接矩阵，其每行的和都等于 1. 当 t 变大时，计算精确的 $\boldsymbol{M}$ 最多会有 $O(|V|^3)$ 的复杂度. 实际上，DeepWalk 使用基于随机游走的采样方法来避免显式计算精确的矩阵 $\boldsymbol{M}$. 当 DeepWalk 对更多随机游走进行采样时，性能会更好，而算法效率会降低.

在 TADW 中，我们找到了速度和效果的平衡：分解矩阵 $\boldsymbol{M} = (\boldsymbol{A} + \boldsymbol{A}^2)/2$. 在这里，为了计算效率分解 $\boldsymbol{M}$ 而非 $\log \boldsymbol{M}$：因为 $\log \boldsymbol{M}$ 拥有远多于 $\boldsymbol{M}$ 的非零元素，而平方损失函数下的矩阵分解的计算复杂度与矩阵 $\boldsymbol{M}$ 中的非零元素数量成正比（Yu et al., 2014）. 由于现实中大多数网络是稀疏的，也就是说 $O(E) = O(V)$，计算矩阵 $\boldsymbol{M}$ 至多需要 $O(|V|^2)$ 的时间复杂度. 实际上，如果网络很稠密，我们也可以直接分解矩阵 $\boldsymbol{A}$. 我们的目标是求解矩阵 $\boldsymbol{W} \in \mathbb{R}^{k \times |V|}$ 和 $\boldsymbol{H} \in \mathbb{R}^{k \times f_t}$ 以最小化

$$\min_{\boldsymbol{W},\boldsymbol{H}} ||\boldsymbol{M} - \boldsymbol{W}^{\mathrm{T}}\boldsymbol{H}\boldsymbol{T}||_{\mathrm{F}}^2 + \frac{\lambda}{2}(||\boldsymbol{W}||_{\mathrm{F}}^2 + ||\boldsymbol{H}||_{\mathrm{F}}^2). \tag{3.3}$$

为了优化求解 $\boldsymbol{W}$ 和 $\boldsymbol{H}$，我们迭代地最小化 $\boldsymbol{W}$ 和 $\boldsymbol{H}$，这是因为对单一矩阵 $\boldsymbol{W}$ 或 $\boldsymbol{H}$ 的优化是凸优化. 虽然 TADW 可能会收敛到局部最小值而非全局最小值，但如我们的实验所示，我们的方法在实践中运行良好.

与专注于补全矩阵 $\boldsymbol{M}$ 的低秩矩阵分解和归约矩阵补全不同，TADW 的目标是引入文本特征学习更优的网络表示. 另外，归约矩阵补全直接从原始数据获取矩阵 $\boldsymbol{M}$，而我们从矩阵分解形式的 DeepWalk 算法推导中构建矩阵 $\boldsymbol{M}$. 因为 TADW 得到的 $\boldsymbol{W}$ 和 $\boldsymbol{H}\boldsymbol{T}$ 都可以看作节点的 k 维表示，所以可以拼接起来作为统一的 $2k$ 维网络嵌入. 在实验中，我们将证明该统一表示明显优于网络表示和文本特征（矩阵 $\boldsymbol{T}$）的简单拼接.

3.2.3 复杂度分析

在 TADW 中，计算矩阵 $\boldsymbol{M}$ 至多需要 $O(|V|^2)$ 时间. 我们使用前人工作（Yu et al., 2014）中的快速优化算法来求解式 (3.3) 中的最优化问题. 每轮迭代中，最小化 $\boldsymbol{W}$ 和 $\boldsymbol{H}$ 的时间复杂度是 $O(\mathrm{nnz}(\boldsymbol{M})k + |V|f_t k + |V|k^2)$，其中 $\mathrm{nnz}(\cdot)$ 表示非零元素数量. 作为比较，传统矩阵分解的复杂度，即式 (3.1) 中的最优化问题，是 $O(\mathrm{nnz}(\boldsymbol{M})k + |V|k^2)$. 在该实验中，算法可以在 10 轮迭代内收敛.

3.3 实验分析

我们使用多标签节点分类任务来评价网络表示的质量. 具体地，我们将学习到的网络表示 $\mathcal{R} = \{r_1, r_2, \cdots, r_{|V|}\}$ 看作节点的特征，并根据节点特征 $\mathcal{R}$ 和标注集 L 预测未标注集 U 的标签.

机器学习中的许多分类器都可以处理这个任务. 我们分别选择 SVM 和直推式 SVM 进行监督和半监督训练与测试. 注意，网络表示学习过程没有使用训练集中的节点标签，因此是完全无监督的.

在这 3 个公开数据集上，将使用 5 种基线表示学习方法来对比评估 TADW 的效果.

我们将通过文档之间的链接或引用，以及这些文档的词频-逆文本频率（Term Frequency-Inverse Document Frequency，TF-IDF）矩阵学习节点表示.

3.3.1 数据集

Cora（McCallum et al., 2000）拥有 7 大类，共 2,708 篇机器学习论文和 5,429 条相关链接. 这些链接是文档之间的引用关系. 每篇文章拥有 1,433 维的二进制文本特征向量，表示对应单词是否出现在文章之中.

Citeseer（McCallum et al., 2000）拥有 6 大类，共 3,312 篇论文和 4,732 条链接. 与 Cora 类似，这些链接也对应着文章间的引用关系. 每篇文章拥有 3,703 维的二进制文本特征向量.

Wiki（Sen et al., 2008）拥有 19 大类，共 2,405 篇文档和 17,981 条相关链接. 该数据集的 TF-IDF 矩阵有 4,973 列.

Cora 和 Citeseer 中的文档是由标题和摘要生成的短文本. 我们剔除了停用词和文档频率低于 10 次的单词. 处理后的 Cora 和 Citeseer 中的一个文档平均分别含有 18 和 32 个单词. Wiki 中的文档是长文本，每篇文档平均含有 640 个单词. 我们剔除了和其他文档无链接的文档，并将所有网络视为无向图.

3.3.2 TADW 设置

对于这 3 个数据集，我们先通过对 TF-IDF 矩阵进行 SVD 分解，将文本属性的维度降到 200，以获取文本特征矩阵 $\boldsymbol{T} \in \mathbb{R}^{200\times|V|}$. 这个预处理可以减少参数矩阵 $\boldsymbol{H}$ 的规模. 我们也将文本特征 $\boldsymbol{T}$ 作为一个只考虑文本信息的基线方法. 对于 Cora 和 Citeseer 数据集，$k=80, \lambda=0.2$；对于 Wiki 数据集，$k=100,200$，$\lambda=0.2$. 注意，TADW 的向量表示维度是 $2k$.

3.3.3 基线方法

DeepWalk. DeepWalk（Perozzi et al., 2014）是一种只考虑网络结构的网络表示学习算法. 其参数设置如下：每个节点随机游走数 $\gamma=80$，窗口大小 $t=10$，和原始论文保持一致. 表示维度选取了 $50\sim200$ 间的最佳值：对于 Cora 和 Citeseer 数据集，$k=100$；对于 Wiki 数据集，$k=200$.

我们也测试了矩阵分解形式的 DeepWalk，即通过求解式 (3.1) 并拼接 $\boldsymbol{W}$ 和 $\boldsymbol{H}$ 作为节点表示. 其表现与原始 DeepWalk 相当，因此这里只展示了原始 DeepWalk 的结果.

PLSA. 我们使用 PLSA（Hofmann, 1999）通过 TF-IDF 矩阵训练主题模型. PLSA 是一种只考虑文本的基线方法. PLSA 利用 EM 算法估计文档和单词的主题分布. 这里使用文档的主题分布作为节点表示.

Text Features. 我们使用文本特征矩阵 $\boldsymbol{T} \in \mathbb{R}^{200\times|V|}$ 作为 200 维的表示. 该方法同样只考虑文本的基线.

Naive Combination. 我们直接将 Text Features 和 DeepWalk 的向量前后拼接到一起. 对于 Cora 和 Citeseer，该方法的维度是 300；对于 Wiki，该方法的维度是 400.

NetPLSA. 我们提出以文档间的链接作为网络正则化项，从而学习文档的主题模型（Mei et al., 2008），其基本假设是相连的文档应具有类似的主题分布. 我们将以结合了网络结构的文档主题分布作为节点表示. 主题模型 NetPLSA 可看作一种同时考虑了网络和文本的网络表示学习算法. 对于 Cora 和 Citeseer，设置主题数为 160；对于 Wiki，设置主题数为 200.

3.3.4 分类器和实验设置

对于监督分类器，我们使用 Liblinear（Fan et al., 2008）实现的线性 SVM；对于半监督分类器，我们使用 SVM-Light（Joachims, 1999）实现的 TSVM. 这里的 TSVM 使用线性核. 我们为每个标签训练了一个一对多的分类器并选取得分最高的分类作为预测结果.

我们将节点表示作为特征来训练分类器，并使用不同的训练比率来评估分类准确性. 对于监督训练的线性 SVM，训练比率从 10% 变化到 50%；对于半监督训练的 TSVM，训练比率从 1% 变化到 10%. 对于每个训练比率，我们随机选择文档作为训练集，其余文档作为测试集. 重复 10 次实验并报告平均准确率.

3.3.5 实验结果分析

表 3.1 ~ 表 3.3 分别展示了 Cora、Citeseer 和 Wiki 数据集上的分类准确率. 这里的"—"表示 TSVM 因为特征质量低，无法在 12 小时内收敛（TSVM 对 TADW 可以在 5 分钟内收敛）. 这里未展示 Wiki 数据集的半监督实验结果，因为监督训练的 SVM 已经在该数据集上以较小的训练比率获得了相近甚至更优的性能. 因此对于 Wiki 数据集，我们只展示监督训练的结果. Wiki 相较于其他两个数据集，拥有更多的类别，需要更多数据来进行充分的训练，因此这里将最小训练比率定为 3%. 从这些实验结果表格中，我们观察到以下现象.

（1） TADW 在全部 3 个数据集上一致超过了其他基线方法. 更进一步，TADW 在 Cora 和 Citeseer 数据集上可以在少用 50% 训练数据的情况下打败其他方法. 这些实验证明了 TADW 算法的有效性和鲁棒性.

（2） TADW 在半监督学习中有更加显著的提升. TADW 在 Cora 数据集上，性能超过最好的基线方法 4%，在 Citeseer 数据集上则超过 10% ~ 20%. 这主要是因为 Citeseer 数据中单纯利用网络结构信息的表示质量较差. 相比于 DeepWalk 和文本特征的简单组合，TADW 在从含噪声的数据中学习的效果更加鲁棒.

表 3.1 Cora 数据集分类准确率 (%)

方法	标签节点								
	TSVM 分类器				SVM 分类器				
	1%	3%	7%	10%	10%	20%	30%	40%	50%
DeepWalk	62.9	68.3	72.2	72.8	76.4	78.0	79.5	80.5	81.0
PLSA	47.7	51.9	55.2	60.7	57.0	63.1	65.1	66.6	67.6
Text Features	33.0	43.0	57.1	62.8	58.3	67.4	71.1	73.3	74.0
Naive Combination	67.4	70.6	75.1	77.4	76.5	80.4	82.3	83.3	84.1
NetPLSA	65.7	67.9	74.5	77.3	80.2	83.0	84.0	84.9	85.4
TADW	**72.1**	**77.0**	**79.1**	**81.3**	**82.4**	**85.0**	**85.6**	**86.0**	**86.7**

表 3.2 Citeseer 数据集分类准确率 (%)

方法	标签节点								
	TSVM 分类器				SVM 分类器				
	1%	3%	7%	10%	10%	20%	30%	40%	50%
DeepWalk	—	—	49.0	52.1	52.4	54.7	56.0	56.5	57.3
PLSA	45.2	49.2	53.1	54.6	54.1	58.3	60.9	62.1	62.6
Text Features	36.1	49.8	57.7	62.1	58.3	66.4	69.2	71.2	72.2
Naive Combination	39.0	45.7	58.9	61.0	61.0	66.7	69.1	70.8	72.0
NetPLSA	45.4	49.8	52.9	54.9	58.7	61.6	63.3	64.0	64.7
TADW	**63.6**	**68.4**	**69.1**	**71.1**	**70.6**	**71.9**	**73.3**	**73.7**	**74.2**

表 3.3 Wiki 数据集分类准确率 (%, 仅 SVM 分类器)

方法	标签节点						
	3%	7%	10%	20%	30%	40%	50%
DeepWalk	48.4	56.6	59.3	64.3	66.2	68.1	68.8
PLSA	58.3	66.5	69.0	72.5	74.7	75.5	76.0
Text Features	46.7	60.8	65.1	72.9	75.6	77.1	77.4
Naive Combination	48.7	62.6	66.3	73.0	75.2	77.1	78.6
NetPLSA	56.3	64.6	67.2	70.6	71.7	71.9	72.3
TADW ($k = 100$)	**59.8**	**68.2**	**71.6**	**75.4**	**77.3**	**77.7**	**79.2**
TADW ($k = 200$)	**60.4**	**69.9**	**72.6**	**77.3**	**79.2**	**79.9**	**80.3**

(3) TADW 在训练比率较低时，有较好的表现. 大多数基线方法的准确率随着训练比率的降低而迅速下降，因为它们的节点表示噪声更大. 相反，因为 TADW 统一从网络和文本信息中学习表示，其表示中的噪声更小且更一致.

这些现象证明了 TADW 算法产生的表示的质量很高. 此外，TADW 是与任务无关的算法，学习到的表示可以方便地用于各种不同的任务中，如链接预测、相似度计算和节点分类.

3.3.6 案例分析

为了更好地理解文本信息对于网络表示学习的有效性，下面展示一个 Cora 数据集上的示例. 对应的论文标题为“Irrelevant Features and the Subset Selection Problem”（IFSSP）. 这篇文章的标签是 Theory. 如表 3.4 所示，利用 DeepWalk 和 TADW 生成的表示，我们按照余弦相似度排序分别找到了与 IFSSP 最相似的 5 篇文档.

表 3.4 基于 DeepWalk 和 TADW 给出的 5 篇最相似文档

算法	标题	类别标签
无 (目标文章)	Irrelevant features and the subset selection problem	理论
DeepWalk	Feature selection methods for classifications	神经网络
	Automated model selection	规则学习
	Compression-based feature subset selection	理论
	Induction of condensed determinations	基于案例
	MLC Tutorial A machine learning library of C classes	理论
TADW	Feature subset selection as search with probabilistic estimates	理论
	Compression-based feature subset selection	理论
	Selection of relevant features in machine learning	理论
	NP-completeness of searches for smallest possible feature sets	理论
	Feature subset selection using a genetic algorithm	遗传算法

我们发现，找到的所有论文都已被 IFSSP 引用. 然而，DeepWalk 找到的 5 篇文档中，有 3 篇拥有不同的类别标签，而 TADW 找到的前 4 篇文档均拥有同样的 Theory 标签. 这表明相对于纯粹基于网络结构的 DeepWalk，TADW 在文本信息的帮助下可以学习到更好的网络表示.

DeepWalk 找到的第 5 篇文档同时也展示了只考虑网络结构的另一个局限性. “MLC Tutorial A Machine Learning library of C classes”（MLC）是描述一个通用工具包的文档，可能会被许多不同领域的工作引用. 一旦这些工作中的一部分也引用了 IFSSP，DeepWalk 会倾向于让 IFSSP 和 MLC 具备类似的向量表示，即使它们完全属于不同的领域.

3.4 扩展阅读

前面章节中介绍的网络表示学习方法（Chen et al., 2007; Perozzi et al., 2014; Tang and Liu, 2009, 2011）往往难以简单地处理额外的节点属性. 据我们所知，TADW 是首个在网络嵌入中考虑节点属性的工作. 一些主题模型，如 NetPLSA（Mei et al., 2008），考虑了网络和文本信息的主题建模，并使用主题分布来表示每个节点. 但是，NetPLSA 的表示能力相对较低，因此在节点分类等下游任务上表现不佳.

TADW 之后有很多后续工作. 例如，HSCA（Zhang et al., 2016）通过在 TADW 中引入额外的正则化项来强调连接节点之间的同质性. 具体而言，我们将 TADW 的输出表

示为 $\boldsymbol{R} = [\boldsymbol{W} \,||\, \boldsymbol{HT}]$，其中 $\boldsymbol{R}$ 的每一行是一个节点的表示. 正则化项可以写为

$$\operatorname{Reg}(\boldsymbol{W}, \boldsymbol{H}) = \sum_{(v_i,v_j)\in E} ||\boldsymbol{r}_i - \boldsymbol{r}_j||^2 = \sum_{(v_i,v_j)\in E} (||\boldsymbol{w}_i - \boldsymbol{w}_j||^2 + ||\boldsymbol{HT}_i - \boldsymbol{HT}_j||^2). \tag{3.4}$$

其中 $\boldsymbol{r}_i$, $\boldsymbol{w}_i$, $\boldsymbol{HT}_i$ 分别是矩阵 $\boldsymbol{R}$, $\boldsymbol{W}$, $\boldsymbol{HT}$ 的第 i 行. 这个正则化项会在损失函数式 (3.3) 中一起被优化. 因此，HSCA 能更好地保留网络的同质特性.

Sun et al.（2016）将文本特征看作一类特殊的节点，并提出 CENE 算法同时利用结构和文本信息. 受到 SDNE（Wang et al., 2016a）方法的启发，DANE（Gao and Huang, 2018）采用深度神经网络架构来学习带有节点属性的网络表示. 其他工作包括附加标签信息的建模（Pan et al., 2016; Wang et al., 2016b）、动态环境的建模（Li et al., 2017b）、属性邻近度的建模（Liao et al., 2018），以及属性符号网络的建模（Wang et al., 2017e）等. 读者可以阅读这些论文来进一步深入理解该类问题.

本章部分内容摘自我们 2015 年在 IJCAI 上发表的论文（Yang et al., 2015）.

第4章　回顾结合节点属性的网络嵌入：一种基于图卷积网络的视角

属性图表示学习是一项具有挑战性的图分析任务，通过图的拓扑结构和节点属性学习向量表示. 尽管第 3 章中介绍的 TADW 等方法具有较好的性能，但近期基于图卷积网络（Graph Convolutional Nctwork，GCN）的方法展现了更优越的性能. 在本章中，我们将从图卷积网络的视角来回顾属性图表示学习方法. 本章首先简要介绍图卷积网络和基于图卷积网络的图表示学习方法，然后介绍现有基于图卷积网络的方法的 3 个主要缺点，并引入自适应图编码器（Adaptive Graph Encoder, AGE）——一种新的属性图嵌入框架——以解决这些问题，最后在 4 个公开数据集上进行实验，验证 AGE 算法在节点聚类和链接预测任务上的有效性.

4.1　基于图卷积网络的网络嵌入

针对图的深度学习方法层出不穷. 具体来说，基于图卷积网络（Kipf and Welling, 2017）的一类方法在许多图学习任务（Zhou et al., 2018）中取得了很大的进步，显著增强了图嵌入算法的表示能力. 在本节中，我们将介绍图卷积网络和基于图卷积网络的网络嵌入方法.

4.1.1　图卷积网络

图卷积网络的目标是基于网络结构 $G = (V, E)$，以及各个节点 $v_i \in V$ 的节点属性 $x_i \in \mathbb{R}^{d_f}$ 作为输入，输出图上各个节点的嵌入表示. 图卷积网络一般由多层图卷积运算组成，这些运算通过聚合邻居信息来更新节点表示.

形式上，邻接矩阵记作 $\boldsymbol{A}$，度数矩阵记作 $\boldsymbol{D}$，t 层后嵌入的 $\boldsymbol{Z}^{(t)}$ 节点可递归计算为

$$\boldsymbol{Z}^{(t)} = f(\boldsymbol{Z}^{(t-1)}, \boldsymbol{A}) = \sigma(\boldsymbol{A}\boldsymbol{Z}^{(t-1)}\boldsymbol{W}^{(t)}), \tag{4.1}$$

其中，$\sigma(\cdot)$ 是非线性激活函数（如 ReLU 或 Sigmoid），$\boldsymbol{Z}^{(0)} \in \mathbb{R}^{|V|\times d_f}$ 是初始的节点属性特征，$\boldsymbol{W}^{(t)}$ 是第 t 层的权重矩阵.

要注意的是，叠加多层式 (4.1) 中的操作可能会导致数值不稳定、梯度爆炸或梯度消失的问题. 因此，图卷积网络采用规范化式 (4.1) 进行修正：

$$\boldsymbol{Z}^{(t)} = f(\boldsymbol{Z}^{(t-1)}, \boldsymbol{A}) = \sigma(\tilde{\boldsymbol{D}}^{-\frac{1}{2}}\tilde{\boldsymbol{A}}\tilde{\boldsymbol{D}}^{-\frac{1}{2}}\boldsymbol{Z}^{(t-1)}\boldsymbol{W}^{(t)}), \tag{4.2}$$

其中，$\tilde{\boldsymbol{A}} = \boldsymbol{A} + \boldsymbol{I}$ 是带自环的邻接矩阵，$\tilde{\boldsymbol{D}}$ 是 $\tilde{\boldsymbol{A}}$ 对应的度矩阵.

T 层图卷积操作后，我们采用最后一层 $\boldsymbol{Z}^{(T)}$ 的嵌入矩阵，以及 Readout 函数来计算最终的输出矩阵 $\boldsymbol{Z}$.

$$\boldsymbol{Z} = \text{Readout}(\boldsymbol{Z}^{(T)}), \tag{4.3}$$

其中，Readout 函数可以是多层感知机（MultiLayer Perceptron，MLP）等神经网络模型.

最后，作为一个半监督算法，图卷积网络强制让输出 $\boldsymbol{Z}$ 的维度等于标签的数目，然后采用 softmax 函数来归一化作为输出的标签预测. 损失函数可以写作

$$\mathcal{L} = -\sum_{l \in y_L} \sum_k Y_{lk} \ln Z_{lk}, \tag{4.4}$$

其中 y_L 是观察到标签的节点集合. 图 4.1 展示了图卷积网络的基本架构.

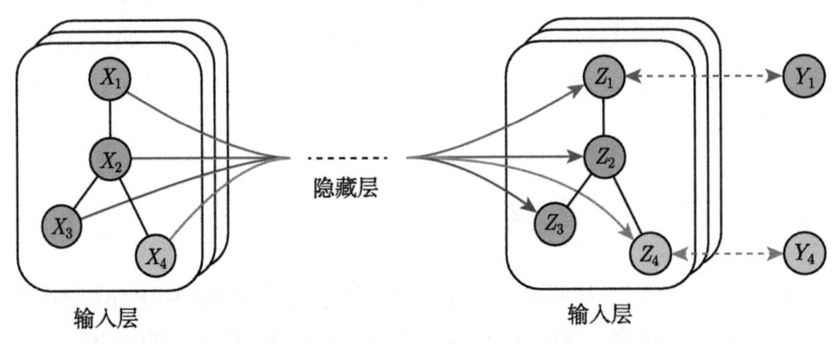

图 4.1 图卷积网络基本架构（Kipf and Welling, 2017）

4.1.2 基于图卷积网络的属性图嵌入

图卷积网络最初是为半监督场景下的图建模而提出的，一些后续工作也将图卷积网络应用于无标签信息的无监督属性图嵌入中. 根据优化目标的不同，这些基于图卷积网络的方法可大致被分为两类.

重构邻接矩阵. 这类方法使用节点表示来重构节点间的拓扑结构关系. 图自编码器（Graph Autoencoder，GAE）和变分图自编码器（Variational Graph Autoencoder，VGAE; Kipf and Welling, 2016）将图卷积网络作为编码器来学习节点表示，然后通过表示间的内积进行解码，其目标是最小化真实的邻接矩阵 $\boldsymbol{A}$ 和重构的邻接矩阵 $\sigma(\boldsymbol{Z}\boldsymbol{Z}^{\mathrm{T}})$ 之间的距离. 作为图自编码器的变种，Pan et al.（2018）利用对抗性正则化方法学习更鲁棒的节点嵌入. Wang et al.（2019a）进一步采用图注意力网络（Veličković et al., 2018）来判别不同邻居对于目标节点的重要性.

重构特征矩阵. 这类模型可以看作节点属性矩阵的自编码器，而邻接矩阵仅作为滤波器. Wang et al.（2017a）利用边缘去噪自编码器来扰动结构信息. 为了构建对称的图自编

码器，Park et al.（2019）提出拉普拉斯锐化对应上述编码器中的拉普拉斯平滑操作. 为了避免过平滑问题，作者提出的拉普拉斯锐化将使每个节点重构的属性特征远离其邻居的中心. 然而，我们将在 4.2 节中说明，初始节点特征中存在高频噪声，会降低学习到的嵌入质量.

4.1.3 讨论

很多基于图卷积的网络嵌入方法都基于图自编码器架构（Kipf and Welling, 2016）. 如图 4.2 所示，该架构中包含一个图卷积编码器和一个重构解码器. 然而，这些基于图卷积网络的方法有以下 3 个主要缺陷.

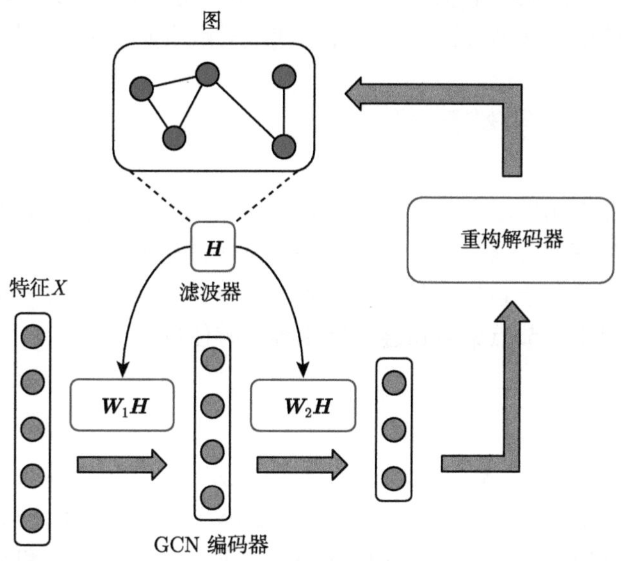

图 4.2 图自编码器架构. 我们认为存在不足的模块用红框标识：滤波器和权重矩阵的耦合，滤波器的设计和重构损失函数

第一，一个图卷积网络编码器包含多个图卷积层，每层包含一个图卷积滤波器（图 4.2 中的 $\boldsymbol{H}$）、一个权重矩阵（图 4.2 中的 $\boldsymbol{W}_1, \boldsymbol{W}_2$），以及一个激活函数. 前人工作（Wu et al., 2019a）证明了滤波器和权重矩阵的耦合对于半监督图表示学习没有性能增益，反而会加深反向传播的路径深度而影响训练效率. 在本章中，我们通过控制实验进一步将该结论扩展到无监督场景，以表明非耦合结构比耦合模型表现得更好、更鲁棒（4.3.6 小节）.

第二，关于图卷积滤波器，先前的研究（Li et al., 2018）在理论上表明，它们实际上是应用在特征矩阵上的拉普拉斯平滑滤波器（Taubin, 1995），用以实现低通去噪功能. 但我们提出，现有的图卷积滤波器并非最优的低通滤波器，因为它们不能滤除某些高频区间的噪声，故而不能达到最佳的平滑效果（4.3.8 小节）.

第三，我们还认为这些算法的优化训练目标［重构邻接矩阵（Pan et al., 2018; Wang et al., 2019a）或特征矩阵（Park et al., 2019; Wang et al., 2017a）］与实际应用非常不匹配. 具体来说，重构邻接矩阵等价于将邻接矩阵设为理想中的节点间两两相似度，缺乏对节点特征信息的有效利用. 此外，重构特征矩阵会迫使模型记住特征中的高频噪声，因此也不合适.

基于这些观察，我们在本章中提出了一个属性图嵌入的统一框架：自适应图编码器. 为了解耦滤波器和权重矩阵，它包含两个模块: 一是精心设计的无参数拉普拉斯平滑滤波器，用于进行低通滤波以获得平滑特征；二是自适应编码器，用于学习更具表达能力的节点表示. 为了取代基于重构的训练目标，我们在这一步中采用自适应学习（Chang et al., 2017），从节点间相似度矩阵中选择训练样本对，并迭代地对网络嵌入进行调优.

4.2 方法：自适应图编码器

本节首先形式化在属性图中进行表示学习的任务，然后提出 AGE 算法. 具体来说，我们先设计一个有效的图滤波器，对节点特征进行拉普拉斯平滑；然后，给定平滑后的节点表示，进一步设计一个基于自适应学习的节点表示学习模块（Chang et al., 2017）；最后，学习到的节点表示可用于节点聚类和链接预测等下游任务.

4.2.1 问题形式化

给定属性图 $G = (V, E, \boldsymbol{X})$，其中，$V = \{v_1, v_2, \cdots, v_n\}$ 为包含 n 个节点的节点集，E 表示边集，$\boldsymbol{X} = [x_1, x_2, \cdots, x_n]^{\mathrm{T}}$ 表示特征矩阵. 图 G 的拓扑结构可以用邻接矩阵 $\boldsymbol{A} = \{a_{ij}\} \in \mathbb{R}^{n\times n}$ 来表示，其中 $a_{ij} = 1, (v_i, v_j) \in E$，表示节点 v_i 和节点 v_j 之间存在边. $\boldsymbol{D} = \mathrm{diag}(d_1, d_2, \cdots, d_n) \in \mathbb{R}^{n\times n}$ 表示 $\boldsymbol{A}$ 的度矩阵，其中 $d_i = \sum_{v_j \in V} a_{ij}$ 为节点 v_i 的度. 图的拉普拉斯矩阵定义为 $\boldsymbol{L} = \boldsymbol{D} - \boldsymbol{A}$.

属性图表示学习的目标是将节点映射为低维表示. 我们设 $\boldsymbol{Z}$ 为嵌入矩阵，嵌入矩阵中既要保留图 G 的拓扑结构信息，又要保留 $\boldsymbol{X}$ 中的特征信息.

4.2.2 总体框架

模型整体框架如图 4.3 所示，模型包括两部分：拉普拉斯平滑滤波器和自适应编码器.

- **拉普拉斯平滑滤波器**: 滤波器 $\boldsymbol{H}$ 作为低通滤波器，对特征矩阵 $\boldsymbol{X}$ 的高频成分进行去噪. 平滑后的特征矩阵 $\tilde{\boldsymbol{X}}$ 作为自适应编码器的输入.

- **自适应编码器**: 为了获得更具表达性的节点嵌入，该模块通过自适应地选择高度相似或高度不相似的节点对来构建训练集，然后通过监督学习的方式训练编码器.

图 4.3 中，给定原始特征矩阵 $\boldsymbol{X}$，先使用滤波器 $\boldsymbol{H}^t$ 进行 t 层拉普拉斯平滑，以得到平滑的特征矩阵 $\tilde{\boldsymbol{X}}$. 然后使用自适应学习策略的自适应编码器对节点嵌入进行编码: 先计算节点间两两相似度的矩阵；然后选择高置信度的正、负训练样本（红色、绿色方块）；最后基于上述正负、样本，通过监督学习的方式训练编码器.

在训练过程之后，学习到的节点表示矩阵 $\boldsymbol{Z}$ 被用于下游任务.

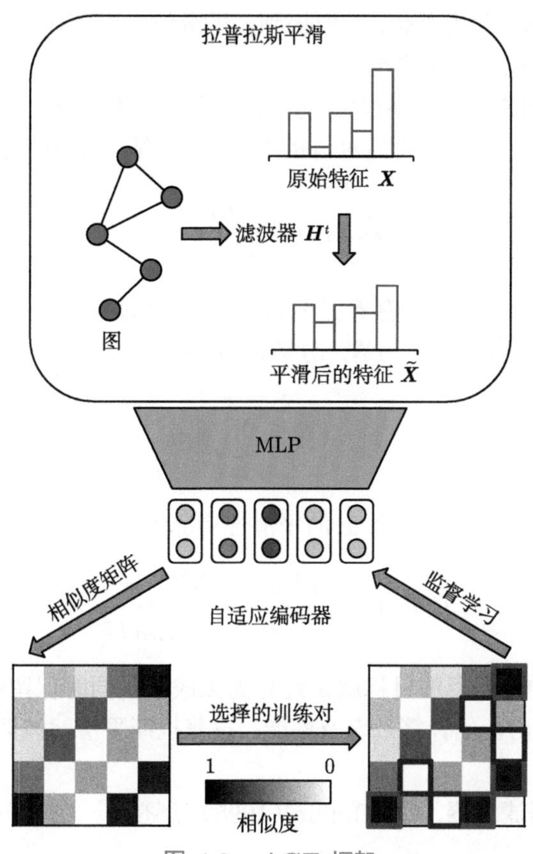

图 4.3 AGE 框架

4.2.3 拉普拉斯平滑滤波器

图学习的基本假设是图中的邻近节点是相似的，因此在图流形上的节点特征应该是平滑的. 在本节中，我们首先解释“平滑”的含义；然后给出广义拉普拉斯平滑滤波器的定义，证明它是一种平滑算子；最后介绍如何设计最优的拉普拉斯平滑滤波器.

平滑信号分析. 首先从信号处理的角度解释“平滑”的含义. 我们将 $\boldsymbol{x} \in \mathbb{R}^n$ 看作一个图信号，其中每个节点都被表示为一个标量. 将滤波器矩阵定义为 $\boldsymbol{H}$.

为了度量图信号 $\boldsymbol{x}$ 的平滑性，我们可以在图拉普拉斯矩阵 $\boldsymbol{L}$ 和 $\boldsymbol{x}$ 上计算瑞利商（Rayleigh quotient; Horn and Johnson, 2012）：

$$R(\boldsymbol{L}, \boldsymbol{x}) = \frac{\boldsymbol{x}^{\mathrm{T}} \boldsymbol{L} \boldsymbol{x}}{\boldsymbol{x}^{\mathrm{T}} \boldsymbol{x}} = \frac{\sum_{(i,j) \in E} (x_i - x_j)^2}{\sum_{i \in V} x_i^2}. \tag{4.5}$$

这个商实际上是 x 的标准化方差值. 前面提到，平滑信号应该在相邻节点上分配相似的值. 因此，具有较小瑞利商的信号更平滑.

考虑图拉普拉斯矩阵 $\boldsymbol{L} = \boldsymbol{U} \boldsymbol{\Lambda} \boldsymbol{U}^{-1}$ 的特征值分解，其中 $\boldsymbol{U} \in \mathbb{R}^{n \times n}$ 是特征向量矩阵，$\boldsymbol{\Lambda} = \mathrm{diag}(\lambda_1, \lambda_2, \cdots, \lambda_n)$ 是特征值的对角矩阵. 那么特征向量 $\boldsymbol{u}_i$ 的平滑性定义为

$$R(\boldsymbol{L}, \boldsymbol{u}_i) = \frac{\boldsymbol{u}_i^{\mathrm{T}} \boldsymbol{L} \boldsymbol{u}_i}{\boldsymbol{u}_i^{\mathrm{T}} \boldsymbol{u}_i} = \lambda_i. \tag{4.6}$$

式 (4.6) 表明更加平滑的特征向量有着更小的特征值，也就是说具有更低的频率. 因此，我们根据式 (4.5) 和式 (4.6)，以 $\boldsymbol{L}$ 为基，分解信号 x：

$$\boldsymbol{x} = \boldsymbol{U} \boldsymbol{p} = \sum_{i=1}^{n} p_i \boldsymbol{u}_i, \tag{4.7}$$

其中 p_i 是特征向量 $\boldsymbol{u}_i$ 的系数. 那么 $\boldsymbol{x}$ 的平滑性实际上可写作

$$R(\boldsymbol{L}, \boldsymbol{x}) = \frac{\boldsymbol{x}^{\mathrm{T}} \boldsymbol{L} \boldsymbol{x}}{\boldsymbol{x}^{\mathrm{T}} \boldsymbol{x}} = \frac{\sum_{i=1}^{n} p_i^2 \lambda_i}{\sum_{i=1}^{n} p_i^2}. \tag{4.8}$$

因此，我们设计的滤波器的目标就是过滤高频成分的同时保留低频成分，以得到更加平滑的信号. 由于具有出色的计算效率及性能，拉普拉斯平滑滤波器（Taubin, 1995）常被用于实现这一目标.

广义拉普拉斯平滑滤波器. 如 Taubin（1995）所述，广义拉普拉斯平滑滤波器定义为

$$\boldsymbol{H} = \boldsymbol{I} - k \boldsymbol{L}, \tag{4.9}$$

其中 k 为实值. 采用 $\boldsymbol{H}$ 作为滤波器矩阵时，滤波后的信号 $\tilde{x}$ 表示为

$$\tilde{\boldsymbol{x}} = \boldsymbol{H} \boldsymbol{x} = \boldsymbol{U}(\boldsymbol{I} - k\boldsymbol{\Lambda}) \boldsymbol{U}^{-1} \boldsymbol{U} \boldsymbol{p} = \sum_{i=1}^{n} (1 - k\lambda_i) p_i \boldsymbol{u}_i = \sum_{i=1}^{n} p_i' \boldsymbol{u}_i. \tag{4.10}$$

因此，要实现低通滤波，频率响应函数“$1-k\lambda$”应该是一个递减的非负函数. 叠加 t 层拉普拉斯平滑过滤器时，滤波后的特征矩阵 $\tilde{\boldsymbol{X}}$ 可表示为

$$\tilde{\boldsymbol{X}} = \boldsymbol{H}^t \boldsymbol{X}. \tag{4.11}$$

注意，滤波器完全不需要训练参数.

k **值的选取.** 在实践中，我们在带自环的邻接矩阵 $\tilde{\boldsymbol{A}} = \boldsymbol{I} + \boldsymbol{A}$ 基础上使用了规范化技巧，即采用对称归一化图拉普拉斯矩阵

$$\tilde{\boldsymbol{L}}_{\text{sym}} = \tilde{\boldsymbol{D}}^{-\frac{1}{2}} \tilde{\boldsymbol{L}} \tilde{\boldsymbol{D}}^{-\frac{1}{2}}, \tag{4.12}$$

其中 $\tilde{\boldsymbol{D}}$ 和 $\tilde{\boldsymbol{L}}$ 分别是 $\tilde{\boldsymbol{A}}$ 对应的度矩阵和拉普拉斯矩阵. 则滤波器变为

$$\boldsymbol{H} = \boldsymbol{I} - k\tilde{\boldsymbol{L}}_{\text{sym}}. \tag{4.13}$$

注意，如果令 $k=1$，则该滤波器就是图卷积网络滤波器.

对于最佳 k 值的选择，特征值的分布 $\tilde{\boldsymbol{\Lambda}}$（从分解 $\tilde{\boldsymbol{L}}_{\text{sym}} = \tilde{\boldsymbol{U}}\tilde{\boldsymbol{\Lambda}}\tilde{\boldsymbol{U}}^{-1}$ 获得）也应当被考虑. $\tilde{\boldsymbol{x}}$ 的平滑性为

$$\boldsymbol{R}(\boldsymbol{L}, \tilde{\boldsymbol{x}}) = \frac{\tilde{\boldsymbol{x}}^{\mathrm{T}} \boldsymbol{L} \tilde{\boldsymbol{x}}}{\tilde{\boldsymbol{x}}^{\mathrm{T}} \tilde{\boldsymbol{x}}} = \frac{\sum_{i=1}^{n} {p'_i}^2 \lambda_i}{\sum_{i=1}^{n} {p'_i}^2}. \tag{4.14}$$

因此，当 λ_i 增大时 ${p'_i}^2$ 应当减小. 我们将最大的特征值表示为 $\lambda_{\max}$. 理论上，如果 $k > 1/\lambda_{\max}$，那么在 $(1/k, \lambda_{\max}]$ 区间上滤波器就不是低通的，因为 ${p'_i}^2$ 在该区间中是递增的. 反之，如果 $k < 1/\lambda_{\max}$，滤波器就不能去除所有的高频噪声. 所以 $k = 1/\lambda_{\max}$ 是最佳的选择.

拉普拉斯矩阵的特征值范围在 0 到 2 之间（Chung and Graham, 1997），因此 GCN 滤波器在 $(1,2]$ 区间上非低通. 一些工作（Wang et al., 2019a）相应地选择 $k=1/2$. 然而，我们的实验表明，在规范化之后，特征值的最大值 $\lambda_{\max}$ 会减小到 3/2 左右，使得 1/2 也并非最优的选择. 在实验中，我们为每个数据集计算 $\lambda_{\max}$，并令 $k = 1/\lambda_{\max}$. 我们还进一步分析了不同 k 值的效果（4.3.8 小节）.

4.2.4 自适应编码器

经过 t 层拉普拉斯滤波后，输出特征更加平滑，并保留了丰富的属性信息. 为了更好地从平滑特征中学习节点表示，我们需要找到一个合适的无监督优化目标. 为此，我们受深度自适应学习启发（Chang et al., 2017），提出基于节点间相似度展开设计.

对于属性图嵌入任务，两个节点之间的关系至关重要，这就要求我们设计合适的相似度度量作为训练目标. 基于图自编码器的方法通常选择邻接矩阵作为节点对间相似度的标

准. 但是，邻接矩阵只记录了单跳的结构信息，这是远远不够的. 同时，我们认为平滑后的特征或训练后的嵌入间的相似性更加准确，因为它们将结构和特征信息结合在了一起. 因此，我们自适应地选择嵌入相似度高的节点对作为正训练样本，相似度低的节点对作为负训练样本.

给定滤波后的节点特征 $\tilde{\boldsymbol{X}}$，节点嵌入由线性编码器 f 进行编码：

$$\boldsymbol{Z} = f(\tilde{\boldsymbol{X}}; \boldsymbol{W}) = \tilde{\boldsymbol{X}}\boldsymbol{W}, \tag{4.15}$$

其中 $\boldsymbol{W}$ 是权重矩阵. 我们用最小–最大法 (min-max scaler) 将节点嵌入缩放到 $[0,1]$ 区间上以减小方差. 为了度量节点的两两相似性，我们利用余弦函数实现相似度度量，则相似度矩阵 $\boldsymbol{S}$ 为

$$\boldsymbol{S} = \frac{\boldsymbol{Z}\boldsymbol{Z}^{\mathrm{T}}}{\|\boldsymbol{Z}\|_2^2}. \tag{4.16}$$

接下来，我们将详细介绍训练样本选择策略.

训练样本选择. 在计算相似度矩阵后，将节点间的两两相似度按降序排列. 记 r_{ij} 为节点对 (v_i, v_j) 的排名，我们设置正样本的最大排名为 r_{pos}，负样本的最小排名为 r_{neg}. 那么节点对 (v_i, v_j) 的标签为

$$l_{ij} = \begin{cases} 1, & r_{ij} \leqslant r_{\text{pos}}; \\ 0, & r_{ij} > r_{\text{neg}}; \\ \text{None}, & \text{其他}. \end{cases} \tag{4.17}$$

这样，我们就构造了一个包含 r_{pos} 个正样本和 $(n^2 - r_{\text{neg}})$ 个负样本的训练集.

特别地，首次构造训练集时，由于编码器未经训练，我们直接使用平滑后的特征来初始化 $\boldsymbol{S}$:

$$\boldsymbol{S} = \frac{\tilde{\boldsymbol{X}}\tilde{\boldsymbol{X}}^{\mathrm{T}}}{\|\tilde{\boldsymbol{X}}\|_2^2}. \tag{4.18}$$

在建立训练集之后，可以基于监督学习方式训练编码器. 在真实的图结构中，不相似的节点对总是比正节点对多得多，因此我们在训练集中选择了多于 r_{pos} 的负样本. 为了平衡正、负样本，我们会在每轮训练中随机选择 r_{pos} 个负样本. 平衡后的训练集记作 $\mathcal{O}$. 相应地，我们的交叉熵损失为

$$\mathcal{L} = \sum_{(v_i, v_j) \in \mathcal{O}} -l_{ij} \log(s_{ij}) - (1 - l_{ij}) \log(1 - s_{ij}). \tag{4.19}$$

阈值更新. 受到课程学习（curriculum learning; Bengio et al., 2009）的启发，我们设计了一种 r_{pos} 和 r_{neg} 的更新策略，以控制训练集的大小. 在整个训练的开始阶段，编码器

会选择更多数量的样本来捕捉粗粒度的聚类模式. 之后，我们会保留有较高置信度的样本继续训练，促使编码器捕获更加细粒度的规律. 在实践中，r_{pos} 随着训练过程的进行而减少，而 r_{neg} 则会线性增加. 我们设置初始阈值为 $r_{\text{pos}}^{\text{st}}$ 和 $r_{\text{neg}}^{\text{st}}$，同时设置最终阈值为 $r_{\text{pos}}^{\text{ed}}$ 和 $r_{\text{neg}}^{\text{ed}}$. 有 $r_{\text{pos}}^{\text{ed}} \leqslant r_{\text{pos}}^{\text{st}}$ 及 $r_{\text{neg}}^{\text{ed}} \geqslant r_{\text{neg}}^{\text{st}}$.

假设阈值更新了 T 次，我们提出的更新策略为

$$r'_{\text{pos}} = r_{\text{pos}} + \frac{r_{\text{pos}}^{\text{ed}} - r_{\text{pos}}^{\text{st}}}{T}, \tag{4.20}$$

$$r'_{\text{neg}} = r_{\text{neg}} + \frac{r_{\text{neg}}^{\text{ed}} - r_{\text{neg}}^{\text{st}}}{T}. \tag{4.21}$$

随着训练过程的进行，每当阈值更新时，就对训练集进行更新并保存嵌入. 对于节点聚类任务，我们基于保存的嵌入计算相似度矩阵进行谱聚类（Ng et al., 2002），并利用可以在无标签信息情况下评估聚类质量的 Davies-Bouldin 指数 (Davies-Bouldin Index，DBI; Davies and Bouldin, 1979）选择最佳的迭代轮数. 对于链接预测任务，我们选择验证集上效果最好的迭代轮数. 算法 4.1 给出了计算嵌入矩阵 $\boldsymbol{Z}$ 的总体过程.

算法 4.1 自适应图编码器

输入: 邻接矩阵 A, 特征矩阵 X, 滤波器层数 t, 迭代次数 max_iter, 和阈值更新次数 T

输出: 节点嵌入矩阵 Z

1: 根据公式 (4.12) 计算图拉普拉斯 $\tilde{L}_{\text{sym}}$;
2: $k \leftarrow 1/\lambda_{\max}$;
3: 根据公式 (4.13) 计算滤波器矩阵 H;
4: 根据公式 (4.11) 计算平滑特征 $\tilde{X}$;
5: 根据公式 (4.18) 初始化相似度矩阵 S 和训练集 $\mathcal{O}$;
6: **for** iter = 1 to max_iter **do**
7: 　根据公式 (4.15) 计算 Z;
8: 　使用公式 (4.19) 中的损失函数训练自适应编码器;
9: 　**if** iter mod (max_iter/T) == 0 **then**
10: 　　根据公式 (4.20) 和公式 (4.21) 更新阈值;
11: 　　根据公式 (4.16) 计算相似度矩阵 S;
12: 　　根据公式 (4.17) 从 S 中选择训练样本;
13: 　**end if**
14: **end for**

4.3 实验分析

我们将在节点聚类和链接预测任务中对 AGE 的优势进行评估. 在本节中，我们将先介绍基准数据集、基线方法、评估指标和参数设置；然后展示和分析实验结果. 除了主要实验外，我们还进行了辅助实验来验证以下假设.

假设 1: 滤波器与权重矩阵的耦合不会提高嵌入的质量.

假设 2: 与重构损失相比，我们的自适应学习策略是有效的，并且每种机制都对效果提升有所贡献.

假设 3: $k = 1/\lambda_{\max}$ 是拉普拉斯平滑滤波器中的最优值.

4.3.1 数据集

我们在 4 种广泛使用的图数据集上进行了节点聚类和链接预测实验［Cora、Citeseer、Pubmed（Sen et al., 2008），以及 Wiki（Yang et al., 2015)］. Cora 和 Citeseer 中的特征是二元的词向量，而在 Pubmed 和 Wiki 中，节点具有基于 TF-IDF 的加权词向量. 4 个数据集的统计信息如表 4.1 所示.

表 4.1 数据集统计信息

数据集	节点数	边数	特征数	类别数
Cora	2,708	5,429	1,433	7
Citeseer	3,327	4,732	3,703	6
Wiki	2,405	17,981	4,973	17
Pubmed	19,717	44,338	500	3

4.3.2 基线方法

对于属性图嵌入方法，我们对比了以下 5 种基线算法.

GAE 和 VGAE（Kipf and Welling, 2016）结合了图卷积网络与用于表示学习的（变分）自编码器.

ARGA 和 ARVGA（Pan et al., 2018）分别向 GAE 和 VGAE 添加了对抗性约束，促使嵌入表示匹配一个先验分布以实现更鲁棒的节点嵌入.

GALA（Park et al., 2019）提出了一种对称的图卷积自动编码器来重构特征矩阵，其中编码器基于拉普拉斯平滑，解码器则基于拉普拉斯锐化.

在节点聚类任务中，我们额外比较了 8 种基线算法，这些基线方法可以分为以下 3 组.

只使用节点特征的方法. Kmeans（Lloyd, 1982）和谱聚类（Ng et al., 2002）是两种传统的聚类算法. Spectral-F 以节点特征的余弦相似度作为输入.

只使用图结构的方法. Spectral-G 是以邻接矩阵作为输入相似度矩阵的谱聚类算法. DeepWalk（Perozzi et al., 2014）通过在随机游走序列上调用 Skip-Gram 算法来学习节点表示.

同时使用节点特征和图结构的方法. TADW（Yang et al., 2015）将 DeepWalk 解释为矩阵分解，并进一步引入了节点特征. MGAE（Wang et al., 2017a）基于去噪图自编码器，训练目标是重构特征矩阵. AGC（Zhang et al., 2019c）利用高阶图卷积来过滤节点特征，针对不同的数据集选择不同的图卷积层数量. DAEGC（Wang et al., 2019a）利用图注意力网络捕捉邻居节点的重要性，然后协同优化重构损失和基于 KL 散度的聚类损失.

对于 DeepWalk、TADW、GAE 和 VGAE 等不特定于节点聚类问题的表示学习算法，我们对其学习到的表示应用谱聚类. 对于其他在基准数据集上进行实验的工作，我们报告论文中的原始结果.

我们考虑了 AGE 的 4 种变体来对比不同的优化目标. 这些变体中的拉普拉斯平滑滤波器是相同的，LS+RA 的编码器的目标是重构邻接矩阵，LS+RX 则重构特征矩阵. LS 只保留拉普拉斯平滑滤波器，将平滑后的特征作为节点嵌入. AGE 是本章提出的自适应学习模型.

4.3.3 评估指标和参数设置

为了度量节点聚类方法的性能，我们采用了两种指标：标准化互信息（Normalized Mutual Information，NMI）及调整兰德指数（Adjusted Rand Index，ARI；Gan et al., 2007）. 对于链接预测任务，我们按照 Kipf 和 Welling（2016）的方法划分数据集，并报告 AUC 和平均查准率（Average Precision, AP）得分. 对于所有度量，值越高表示性能越好.

对于拉普拉斯平滑滤波器，我们发现 4 个数据集的最大特征值都在 3/2 附近. 因此，我们统一设置 $k = 2/3$. 对于自适应编码器，我们通过 Adam 优化器（Kingma and Ba, 2015）以 0.001 学习率训练了 400 轮的 MLP 编码器来实现. 编码器每层都是一个 500 维的嵌入，我们每 10 轮更新一次阈值. 我们根据 DBI 指数调整拉普拉斯平滑滤波器的层数 t，以及 $r_{\text{pos}}^{\text{st}}$, $r_{\text{pos}}^{\text{ed}}$，$r_{\text{neg}}^{\text{st}}$，$r_{\text{neg}}^{\text{ed}}$ 的超参数. 详细的超参数设置如表 4.2 所示.

表 4.2 超参数设置，其中 n 是数据集中节点数

数据集	t	$r_{\text{pos}}^{\text{st}}/n^2$	$r_{\text{pos}}^{\text{ed}}/n^2$	$r_{\text{neg}}^{\text{st}}/n^2$	$r_{\text{neg}}^{\text{ed}}/n^2$
Cora	8	0.0110	0.0010	0.1	0.5
Citeseer	3	0.0015	0.0010	0.1	0.5
Wiki	1	0.0011	0.0010	0.1	0.5
Pubmed	35	0.0013	0.0010	0.7	0.8

4.3.4 节点聚类结果

节点聚类实验结果如表 4.3 所示，其中粗体和带下线的值分别表示所有方法和所有基线中最高的得分.

表 4.3 节点聚类实验结果

方法	输入	Cora		Citeseer		Wiki		Pubmed	
		NMI	ARI	NMI	ARI	NMI	ARI	NMI	ARI
Kmeans	F	0.317	0.244	0.312	0.285	0.440	0.151	0.278	0.246
Spectral-F	F	0.147	0.071	0.203	0.183	0.464	0.254	0.309	0.277
Spectral-G	G	0.195	0.045	0.118	0.013	0.193	0.017	0.097	0.062
DeepWalk	G	0.327	0.243	0.089	0.092	0.324	0.173	0.102	0.088
TADW	F&G	0.441	0.332	0.291	0.228	0.271	0.045	0.244	0.217
GAE	F&G	0.482	0.302	0.221	0.191	0.345	0.189	0.249	0.246
VGAE	F&G	0.408	0.347	0.261	0.206	0.468	0.263	0.216	0.201
MGAE	F&G	0.489	0.436	0.416	0.425	<u>0.510</u>	0.379	0.282	0.248
ARGA	F&G	0.449	0.352	0.350	0.341	0.345	0.112	0.276	0.291
ARVGA	F&G	0.450	0.374	0.261	0.245	0.339	0.107	0.117	0.078
AGC	F&G	0.537	0.486	0.411	0.419	0.453	0.343	0.316	0.319
DAEGC	F&G	0.528	0.496	0.397	0.410	0.448	0.331	0.266	0.278
GALA	F&G	<u>0.577</u>	<u>0.532</u>	<u>0.441</u>	<u>0.446</u>	0.504	0.389	0.327	0.321
LS	F&G	0.493	0.373	0.419	0.433	0.534	0.317	0.300	0.315
LS+RA	F&G	0.580	0.545	0.410	0.403	0.566	0.382	0.291	0.301
LS+RX	F&G	0.479	0.423	0.416	0.424	0.543	0.365	0.285	0.251
AGE	F&G	**0.607**	**0.565**	**0.448**	**0.457**	**0.597**	**0.440**	0.316	**0.334**

可以看到，AGE 在性能上显著优于基线方法，尤其在 Cora 和 Wiki 数据集上. 与最强的基线 GALA 相比，AGE 的 NMI 和 ARI 值在 Cora 上有 5.20% 和 6.20% 的提升，在 Wiki 上则有超过 18.45% 和 13.11% 的提升. 这些结果验证了我们提出的框架有效性. 对于 Citeseer 和 Pubmed，我们将在 4.3.8 小节中进行了更深入的分析.

与基于图卷积网络的方法相比，AGE 具有比这些基线（如对抗正则化或注意力）更简单的机制. 唯一可训练的参数存在于单层感知机的权重矩阵中，这样可以最大限度地减少内存占用，提高训练效率.

4.3.5 链接预测结果

在本节中，我们评估了链接预测任务中节点嵌入的质量. 根据 GALA 的实验设置，我们在 Cora 和 Citeseer 上进行实验，去除 5% 的边作为验证集，10% 的边作为测试集. 给定节点嵌入矩阵 $\boldsymbol{Z}$，我们使用一个简单的内积解码器来得到预测的邻接矩阵：

$$\hat{\boldsymbol{A}} = \sigma(\boldsymbol{Z}\boldsymbol{Z}^{\mathrm{T}}), \tag{4.22}$$

其中 σ 为 Sigmoid 函数.

实验结果如表 4.4 所示. 与最先进的无监督图表示学习模型相比，AGE 在 AUC 和 AP 上都优于它们. 值得注意的是，GAE/VGAE 和 ARGA/ARVGA 的训练目标是邻接矩阵重构损失. GALA 也为链接预测任务增加了重构损失，而 AGE 并不使用显式的链接信息作为监督.

表 4.4 链接预测实验结果

方法	Cora		Citeseer	
	AUC	AP	AUC	AP
GAE	0.910	0.920	0.895	0.899
VGAE	0.914	0.926	0.908	0.920
ARGA	0.924	0.932	0.919	0.930
ARVGA	0.924	0.926	0.924	0.930
GALA	0.921	0.922	0.944	0.948
AGE	**0.957**	**0.952**	**0.964**	**0.968**

4.3.6 GAE 与 LS+RA

我们设计控制实验来验证假设 1，即评估耦合滤波器和权重矩阵带来的影响. 进行比较的方法是 GAE 和 LS+RA，它们之间的唯一区别是权重矩阵的位置. 如图 4.2 所示，GAE 在每层将滤波器和权重矩阵进行组合，而 LS+RA 将权重矩阵移到滤波器之后. 具体来说，GAE 有多层图卷积，其中每个图卷积层包含一个 64 维线性层、一个 ReLU 激活操作和一个图卷积滤波器. LS+RA 将多个图卷积滤波器堆叠在一起，之后才是一个单层的 64 维感知机. 两个模型的嵌入层都是 16 维的，且其余的参数设置都相同.

在使用不同层数的滤波器的条件下，两个方法在 4 个数据集上的节点聚类 NMI 得分如图 4.4 所示. 结果表明，LS+RA 在大多数情况下参数较少，且性能优于 GAE. 随着滤波层数的增加，GAE 的性能显著下降，而 LS+RA 则相对稳定，从而验证了我们的假设.

4.3.7 消融实验

为了证明假设 2，我们首先在节点聚类任务上对比了 AGE 的 4 种变体. 我们的发现如下.

（1）与原始特征（Spectral-F）相比，平滑后的表示（LS）集成了图结构信息，因此在节点聚类任务中明显表现更好.

（2）由于使用了拉普拉斯平滑滤波器，我们模型的变体 LS+RA 和 LS+R 与基线方法相比也表现出强大的性能. 同时，AGE 表现得比这两种变体更好，说明了自适应优化目标的优越性.

（3）对比两种重构损失，重构邻接矩阵（LS+RA）在 Cora、Wiki 及 Pubmed 数据集上表现得更好，而重构特征矩阵（LS+RX）在 Citeseer 上表现得更好. 这样的差别说明结构信息和特征信息的重要性在不同数据集中是不同的，因此这两种重构损失均非全局最优. 在 Citeseer 和 Pubmed 上，重构损失对平滑后的表示甚至有负面影响.

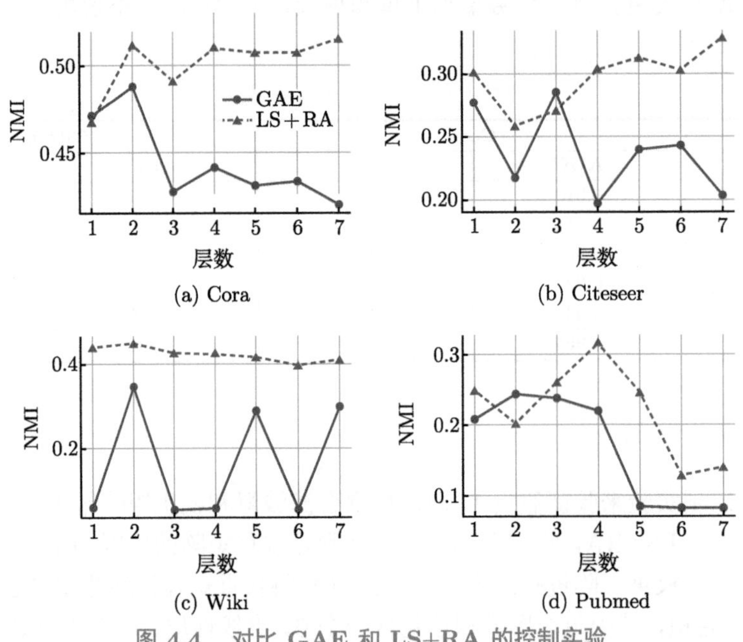

图 4.4 对比 GAE 和 LS+RA 的控制实验

此外，我们在 Cora 数据集上进行消融实验，以展示 AGE 中 4 种机制的贡献. 具体地，我们设置了 AGE 模型的 5 个变体进行比较.

全部 5 种变体通过对节点特征或嵌入的余弦相似度矩阵进行谱聚类来聚类节点. “Raw features” 只在节点的原始特征上进行谱聚类；“+Filter” 使用平滑后的节点特征来进行聚类；“+Encoder” 根据平滑后节点特征间的相似度矩阵初始化训练集并固定下来，再基于该训练集学习节点表示；“+Adaptive” 自适应地选择训练样本，但阈值固定；“+Thresholds Update” 进一步加入阈值更新策略，是最终的完整模型.

在表 4.5 中，可以明显地注意到，我们模型的每个部分都对最终的性能有所贡献，这说明了它们的有效性. 此外，我们还可以观察到，由平滑后特征间的相似性监督的模型（“+Encoder）几乎优于所有基线，这验证了我们自适应学习训练目标的合理性.

4.3.8 k 值的选取

如前面小节所述，我们选取 $k = 1/\lambda_{\max}$，其中 $\lambda_{\max}$ 是归一化拉普拉斯矩阵的最大的特征值. 为了验证假设 3，我们先在图 4.5 中画出基准数据集的拉普拉斯矩阵特征值的分布. 然后在不同的 k 值下进行实验，结果如图 4.6 所示. 从这两张图中，我们观察到如下规律.

表 4.5 消融实验

模型变体	Cora	
	NMI	**ARI**
Raw features	0.147	0.071
+Filter	0.493	0.373
+Encoder	0.558	0.521
+Adaptive	0.585	0.544
+Thresholds update	**0.607**	**0.565**

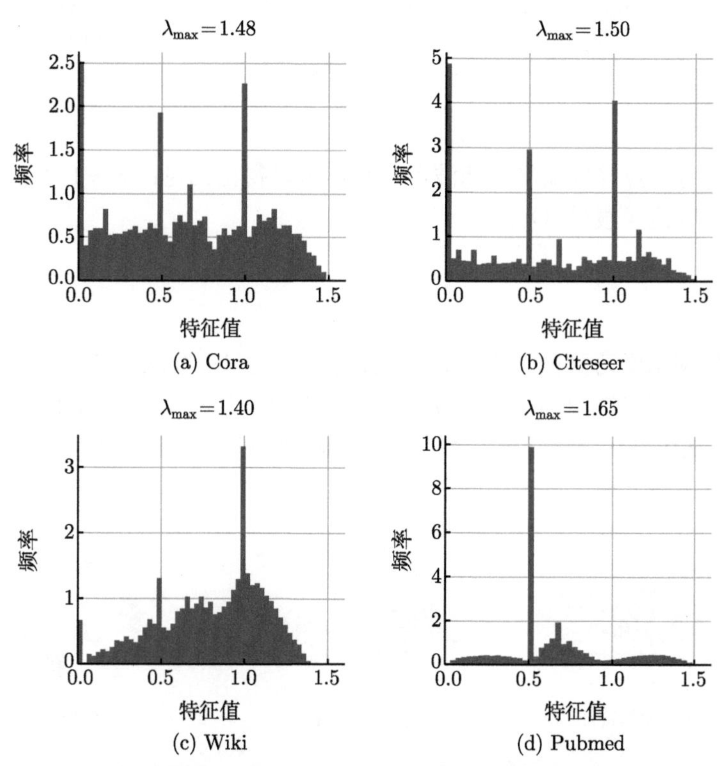

图 4.5 不同数据集对应的归一化拉普拉斯矩阵特征值分布，其中 $\lambda_{\max}$ 是最大的特征值

（1）4 个数据集的最大特征值都在 3/2 左右，这也支持了我们的选择 $k = 2/3$.

（2）在图 4.6 中，NMI 和 ARI 指标在 $k = 2/3$ 时达到最高，即 $k = 2/3$ 对应的滤波器在 Cora 和 Wiki 数据集中表现更好. 对于 Citeseer 和 Pubmed，不同的 k 值对结果影响很小.

（3）为了进一步解释为什么一些数据集对 k 敏感，而另一些对 k 不敏感，我们可以回顾一下图 4.5. 显然，Cora 和 Wiki 中有着比 Citeseer 和 Pubmed 更多的高频分量. 因此，对于 Citeseer 和 Pubmed 而言，不同 k 值的滤波器有着相近的效果.

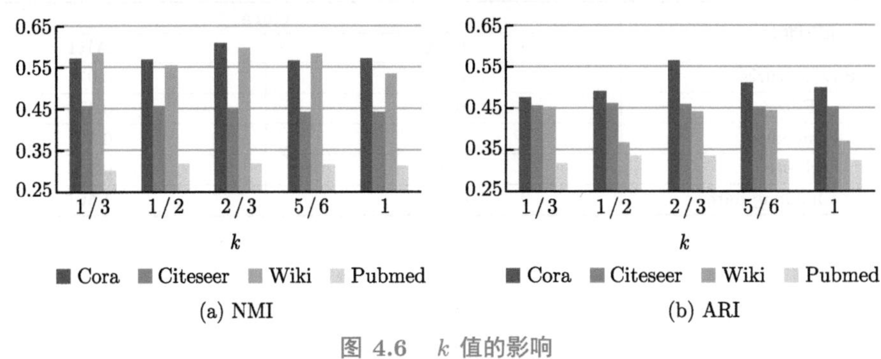

(a) NMI (b) ARI

图 4.6 k 值的影响

总体来说，对于拉普拉斯平滑滤波器，我们可以得出结论：$k = 1/\lambda_{\max}$ 是拉普拉斯平滑滤波器的最优取值（假设 3）.

4.3.9 可视化

为了直观地展示学习到的节点嵌入，我们使用 t-SNE 算法（Van Der Maaten, 2014）将节点表示可视化到二维空间中，可视化结果如图 4.7 所示，其中每个子图对应消融实验中的一个变体. 从可视化结果可知，AGE 可以很好地对节点进行聚类，且随着模型的逐步完善，重叠区域减少，属于同一类的节点最终能够聚在一起.

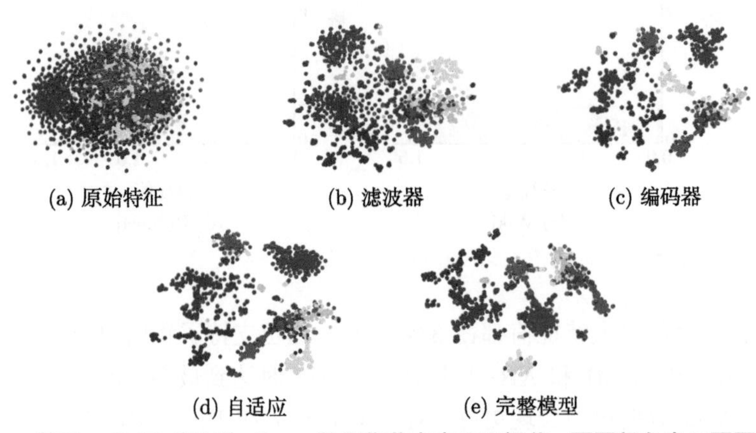

(a) 原始特征 (b) 滤波器 (c) 编码器

(d) 自适应 (e) 完整模型

图 4.7 基于 t-SNE 实现的 Cora 数据集节点表示可视化. 不同颜色表示不同的类别

4.4 扩展阅读

在本章中，我们从图卷积网络的角度重新回顾了属性图嵌入，并从图信号平滑的角度研究了图卷积操作. 我们的分析基于（Li et al., 2018）中的结论，即图卷积网络实际上是一个可以去除高频噪声的拉普拉斯平滑滤波器，该结论是基于图神经网络的谱分析方法得出的. 也有一些工作（Maron et al., 2019; Xu et al., 2018）从空域的角度通过 Weisfeiler-Lehman (WL) 图同构测试讨论了图神经网络的表达能力. 后续工作中，研究人员通过一个统一框架（Balcilar et al., 2020; Chen et al., 2020）将空域和谱域联系在一起. 对于图神经网络的更多细节（例如什么是空域和谱域图神经网络），可以参考我们的综述文章（Zhou et al., 2018）.

本章中的部分内容摘自我们 2020 年在美国计算机学会（Association for Computing Machinery, ACM）数据挖掘与知识发现大会（Special Interest Group on Knowledge Discovery and Data Mining, SIGKDD; 简称 KDD）发表的文章（Cui et al., 2020）.

第5章　结合节点内容的网络嵌入

在第 3 章，我们使用 TADW 算法，从图结构和节点属性联合学习嵌入表示. 在社交网络和引用网络等现实世界的网络中，节点包含丰富的文本内容，可以用来刻画、分析它们的语义. 在本章中，我们假设一个节点在与不同的邻居（上下文）交互时通常会展现不同的语义层面，因此也应被分配不同的表示. 但是，很多现有模型为每个节点学习一个固定的、不包含上下文信息的表示，而忽略了与其他节点交互时可能显现的不同语义角色. 因此，我们提出了上下文感知的网络嵌入（Context Aware Network Embedding, CANE）来解决这个问题. CANE 期望更精确地建模节点之间的语义关系，并通过相互注意力机制来学习上下文感知的网络嵌入. 实验结果显示 CANE 在链接预测及节点分类任务性能上比以往的网络嵌入方法有显著的提升.

5.1　概述

在现实世界的社交网络中，节点会与不同的邻居在不同的方面进行交互. 例如，研究人员通常与各种合作伙伴就不同的研究主题进行合作（图 5.1），社交媒体用户会拥有具有不同兴趣的朋友，一个网页会链接到用于不同目的的多个页面. 但是，大多数网络嵌入方法仅仅为每个节点分配单一的表示向量，并产生以下两个可逆问题：一是这些方法不能灵活地处理与不同邻居交互时语义层面的改变；二是在这些方法中，一个节点往往会促使其邻居的表示也彼此接近，然而事实很可能并非如此. 例如，在图 5.1 中，左边和右边用户的共同兴趣较少，但由于他们都连接到了中间的人，所以他们的表示会在训练中被彼此拉近，进而使得节点的表示变得难以区分.

为了解决这一问题，我们引入了 CANE 框架来更精确地刻画节点之间的关系. 更具体地说，我们聚焦于每个节点包含丰富的节点内容的信息网络. 在这种情况下，上下文的意义对于网络嵌入来说更为关键. 不失一般性地，本章将在基于文本的信息网络上实现 CANE，该方法可以很容易地扩展到其他类型的信息网络中. 在传统的网络嵌入模型中，每个节点表示为一个静态的表示向量，称为**上下文无关表示**. 相反，CANE 根据节点交互的邻居来分配动态表示，称为**上下文感知表示**. 以节点 u 和它的邻居 v 为例，在与不同的邻居交互时，u 的上下文无关表示保持不变；相反，在面对不同的邻居时，u 的上下文感知表示是动态的.

当 u 和 v 交互时，它们关于对方的上下文表示可以分别由它们的文本信息 S_u 和 S_v 得出. 对于每个节点，我们可以使用神经网络模型，如卷积神经网络（Blunsom et al., 2014;

Johnson and Zhang, 2014; Kim, 2014）和循环神经网络（Kiros et al., 2015; Tai et al., 2015），来构建基于文本的**上下文无关**表示. 为了实现基于文本的**上下文感知**表示，我们在这些神经模型基础上进一步建立了 u 和 v 之间的**相互注意力**机制. 相互注意力可以引导神经网络模型强调那些被其邻居节点关注的词，并最终获得上下文感知的嵌入.

每个节点的上下文无关表示和上下文感知表示可以拼接在一起，然后用现有的网络嵌入方法，如 DeepWalk（Perozzi et al., 2014）、LINE（Tang et al., 2015b）和 node2vec（Grover and Leskovec, 2016），有效地进行训练学习.

我们在来自不同领域的 3 个真实数据集上进行了实验. 结果表明，上下文感知表示对于网络分析至关重要，尤其对于那些涉及节点之间复杂交互的任务，如链接预测. 我们还通过节点分类和案例分析验证了模型的灵活性和优越性.

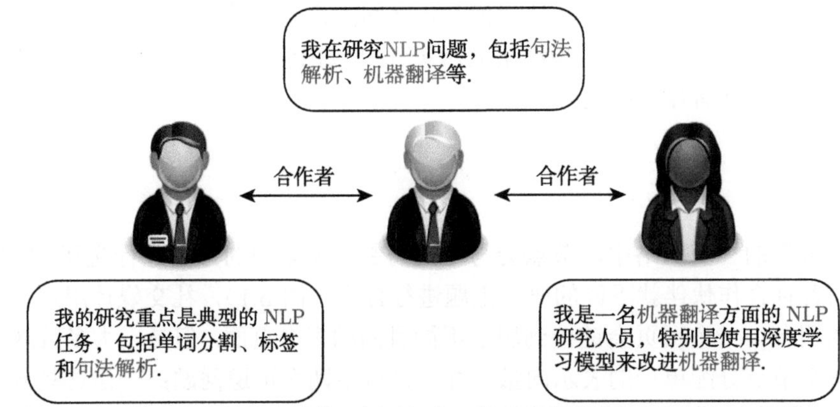

图 5.1　基于文本的信息网络示例（红色、蓝色和绿色字体分别表示左边用户、右边用户及两者共同的关注点）

5.2　方法：上下文感知网络嵌入

5.2.1　问题形式化

下面先给出本章所使用的基本符号和定义. 假定有信息网络 $G=(V,E,T)$，其中 V 是节点的集合，$E\subseteq V\times V$ 代表节点之间的边，T 代表节点的文本信息. 每一条边 $e_{u,v}\in E$ 代表两个节点 (u,v) 之间的关系，对应边的权重为 $w_{u,v}$. 节点 $v\in V$ 的文本信息可表示为一个词序列 $S_v=(w_1,w_2,\cdots,w_{n_v})$，其中 $n_v=|S_v|$. 网络嵌入的目的是根据节点的网络结构和相关联的信息（如文本和标签），为每个节点 $v\in V$ 学习一个低维的表示 $\boldsymbol{v}\in\mathbb{R}^d$. 注意，$d\ll|V|$ 是表示空间的维度.

定义 1：上下文无关表示. 传统的网络嵌入模型为每个节点学习上下文无关表示. 这

意味着节点的表示是固定的，并不会因上下文信息（即与之交互的另一个节点）而改变.

定义 2：上下文感知表示. 与学习上下文无关表示的模型不同，CANE 根据不同的上下文信息学习节点的不同表示. 具体来说，对于一条边 $e_{u,v}$，CANE 学习上下文感知表示 $\boldsymbol{v}_{(u)}$ 和 $\boldsymbol{u}_{(v)}$.

5.2.2 总体框架

为了充分利用网络结构和相关的文本信息，我们为每个节点 v 设置了两种类型的表示，即基于结构的表示 $\boldsymbol{v}^{\mathrm{s}}$ 和基于文本的表示 $\boldsymbol{v}^{\mathrm{t}}$. 基于结构的表示可以捕获网络拓扑中的信息，而基于文本的表示可以捕获相关文本信息中的语义. 我们可以简单地将两种表示拼接起来，得到表示 $\boldsymbol{v} = \boldsymbol{v}^{\mathrm{s}} \oplus \boldsymbol{v}^{\mathrm{t}}$，其中 $\oplus$ 代表拼接操作. 注意，基于文本的表示 $\boldsymbol{v}^{\mathrm{t}}$ 可以是上下文无关的，也可以是上下文感知的，我们将在后面具体介绍. 当 $\boldsymbol{v}^{\mathrm{t}}$ 是上下文感知的时，整个节点表示 $\boldsymbol{v}$ 也将是上下文感知的.

有了以上的定义，CANE 旨在最大化如下的基于边的优化目标：

$$\mathcal{L} = \sum_{e \in E} L(e). \tag{5.1}$$

这里，每条边的目标 $L(e)$ 包括如下两个部分：

$$L(e) = L_{\mathrm{s}}(e) + L_{\mathrm{t}}(e), \tag{5.2}$$

其中 $L_{\mathrm{s}}(e)$ 代表基于结构的目标，$L_{\mathrm{t}}(e)$ 代表基于文本的目标.

下面将分别介绍这两个目标.

5.2.3 基于结构的目标

不失一般性地，我们假设网络是有向的，因为无向边可以被视为两条方向相反、权重相等的有向边.

因此，基于结构的目标旨在利用基于结构的表示来衡量有向边的对数似然：

$$L_{\mathrm{s}}(e) = w_{u,v} \log p(\boldsymbol{v}^{\mathrm{s}}|\boldsymbol{u}^{\mathrm{s}}). \tag{5.3}$$

根据 LINE（Tang et al., 2015b），我们在式（5.3）中将 u 产生 v 的条件概率定义为

$$p(\boldsymbol{v}^{\mathrm{s}}|\boldsymbol{u}^{\mathrm{s}}) = \frac{\exp(\boldsymbol{u}^{\mathrm{s}} \cdot \boldsymbol{v}^{\mathrm{s}})}{\sum_{z \in V} \exp(\boldsymbol{u}^{\mathrm{s}} \cdot \boldsymbol{z}^{\mathrm{s}})}. \tag{5.4}$$

5.2.4 基于文本的目标

现实世界中的节点通常伴有相关的文本内容信息. 因此，我们提出了基于文本的目标来充分利用这些内容信息，并学习节点的基于文本的表示.

基于文本的目标 $L_{\mathrm{t}}(e)$ 可以通过多种衡量方式定义. 为了与 $L_{\mathrm{s}}(e)$ 兼容，$L_{\mathrm{t}}(e)$ 定义如下：

$$L_{\mathrm{t}}(e)=\alpha\cdot L_{\mathrm{tt}}(e)+\beta\cdot L_{\mathrm{ts}}(e)+\gamma\cdot L_{\mathrm{st}}(e), \tag{5.5}$$

其中 α, β, γ 分别控制不同部分的权重，并且

$$\begin{aligned}L_{\mathrm{tt}}(e)&=w_{u,v}\log p(\boldsymbol{v}^{\mathrm{t}}|\boldsymbol{u}^{\mathrm{t}}),\\L_{\mathrm{ts}}(e)&=w_{u,v}\log p(\boldsymbol{v}^{\mathrm{t}}|\boldsymbol{u}^{\mathrm{s}}),\\L_{\mathrm{st}}(e)&=w_{u,v}\log p(\boldsymbol{v}^{\mathrm{s}}|\boldsymbol{u}^{\mathrm{t}}).\end{aligned} \tag{5.6}$$

式 (5.6) 中的条件概率将两种类型的节点表示映射到相同的表示空间中. 类似地，我们根据式 (5.4)，使用 softmax 函数来计算概率.

与传统的网络嵌入模型一样，基于结构的表示被视作参数，而对于基于文本的表示，我们将从节点的文本内容中获得. 基于文本的表示既可以通过上下文无关的方式计算，也可以通过上下文感知的方式获得. 本节剩余部分将分别介绍这两种方式.

5.2.5 上下文无关的文本表示

现在已经有很多种从词序列中获取文本表示的神经网络模型，例如，卷积神经网络（Convolutional Neural Network, CNN; Blunsom et al., 2014; Johnson and Zhang, 2014; Kim, 2014）和循环神经网络（Recurrent Neural Networks, RNN; Kiros et al., 2015; Tai et al., 2015）.

我们调研了用于文本建模的不同神经网络，并采用性能最好的卷积神经网络捕获词之间的局部语义依赖.

给定一个节点的词序列作为输入，卷积神经网络通过表示、卷积和池化这 3 层来获取基于文本的表示.

表示：给定一个词序列 $S=(w_1,w_2,\cdots,w_n)$，表示层将每一个词 $w_i\in S$ 转换成对应的词表示 $\boldsymbol{w}_i\in\mathbb{R}^{d'}$，并得到表示序列 $\boldsymbol{S}=(\boldsymbol{w}_1,\boldsymbol{w}_2,\cdots,\boldsymbol{w}_n)$. 这里 d' 是词表示的维度.

卷积：卷积层从输入的表示序列 $\boldsymbol{S}$ 中抽取局部特征. 具体来说，它使用卷积矩阵 $\boldsymbol{C}\in\mathbb{R}^{d\times(l\times d')}$ 在长度为 l 的滑动窗口上做卷积操作：

$$\boldsymbol{x}_i=\boldsymbol{C}\cdot\boldsymbol{S}_{i:i+l-1}+\boldsymbol{b}, \tag{5.7}$$

其中 $\boldsymbol{S}_{i:i+l-1}$ 代表在第 i 个窗口中词表示的拼接，$\boldsymbol{b}$ 是偏置向量. 注意，我们可以在句子末尾添加零填充向量来执行卷积.

池化：为了获取文本表示 $\boldsymbol{v}^{\mathrm{t}}$，我们在 $\{\boldsymbol{x}_0^i, \cdots, \boldsymbol{x}_n^i\}$ 上执行最大池化操作和非线性变换：

$$r_i = \tanh(\max(\boldsymbol{x}_0^i, \cdots, \boldsymbol{x}_n^i)). \tag{5.8}$$

最后，我们用卷积神经网络给一个节点的文本信息编码，得到它基于文本的表示 $\boldsymbol{v}^{\mathrm{t}} = [r_1, \cdots, r_d]^{\mathrm{T}}$. 由于 $\boldsymbol{v}^{\mathrm{t}}$ 和其他交互的节点是不相关的，我们将它命名为上下文无关的文本表示.

5.2.6 上下文感知的文本表示

如前所述，我们假设一个节点在与其他节点交互的时会扮演不同的角色. 换句话说，对于某个特定的节点，其他每个节点都会有它们各自聚焦的视角，这也就引出了上下文感知的文本表示.

为了实现这点，我们采用**相互注意力**来获取上下文感知的文本表示，相关技术最初用于问答系统中的池化操作（dos Santos et al., 2016）. 这一机制使卷积神经网络的池化层可以感知边上的节点对，即一个节点的文本信息可以直接影响另一个节点的文本表示，反之亦然.

在图 5.2 中，我们说明了上下文感知文本表示的构建过程. 给定一条带有两个对应文本序列 S_u 和 S_v 的边 $e_{u,v}$，我们可以通过卷积层来获得矩阵 $\boldsymbol{P} \in \mathbb{R}^{d\times m}$ 和 $\boldsymbol{Q} \in \mathbb{R}^{d\times n}$. 这里，$m$ 和 n 分别代表了 S_u 和 S_v 的长度，通过引入注意力矩阵 $\boldsymbol{A} \in \mathbb{R}^{d\times d}$，我们可以按以下方式计算相关矩阵 $\boldsymbol{F} \in \mathbb{R}^{m\times n}$：

$$\boldsymbol{F} = \tanh(\boldsymbol{P}^{\mathrm{T}}\boldsymbol{A}\boldsymbol{Q}). \tag{5.9}$$

注意，$\boldsymbol{F}$ 中的每一个元素 $F_{i,j}$ 代表了两个向量 $\boldsymbol{P}_i$ 和 $\boldsymbol{Q}_j$ 之间的相关性分数.

然后，分别对 $\boldsymbol{F}$ 的行和列进行池化操作，生成重要性向量，称为行池化和列池化. 根据实验结果，平均池化要比最大池化性能更好，因此我们采用平均池化操作：

$$\begin{aligned} g_i^p &= \mathbf{mean}(F_{i,1}, \cdots, F_{i,n}), \\ g_i^q &= \mathbf{mean}(F_{1,i}, \cdots, F_{m,i}). \end{aligned} \tag{5.10}$$

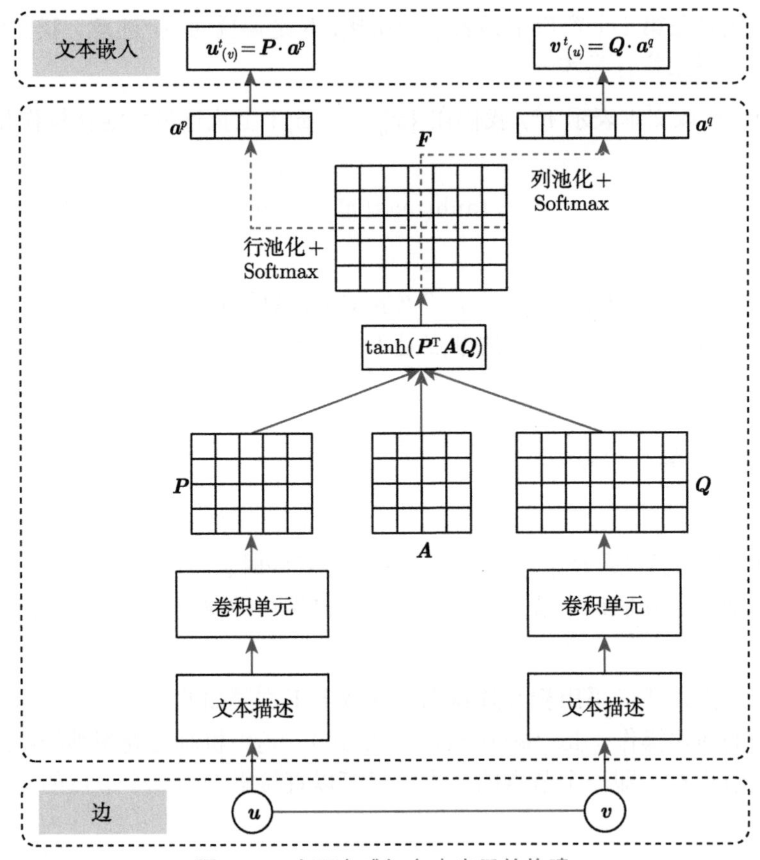

图 5.2 上下文感知文本表示的构建

$\boldsymbol{P}$ 和 $\boldsymbol{Q}$ 的重要性向量表示为 $\boldsymbol{g}^p=[g_1^p,\cdots,g_m^p]^{\mathrm{T}}$ 和 $\boldsymbol{g}^q=[g_1^q,\cdots,g_n^q]^{\mathrm{T}}$.

接下来，我们引入 softmax 函数将重要性向量 $\boldsymbol{g}^p$ 和 $\boldsymbol{g}^q$ 转换为注意力向量 $\boldsymbol{a}^p$ 和 $\boldsymbol{a}^q$. 例如，$\boldsymbol{a}^p$ 的第 i 个元素表示为

$$a_i^p=\frac{\exp(g_i^p)}{\sum_{j\in[1,m]}\exp(g_j^p)}. \tag{5.11}$$

最后，计算 u 和 v 的上下文感知文本表示：

$$\begin{aligned}\boldsymbol{u}_{(v)}^{\mathrm{t}}&=\boldsymbol{P}\boldsymbol{a}^p,\\ \boldsymbol{v}_{(u)}^{\mathrm{t}}&=\boldsymbol{Q}\boldsymbol{a}^q.\end{aligned} \tag{5.12}$$

现在，给定一条边 (u,v)，我们可以通过节点的结构表示和上下文感知文本表示获取其上下文感知表示，表示为 $\boldsymbol{u}_{(v)}=\boldsymbol{u}^{\mathrm{s}}\oplus\boldsymbol{u}_{(v)}^{\mathrm{t}}$ 和 $\boldsymbol{v}_{(u)}=\boldsymbol{v}^{\mathrm{s}}\oplus\boldsymbol{v}_{(u)}^{\mathrm{t}}$.

5.2.7 CANE 的优化

根据式 (5.3) 和式 (5.6)，CANE 旨在最大化 $\boldsymbol{u} \in \{\boldsymbol{u}^{\mathrm{s}}, \boldsymbol{u}^{\mathrm{t}}_{(v)}\}$ 和 $\boldsymbol{v} \in \{\boldsymbol{v}^{\mathrm{s}}, \boldsymbol{v}^{\mathrm{t}}_{(u)}\}$ 间的多个条件概率. 直观来说，使用 softmax 函数优化条件概率的计算成本很高. 因此，这里采用负采样方式（Mikolov et al., 2013b），并将目标转换为以下的形式：

$$\log \sigma(\boldsymbol{u}^{\mathrm{T}} \cdot \boldsymbol{v}) + \sum_{i=1}^{k} E_{z \sim P(v)}[\log \sigma(-\boldsymbol{u}^{\mathrm{T}} \cdot \boldsymbol{z})], \tag{5.13}$$

其中，k 是负样本的数量，σ 代表 Sigmoid 函数. $P(v) \propto {d_v}^{3/4}$ 代表了节点分布，其中 d_v 是 v 的出度.

之后，我们采用 Adam（Kingma and Ba, 2015）优化转换后的目标. CANE 可以使用训练好的卷积神经网络生成新节点的文本表示，所以也适用于零样本场景. CANE 可以有效地建模节点之间的关系，学习到的上下文感知表示也可以转化成高质量的上下文无关表示.

5.3 实验分析

为了研究 CANE 在建模节点间关系上的有效性，我们在真实数据集上进行了链接预测实验. 此外，我们还使用节点分类验证了节点的上下文感知表示是否可以转化为高质量的上下文无关表示.

5.3.1 数据集

我们选择了以下 3 个真实网络数据集.

Cora 是 McCallum 等人（2000）构建的一个经典论文引用网络. 在过滤掉没有文本信息的论文后，网络中共有 7 大类，2,277 篇机器学习的论文.

HepTh（代表 High energy physics Theory）是 Leskovec 等人（2005）发布在 arXiv 上的另一个引用网络. 过滤掉没有摘要信息的论文，最后保留了 1,038 篇论文.

Zhihu（即知乎）是中国的在线问答网站. 用户在此网站上互相关注并回答问题. 我们在该网站上随机选取 10,000 名活跃用户，并以它们所关注主题的描述作为文本信息.

表 5.1 列出了详细的数据集统计数据.

表 5.1 数据集统计数据

数据集	节点数	边数	标签数
Cora	2,277	5,214	7
HepTh	1,038	1,990	—
Zhihu	10,000	43,894	—

5.3.2 基线方法

使用以下方法作为基线方法.

1. 基于结构的方法

MMB（代表 Mixed Membership stochastic Blockmodel，即混合成员随机块模型；Airoldi et al.，2008）是建模关系数据的传统图模型. 它允许每个节点在形成边时，随机地选择一个不同的“主题”.

DeepWalk（Perozzi et al., 2014）在网络中进行随机游走，并采用 Skip-Gram 模型（Mikolov et al., 2013a）来学习节点的表示.

LINE（Tang et al., 2015b）使用一阶和二阶邻近度来学习大规模网络中的节点表示.

node2vec（Grover and Leskovec, 2016）提出一个基于 DeepWalk 的修正随机游走算法，以更有效地利用邻居结构.

2. 基于结构和文本的方法

Naive Combination 简单地将性能最好的基于结构的表示和基于卷积神经网络的表示拼接在一起来表示节点.

TADW（Yang et al., 2015）使用矩阵分解将节点的文本属性结合到网络嵌入中.

CENE（Sun et al., 2016）通过将文本内容看作一种特殊的节点，同时利用网络中的结构信息和文本信息.

5.3.3 评估指标和实验设置

对于链接预测，我们采用标准的评估指标 AUC，它表示一条存在的边上两个节点之间相似度大于一条不存在的边上两个节点间相似度的概率.

对于节点分类，我们采用 $L2$ 正则化的逻辑回归来训练分类器，并评估不同方法的分类准确率.

为公平起见，我们将所有方法的表示维度设置为 200. 在 LINE 中，我们将负样本数目设置为 5；分别学习 100 维一阶和二阶表示，并将它们拼接成一个 200 维的表示. 对于 node2vec，我们采用网格搜索，并选择性能最佳的超参数来训练. 我们也在 CANE 中应用网格搜索来设置超参数 α, β, γ. 此外，我们在 CANE 中将负样本数量 k 设置为 1 以加快训练过程. 为了展示相互注意力机制，以及式 (5.3) 和式 (5.6) 两种类型目标函数的有效性，我们设计了 3 种不同版本的 CANE 来进行评估，即只包含文本的 CANE、没有注意力机制的 CANE 和 CANE.

5.3.4 链接预测

如表 5.2 ~ 表 5.4 所示，我们分别在 Cora、HepTh 和 Zhihu 上保留不同比例的边以评估 AUC 值. 从这些表中，我们有以下的发现.

表 5.2 Cora 上的 AUC 值（$\alpha=1.0, \beta=0.3, \gamma=0.3$）

方法	训练边								
	15%	**25%**	**35%**	**45%**	**55%**	**65%**	**75%**	**85%**	**95%**
MMB	54.7	57.1	59.5	61.9	64.9	67.8	71.1	72.6	75.9
DeepWalk	56.0	63.0	70.2	75.5	80.1	85.2	85.3	87.8	90.3
LINE	55.0	58.6	66.4	73.0	77.6	82.8	85.6	88.4	89.3
node2vec	55.9	62.4	66.1	75.0	78.7	81.6	85.9	87.3	88.2
Naive combination	72.7	82.0	84.9	87.0	88.7	91.9	92.4	93.9	94.0
TADW	86.6	88.2	90.2	90.8	90.0	93.0	91.0	93.4	92.7
CENE	72.1	86.5	84.6	88.1	89.4	89.2	93.9	95.0	95.9
CANE (text only)	78.0	80.5	83.9	86.3	89.3	91.4	91.8	91.4	93.3
CANE (w/oattention)	85.8	90.5	91.6	93.2	93.9	94.6	95.4	95.1	95.5
CANE	**86.8**	**91.5**	**92.2**	**93.9**	**94.6**	**94.9**	**95.6**	**96.6**	**97.7**

表 5.3 HepTh 上的 AUC 值（$\alpha=0.7, \beta=0.2, \gamma=0.2$）

方法	训练边								
	15%	**25%**	**35%**	**45%**	**55%**	**65%**	**75%**	**85%**	**95%**
MMB	54.6	57.9	57.3	61.6	66.2	68.4	73.6	76.0	80.3
DeepWalk	55.2	66.0	70.0	75.7	81.3	83.3	87.6	88.9	88.0
LINE	53.7	60.4	66.5	73.9	78.5	83.8	87.5	87.7	87.6
node2vec	57.1	63.6	69.9	76.2	84.3	87.3	88.4	89.2	89.2
Naive combination	78.7	82.1	84.7	88.7	88.7	91.8	92.1	92.0	92.7
TADW	87.0	89.5	91.8	90.8	91.1	92.6	93.5	91.9	91.7
CENE	86.2	84.6	89.8	91.2	92.3	91.8	93.2	92.9	93.2
CANE (text only)	83.8	85.2	87.3	88.9	91.1	91.2	91.8	93.1	93.5
CANE (w/oattention)	84.5	89.3	89.2	91.6	91.1	91.8	92.3	92.5	93.6
CANE	**90.0**	**91.2**	**92.0**	**93.0**	**94.2**	**94.6**	**95.4**	**95.7**	**96.3**

表 5.4 Zhihu 上的 AUC 值（$\alpha=1.0, \beta=0.3, \gamma=0.3$）

方法	训练边								
	15%	**25%**	**35%**	**45%**	**55%**	**65%**	**75%**	**85%**	**95%**
MMB	51.0	51.5	53.7	58.6	61.6	66.1	68.8	68.9	72.4
DeepWalk	56.6	58.1	60.1	60.0	61.8	61.9	63.3	63.7	67.8
LINE	52.3	55.9	59.9	60.9	64.3	66.0	67.7	69.3	71.1
node2vec	54.2	57.1	57.3	58.3	58.7	62.5	66.2	67.6	68.5
Naive combination	55.1	56.7	58.9	62.6	64.4	68.7	68.9	69.0	71.5
TADW	52.3	54.2	55.6	57.3	60.8	62.4	65.2	63.8	69.0
CENE	56.2	57.4	60.3	63.0	66.3	66.0	70.2	69.8	73.8
CANE (text only)	55.6	56.9	57.3	61.6	63.6	67.0	68.5	70.4	73.5
CANE (w/oattention)	56.7	59.1	60.9	64.0	66.1	68.9	69.8	71.0	74.3
CANE	**56.8**	**59.3**	**62.9**	**64.5**	**68.9**	**70.4**	**71.4**	**73.6**	**75.4**

（1）在所有数据集和训练比率上，相比于基线方法，CANE 总能取得显著改进. 这既表明 CANE 应用于链接预测任务的有效性，也证明了 CANE 精确建模节点之间关系的能力.

（2）CENE 和 TADW 在不同的训练比率下性能并不稳定. 具体来说，CENE 在较小的训练比率下表现不佳，因为它比 TADW 具有更多的参数（即卷积核和词表示），这需要更多的数据来训练. 与 CENE 不同，TADW 在训练比率较低时性能更好，这是因为基于 DeepWalk 的方法可以通过随机游走很好地探索稀疏网络结构. 然而，由于其词袋假设的局限性，TADW 在大多情况下性能更差. 相反，CANE 在各种情况下都具有稳定的性能. 这证明了 CANE 的灵活性和鲁棒性.

（3）通过引入注意力机制，学习到的上下文感知表示比没有注意力的表示有了很大的改进，从而证明了我们的假设：一个节点在与其他节点交互时应当发挥不同的作用，这一建模有利于链接预测任务.

总体而言，上述观察结果说明，CANE 可以学习到高质量的上下文感知表示，可以更精确地估计节点间的关系. 链接预测任务的实验结果证明了 CANE 的有效性和鲁棒性.

5.3.5 节点分类

在 CANE 中，我们根据一个节点所连接的不同节点获得其各种表示. 直观上，获得的上下文表示可适用于链接预测任务. 然而，诸如节点分类和聚类等网络分析任务需要对每个节点进行全局表示，而非多个上下文感知表示.

为了证明 CANE 有能力解决这些问题，我们将所有上下文感知表示取平均，以生成节点 u 的全局表示：

$$\boldsymbol{u} = \frac{1}{N} \sum_{(u,v)|(v,u)\in E} \boldsymbol{u}_{(v)},$$

其中 N 表示 u 的上下文感知表示的数量.

给定节点的全局表示，进行 2 折交叉验证并报告 Cora 上节点分类的平均准确率. 如图 5.3 所示. 我们可以观察到以下特点.

（1）CANE 的性能与专注于全局表示的 CENE 相当. 通过简单的平均运算，CANE 的上下文感知表示可以转换为高质量的上下文无关表示，进一步应用于其他网络分析任务.

（2）随着相互注意力机制的引入，CANE 比未引入注意力机制的变体有了更出色的改进，这与链接预测的结果是一致的. 这表明 CANE 对于各种网络分析任务具有灵活性.

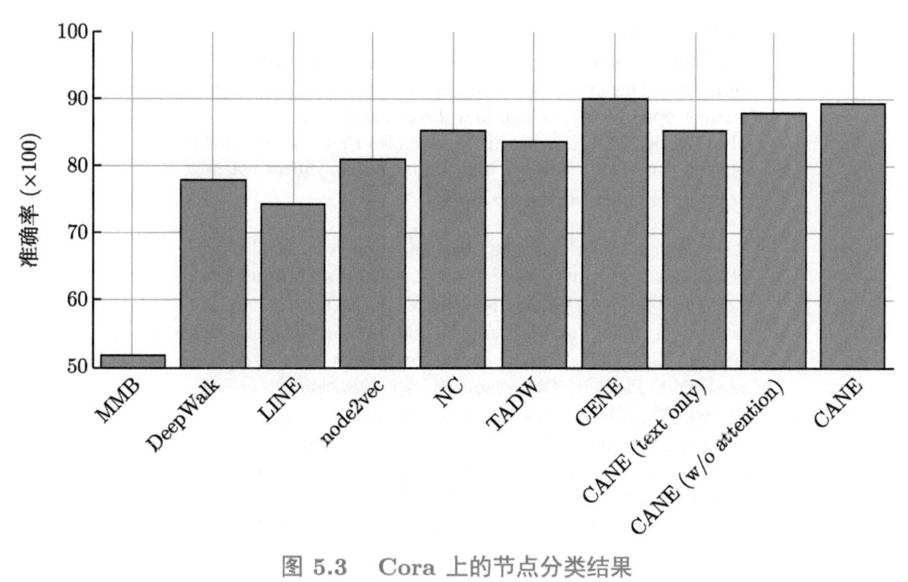

图 5.3 Cora 上的节点分类结果

5.3.6 案例分析

为了证明建模时加入相互注意力的有效性，我们在图 5.4 中可视化了两个节点对的热图. 在这张图中，单词涂有不同的背景颜色，颜色越深表示其权重越大. 每个词的权重经以下注意力权重计算过程得出.

对每一个节点对，我们可以根据式 (5.11) 获得每一个卷积窗口的注意力权重. 为了获得词的权重，我们可以给这个窗口中的每一个词分配注意力权重，并将每一个词的注意力权重相加作为最终权重.

我们提出的注意力机制使节点之间的关系明确且可解释. 以 Cora 数据集上的 3 个相连的节点为例，分别表示为 A、B 和 C. 从图 5.4 可以观察到，尽管论文 B 和 C 都与论文 A 有引用关系，但它们关注的是 A 的不同部分. 边 #1 中 A 的注意力权重分配给了 “reinforcement learning”，而边 #2 中的权重分配给了 “machine learning” “supervised learning algorithms” 和 “complex stochastic models”. 此外，A 中的这些关键词在 B 和 C 中也都有对应的词. 直观来说，这些关键词可以作为引用关系的一种解释. 这一发现验证了相互注意力机制的有效性，以及 CANE 精确建模关系的能力.

边#1: (A, B)
Machine Learning research making great progress many directions This article summarizes four directions discusses current open problems The four directions improving classification accuracy learning ensembles classifiers methods scaling supervised learning algorithms reinforcement learning learning complex stochastic models

The problem making optimal decisions uncertain conditions central Artificial Intelligence If state world known times world modeled Markov Decision Process MDP MDPs studied extensively many methods known determining optimal courses action policies The realistic case state information partially observable Partially Observable Markov Decision Processes POMDPs received much less attention The best exact algorithms problems inefficient space time We introduce Smooth Partially Observable Value Approximation SPOVA new approximation method quickly yield good approximations improve time This method combined reinforcement learning methods combination effective test cases

边#2: (A, C)
Machine Learning research making great progress many directions This article summarizes four directions discusses current open problems The four directions improving classification accuracy learning ensembles classifiers methods scaling supervised learning algorithms reinforcement learning learning complex stochastic models

In context machine learning examples paper deals problem estimating quality attributes without dependencies among Kira Rendell developed algorithm called RELIEF shown efficient estimating attributes Original RELIEF deal discrete continuous attributes limited twoclass problems In paper RELIEF analysed extended deal noisy incomplete multiclass data sets The extensions verified various artificial one well known realworld problem

图 5.4 相互注意力的可视化

5.4 扩展阅读

相互注意力和上下文感知表示的思想最初源自自然语言处理领域（dos Santos et al., 2016; Rocktäschel et al., 2015）. 网络嵌入模型大多聚焦于学习上下文无关表示，并忽略了一个节点与其他节点交互时的不同作用. 相反，CANE 假设一个节点在与另一个节点交互时会有不同的表示，并提出学习上下文感知节点表示. CANE 的后续工作研究了更细粒度的词对词匹配机制（Shen et al., 2018），以及推荐系统中的上下文感知的用户–物品（Wu et al., 2019b）或音乐（Wang et al., 2020）表示.

此外，还有一路工作（Epasto and Perozzi, 2019; Liu et al., 2019a; Yang et al., 2018b），旨在为每一个节点学习多个上下文无关表示，其中每个表示对应表示的一个方面、方向或社区. 这些方法和 CANE 有以下两个主要区别.

（1）CANE 学习到的上下文感知表示取决于每一个邻居，因此更细粒度. 相反，Epasto 和 Perozzi（2019）、Liu 等人（2019a）和 Yang 等人（2018b）的方法中每个节点的表示数量通常较少，且每个表示比单个边包含更多高级的信息.

（2）CANE 中需要学习的参数在于相互注意力机制，而 Epasto 和 Perozzi（2019）、Liu 等人（2019a）和 Yang 等人（2018b）使用的参数是表示本身.

事实上，学习多个表示并强制它们表示不同方面的思路，也与术语"表征解耦"（disentangled representation; Chen et al., 2016）有关.

本章的部分内容发表摘自我们 2017 年在国际计算语言学协会（the Association for Computational Linguistics，ACL）发表的论文（Tu et al., 2017a）.

第6章　结合节点标签的网络嵌入

前面提到的网络嵌入方法以完全无监督的方式为网络中的节点学习低维表征. 然而，在应用于机器学习任务（如节点分类）时，学到的表示通常缺乏区分度. 本章中，我们将引入半监督网络嵌入模型——最大间隔 DeepWalk（Max-Margin DeepWalk，MMDW）来克服这一挑战. MMDW 联合优化最大间隔分类器和网络嵌入模型：受最大间隔分类器的影响，学习到的表示不仅包含网络结构信息，也具有类别区分度. 从学习到的网络嵌入的可视化中可以看到，MMDW 要比无监督模型更具区分度，并且节点分类的实验结果显示 MMDW 相比之前的网络嵌入方法有显著的表现提升.

6.1　概述

大多数传统的网络嵌入模型以无监督的方式进行学习. 虽然学习到的表示可以应用于各种任务，但它们在某些特定的预测任务中效果不够理想. 在现实世界中，网络节点拥有很多额外的标签信息，例如，维基百科的词条页面包含着“艺术”“历史”“科技”等丰富的标签信息；Cora 和 Citeseer 中的论文也存储了领域标签，以方便检索. 这些标签信息通常包含节点特征的总结摘要，但在传统的网络学习表示模型中却没有直接利用.

受最大间隔理论的启发，我们提出 MMDW 将标签信息集成到网络表示学习中. 如图 6.1 所示，MMDW 首先学习矩阵分解形式的 DeepWalk；然后，学习一个基于最大间隔的分类器［如 SVM（Hearst et al., 1998)］并扩大支持向量和分类边界之间的距离，换句话说，MMDW 联合优化最大间隔分类器（如支持向量机）和网络嵌入模型. 受最大间隔分类器的影响，节点表示更具区分度，也更适合预测任务.

我们在多个真实数据集进行节点分类实验以验证 MMDW 的有效性. 实验结果证明了 MMDW 明显优于传统的网络嵌入模型，且有 5%~10% 的提升. 此外，我们还比较了使用 t-SNE 的可视化效果，以说明 MMDW 表示的区分度.

6.2　方法：最大间隔 DeepWalk

在本节，我们将介绍半监督网络嵌入模型 MMDW. MMDW 在学习节点表示时利用了标签信息，并基于矩阵分解的学习框架实现. 模型联合优化了基于最大间隔的分类器（SVM），以及基于矩阵分解的网络嵌入模型. 相比之下，传统方法通常不会利用标签信息学习表示，因此缺乏足够的表示区分度.

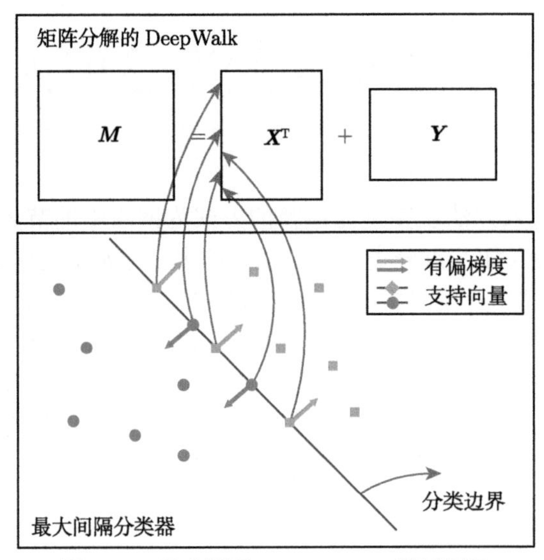

图 6.1 最大间隔 DeepWalk 模型图示

6.2.1 问题形式化

假设有网络 $G=(V,E)$，其中，V 是所有节点的集合，E 是这些节点间边的集合，即 $E\subset V\times V$，网络嵌入旨在为每个节点 $v\in V$ 学习一个低维表示 $\boldsymbol{x}_v\in\mathbb{R}^k$，其中 k 是表示空间的维度，远小于节点数 $|V|$. 学习到的表示编码了网络中节点的语义，并可用于衡量节点之间的相关性或作为分类任务中的特征. 给定相应的标签集 $l\in\{1,\cdots,m\}$，即可训练逻辑回归和 SVM 等分类器.

6.2.2 基于矩阵分解的 DeepWalk

我们在前面章节介绍的矩阵分解形式的 DeepWalk 基础上将最大间隔引入嵌入. 记转移矩阵为 $\boldsymbol{A}$，即行归一化的邻接矩阵，我们按照 TADW（Yang et al., 2015）中的设置，以分解矩阵 $\boldsymbol{M}=(\boldsymbol{A}+\boldsymbol{A}^2)/2$ 为目标来模拟 DeepWalk 算法. 具体来说，我们的目的是寻找矩阵 $\boldsymbol{X}\in\mathbb{R}^{k\times|V|}$ 和 $\boldsymbol{Y}\in\mathbb{R}^{k\times|V|}$ 作为网络表示以最小化下面的式子：

$$\min_{\boldsymbol{X},\boldsymbol{Y}}\mathcal{L}_{\mathrm{DW}}=\min_{\boldsymbol{X},\boldsymbol{Y}}||\boldsymbol{M}-(\boldsymbol{X}^{\mathrm{T}}\boldsymbol{Y})||_2^2+\frac{\lambda}{2}(||\boldsymbol{X}||_2^2+||\boldsymbol{Y}||_2^2),\tag{6.1}$$

其中参数 λ 控制正则化部分的权重.

6.2.3 最大间隔 DeepWalk

SVM（Hearst et al., 1998）等最大间隔方法常用于处理各种分类问题，包括文档分类和手写数字识别等.

本章中，我们将学习到的表示 $\boldsymbol{X}$ 当作特征，并训练一个 SVM 用于节点分类. 假定训练集为 $\mathcal{T}=\{(\boldsymbol{x}_1,l_1),\cdots,(\boldsymbol{x}_T,l_T)\}$，多类别 SVM 通过解决以下带约束的优化问题来求解：

$$\begin{aligned}\min_{\boldsymbol{W},\boldsymbol{\xi}}\mathcal{L}_{\text{SVM}}=\min_{\boldsymbol{W},\boldsymbol{\xi}}\frac{1}{2}\|\boldsymbol{W}\|_2^2+C\sum_{i=1}^{T}\xi_i\\ \text{s.t.}\quad \boldsymbol{w}_{l_i}^{\text{T}}\boldsymbol{x}_i-\boldsymbol{w}_j^{\text{T}}\boldsymbol{x}_i\geqslant e_i^j-\xi_i,\quad \forall i,j,\end{aligned}\tag{6.2}$$

其中

$$e_i^j=\begin{cases}1, & l_i\neq j;\\ 0, & l_i=j.\end{cases}\tag{6.3}$$

这里，$\boldsymbol{W}=[w_1,\cdots,w_m]^{\text{T}}$ 是 SVM 的权重矩阵，$\boldsymbol{\xi}=[\xi_1,\cdots,\xi_T]$ 是允许训练集中出现错误的松弛变量.

然而这种流水线式的方法并不能影响节点表示的学习过程：给定学习到的表示，SVM 只能帮助找到最优的分类边界. 而节点表示本身并没有足够的区分度.

受主题模型（Zhu et al., 2012）上最大间隔学习的启发，我们提出最大间隔 DeepWalk 来学习有区分性的节点表示. MMDW 旨在优化 SVM 的最大间隔分类器及基于矩阵分解的 DeepWalk. 目标函数定义如下：

$$\begin{aligned}\min_{\boldsymbol{X},\boldsymbol{Y},\boldsymbol{W},\boldsymbol{\xi}}\mathcal{L}=\min_{\boldsymbol{X},\boldsymbol{Y},\boldsymbol{W},\boldsymbol{\xi}}\mathcal{L}_{\text{DW}}+\frac{1}{2}\|\boldsymbol{W}\|_2^2+C\sum_{i=1}^{T}\xi_i\\ \text{s.t.}\quad \boldsymbol{w}_{l_i}^{\text{T}}\boldsymbol{x}_i-\boldsymbol{w}_j^{\text{T}}\boldsymbol{x}_i\geqslant e_i^j-\xi_i,\quad \forall i,j.\end{aligned}\tag{6.4}$$

6.2.4 MMDW 的优化

式 (6.4) 中的参数包括节点表示矩阵 $\boldsymbol{X}$、上下文表示矩阵 $\boldsymbol{Y}$、权重矩阵 $\boldsymbol{W}$ 和松弛向量 $\boldsymbol{\xi}$. 这里采用了一种有效的优化策略——分别优化这两个部分，算法如下.

1. $\boldsymbol{W}$ 和 $\boldsymbol{\xi}$ 的优化

当 $\boldsymbol{X}$ 和 $\boldsymbol{Y}$ 固定时，原问题的式 (6.4) 与标准多分类 SVM 问题相同，并存在以下对偶形式：

$$\min_{\boldsymbol{Z}}\frac{1}{2}\|\boldsymbol{W}\|_2^2+\sum_{i=1}^{T}\sum_{j=1}^{m}e_i^j z_i^j\tag{6.5}$$

$$\text{s.t.} \quad \sum_{j=1}^{m} z_i^j = 0, \quad \forall i$$

$$z_i^j \leqslant C_{l_i}^j, \quad \forall i, j,$$

其中

$$\boldsymbol{w}_j = \sum_{i=1}^{l} z_i^j \boldsymbol{x}_i, \quad \forall j,$$

$$C_{y_i}^m = \begin{cases} 0, & y_i \neq m, \\ C, & y_i = m. \end{cases}$$

这里，为简洁起见，将拉格朗日常数 α_i^j 替换成 $C_{l_i}^j - z_i^j$.

为了求解这个对偶问题，我们利用坐标下降法把 $\boldsymbol{Z}$ 拆分成 $[\boldsymbol{z}_1, \cdots, \boldsymbol{z}_T]$，其中

$$\boldsymbol{z}_i = [z_i^1, \cdots, z_i^m]^{\mathrm{T}}, \quad i = 1, \cdots, T.$$

我们采用一个有效的序列对偶方法（Keerthi et al., 2008）来求解 $\boldsymbol{z}_i$ 组成的子问题.

2. $\boldsymbol{X}$ 和 $\boldsymbol{Y}$ 的优化

当 $\boldsymbol{W}$ 和 $\boldsymbol{\xi}$ 固定时，原问题的式 (6.4) 转换成最小化带边界约束的矩阵分解的平方误差：

$$\begin{aligned} & \min_{\boldsymbol{X}, \boldsymbol{Y}} \mathcal{L}_{\mathrm{DW}}(\boldsymbol{X}, \boldsymbol{Y}; \boldsymbol{M}, \lambda) \\ & \text{s.t.} \quad \boldsymbol{w}_{l_i}^{\mathrm{T}} \boldsymbol{x}_i - \boldsymbol{w}_j^{\mathrm{T}} \boldsymbol{x}_i \geqslant e_i^j - \xi_i, \quad \forall i, j. \end{aligned} \tag{6.6}$$

在不考虑约束时，我们可以计算如下梯度：

$$\begin{aligned} \frac{\partial \mathcal{L}}{\partial \boldsymbol{X}} &= \lambda \boldsymbol{X} - \boldsymbol{Y}(\boldsymbol{M} - \boldsymbol{X}^{\mathrm{T}} \boldsymbol{Y}), \\ \frac{\partial \mathcal{L}}{\partial \boldsymbol{Y}} &= \lambda \boldsymbol{Y} - \boldsymbol{X}(\boldsymbol{M} - \boldsymbol{X}^{\mathrm{T}} \boldsymbol{Y}). \end{aligned} \tag{6.7}$$

$\forall i \in \mathcal{T}, j \in 1, \cdots, m$. 如果 $l_i \neq j$ 且 $\alpha_i^j \neq 0$，根据 Karush–Kuhn–Tucker（KKT）条件，我们有

$$\boldsymbol{w}_{l_i}^{\mathrm{T}} \boldsymbol{x}_i - \boldsymbol{w}_j^{\mathrm{T}} \boldsymbol{x}_i = e_i^j - \boldsymbol{\xi}_i. \tag{6.8}$$

当分类边界固定时，我们希望这些支持向量 $\boldsymbol{x}_i$ 朝着有利于更准确预测的方向移动，从而增加区分度.

下面我们将解释支持向量是如何修改的. 给定一个节点 $i \in \mathcal{T}$，对于第 j 个约束条件，我们将 $\alpha_i^j(\boldsymbol{w}_{l_i}-\boldsymbol{w}_j)^{\mathrm{T}}$ 添加到 $\boldsymbol{x}_i$，这样该约束条件就变为

$$\begin{aligned}&(\boldsymbol{w}_{l_i}-\boldsymbol{w}_j)^{\mathrm{T}}(\boldsymbol{x}_i+\alpha_i^j(\boldsymbol{w}_{l_i}-\boldsymbol{w}_j)) \\ &=(\boldsymbol{w}_{l_i}-\boldsymbol{w}_j)^{\mathrm{T}}\boldsymbol{x}_i+\alpha_i^j\|(\boldsymbol{w}_{l_i}-\boldsymbol{w}_j\|_2^2 \\ &>e_i^j-\xi_i.\end{aligned} \tag{6.9}$$

注意，我们利用拉格朗日乘子 α_i^j 来判断这个表示是否在分类边界上. 只有 $\alpha_i^j \neq 0$ 的 $\boldsymbol{x}_i$ 会基于第 j 个约束条件添加上述偏置.

对于节点 $i \in \mathcal{T}$，它的梯度变成了 $\dfrac{\partial \mathcal{L}}{\partial \boldsymbol{x}_i}+\eta\sum_{j=1}^{m}\alpha_i^j(\boldsymbol{w}_{l_i}-\boldsymbol{w}_j)^{\mathrm{T}}$，称作偏置梯度. 这里，$\eta$ 用来平衡原始梯度和偏置.

在更新 $\boldsymbol{X}$ 前，$\boldsymbol{W}$ 和 $\boldsymbol{\xi}$ 满足了 SVM 的 KKT 条件，这种情况对应的解是最优解. 但是在更新 $\boldsymbol{X}$ 以后，KKT 条件并不满足，这会导致目标函数有轻微的上升. 根据我们的实验结果，这种上升通常在可接受的范围内.

6.3 实验分析

在本节，我们基于节点分类任务评估 MMDW. 并且，我们也将可视化节点表示以验证 MMDW 可以学习到更有区分度的表示.

6.3.1 数据集和实验设置

我们使用以下 3 个经典数据集进行节点分类测试.

Cora. Cora 是 McCallum 等人（2000）构建的研究论文数据集，它包含 7 大类，共 2,708 篇机器学习论文. 论文之间的引用关系构成了一个网络.

Citeseer. Citeseer 是 McCallum 等人（2000）构建的另一个研究论文数据集，它包含 6 大类，共 3,312 篇文章，以及它们之间的 4,732 条引用连接.

Wiki. Wiki（Sen et al., 2008）包含 19 大类，共 2,405 张网页，以及它们之间的 17,981 条引用连接. 它比 Cora 和 Citeseer 更稠密.

为了评测，我们随机采样一部分节点用于训练，剩下节点用于测试. 我们将训练比率从 10% 提高到 90%，并使用多分类 SVM（Crammer and Singer, 2002）构建分类器.

6.3.2 基线方法

DeepWalk. DeepWalk（Perozzi et al., 2014）是一个经典网络嵌入模型. 我们将 DeepWalk 中的参数设置如下：窗口大小 $K=5$，每个节点游走序列长度 $\gamma=80$，表示维

度 $k = 200$. 对于节点 v，我们将表示 $\boldsymbol{v}$ 作为分类特征.

矩阵分解的 DeepWalk（DeepWalk as Matrix Factorization，MFDW）. 在第 3 章，我们介绍了 DeepWalk 可以以矩阵分解形式来训练. 因此，我们分解矩阵 $\boldsymbol{M} = (\boldsymbol{A} + \boldsymbol{A}^2)/2$，并将分解后的矩阵 $\boldsymbol{X}$ 作为节点的表示.

2 阶邻近度 LINE（2nd-LINE）. LINE（Tang et al., 2015b）是另一个经典网络嵌入模型. 我们使用 2nd-LINE 来学习网络表示. 和 DeepWalk 相同，我们也将表示维度设置为 200.

6.3.3 实验结果和分析

表 6.1 ~ 表 6.3 展示了不同数据集上、不同训练比率下的分类准确性. 此外，我们展示了 η 在 10^{-4} 和 10^{-2} 之间的 MMDW 的性能. 从这些表格中，我们观察到以下结果.

（1）我们提出的最大间隔 DeepWalk 模型在不同的数据集及不同的训练比率上，都显著且一致地优于所有基线方法. 注意，当训练比率在 50% 左右时，MMDW 在 Citerseer 上有近 10% 的性能提升，在 Wiki 上有近 5% 的性能提升. DeepWalk 并不能很好地表示 Citeseer 和 Wiki 上的节点，而 MMDW 可以处理这种情况. 这些提升证明了 MMDW 更具鲁棒性，尤其在网络嵌入质量较差时表现更好.

（2）需要特别注意的是，在 Citeseer 和 Wiki 两个数据集上，MMDW 仅用半数训练数据的情况下，性能也要优于原始的 DeepWalk. 这证明 MMDW 用于预测任务时更有效.

（3）相比之下，在不同数据集上，原始 DeepWalk 和矩阵分解形式的 DeepWalk 性能并不稳定. 这表明引入监督信息是有必要的，并且 MMDW 可以灵活处理多样的网络.

以上观察结果说明 MMDW 可以结合标签信息生成高质量的表示. MMDW 不是针对某一特定应用的，学习到的节点表示也可以应用于节点相似度、链接预测等任务.

表 6.1 Cora 数据集上节点分类的准确率（%）

方法	标签节点								
	10%	20%	30%	40%	50%	60%	70%	80%	90%
DW	68.51	73.73	76.87	78.64	81.35	82.47	84.31	85.58	85.61
MFDW	71.43	76.91	78.20	80.28	81.35	82.47	84.44	83.33	87.09
LINE	65.13	70.17	72.2	72.92	73.45	75.67	75.25	76.78	79.34
MMDW($\eta = 10^{-2}$)	**74.94**	**80.83**	**82.83**	**83.68**	**84.71**	**85.51**	**87.01**	**87.27**	**88.19**
MMDW($\eta = 10^{-3}$)	74.20	79.92	81.13	82.29	83.83	84.62	86.03	85.96	87.82
MMDW($\eta = 10^{-4}$)	73.66	79.15	80.12	81.31	82.52	83.90	85.54	85.95	87.82

表 6.2 Citeseer 数据集上节点分类的准确率（%）

方法	标签节点								
	10%	**20%**	**30%**	**40%**	**50%**	**60%**	**70%**	**80%**	**90%**
DW	49.09	55.96	60.65	63.97	65.42	67.29	66.80	66.82	63.91
MFDW	50.54	54.47	57.02	57.19	58.60	59.18	59.17	59.03	55.35
LINE	39.82	46.83	49.02	50.65	53.77	54.2	53.87	54.67	53.82
MMDW($\eta = 10^{-2}$)	**55.60**	60.97	63.18	65.08	**66.93**	**69.52**	**70.47**	**70.87**	**70.95**
MMDW($\eta = 10^{-3}$)	55.56	**61.54**	**63.36**	**65.18**	66.45	69.37	68.84	70.25	69.73
MMDW($\eta = 10^{-4}$)	54.52	58.49	59.25	60.70	61.62	61.78	63.24	61.84	60.25

表 6.3 Wiki 数据集上节点分类的准确率（%）

方法	标签节点								
	10%	**20%**	**30%**	**40%**	**50%**	**60%**	**70%**	**80%**	**90%**
DeepWalk	52.03	54.62	59.80	60.29	61.26	65.41	65.84	66.53	68.16
MFDW	56.40	60.28	61.90	63.39	62.59	62.87	64.45	62.71	61.63
2nd-LINE	52.17	53.62	57.81	57.26	58.94	62.46	62.24	66.74	67.35
MMDW($\eta = 10^{-2}$)	**57.76**	**62.34**	**65.76**	**67.31**	**67.33**	**68.97**	**70.12**	**72.82**	**74.29**
MMDW($\eta = 10^{-3}$)	54.31	58.69	61.24	62.63	63.18	63.58	65.28	64.83	64.08
MMDW($\eta = 10^{-4}$)	53.98	57.48	60.10	61.94	62.18	62.36	63.21	62.29	63.67

6.3.4 可视化

为了验证学习到的表示是否具有区分性，我们将在图 6.2 中，使用 t-SNE 可视化工具展示 Wiki 上节点的 2D 表示. 在图 6.2 中，每个点代表网络中的一个节点，每种颜色代表了一种类别. 我们随机选择 4 类节点以更清楚地展示 2D 表示. 从图 6.2 中，我们观察到 MMDW 可以学习到更好的聚类效果，不同类节点之间的边界也比较明显. 相反，DeepWalk

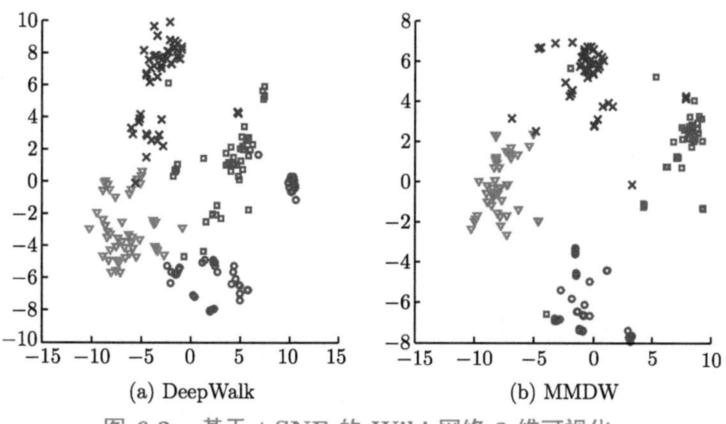

(a) DeepWalk (b) MMDW

图 6.2 基于 t-SNE 的 Wiki 网络 2 维可视化

学习到的表示趋向于混淆在一起. 一个划分更好的节点表示意味着更具区分性，也就更容易分类. 这一显著提升证明了 MMDW 表示的可区分性.

6.4 扩展阅读

在其他领域中已经有了一些基于最大间隔的学习方法. Roller（2004）首先将最大间隔原理引入马尔可夫网络. Zhu 等人（2012）提出最大熵判别 LDA（Maximum entropy discrimination LDA，MedLDA）学习有区分度的主题模型［例如，潜在 Dirichlet 分配（Blei et al., 2003）］. 除此之外，最大间隔也可用于多种自然语言处理任务，如句法分析（Taskar et al., 2004）和分词（Pei et al., 2014）.

据我们所知，MMDW 是第一批考虑使用标签信息来学习更具区分度的节点表示的网络嵌入方法. 此前大多数网络嵌入方法都是以无监督的方式学习的. 一些同期工作（Li et al., 2016; Yang et al., 2016）也探索了半监督设置，并得到了类似的结果. 事实上，半监督设置也促进了图卷积网络（Kipf and Welling, 2017）等技术的兴起.

本章部分内容摘自我们 2016 年在 IJCAI 发表的论文（Tu et al., 2016b）.

第三部分

面向不同特性图结构的网络嵌入

第7章　面向具有社区结构的图的网络嵌入

大多数网络嵌入方法聚焦于从节点的局部上下文学习表示（如它们的邻居）而不考虑图的全局模式. 然而，很多复杂网络的节点也展现出显著的全局特征，如社区结构. 在具有社区结构的图中，同一社区的节点间往往连接更紧密，并具有相似的属性. 对社区结构这种全局模式建模有望提升网络嵌入的质量，进而提升诸如链接预测和节点分类等相关评测任务的效果. 在本章中，我们面向具有社区结构的图提出一种新的网络嵌入模型——社区增强的网络表示学习（Community-enhanced Network Representation Learning, CNRL）. CNRL 会发掘每个节点的社区分布，同时学习节点和社区的表示. 此外，我们提出的社区增强机制也可以应用到各种经典的网络嵌入模型中. 在实验中，我们使用了多个真实数据集，在节点分类、链接预测和社区发现任务上评测该模型的有效性.

7.1　概述

大多数网络嵌入方法根据它们的局部上下文信息来学习节点表示. 例如，DeepWalk（Perozzi et al., 2014）在网络拓扑结构上进行随机游走，并通过最大化游走序列中预测其局部上下文节点的概率来学习节点表示；LINE（Tang et al., 2015b）通过最大化预测邻居节点的概率来学习节点表示. DeepWalk 中的上下文节点和 LINE 的邻居节点都属于局部上下文.

在很多场景中，节点会组成多个社区，每个社区内的节点会紧密连接（Newman, 2006），从而组成具有社区结构的图. 一个社区中的节点通常会具有某些共同的属性. 例如，有相同教育背景（如“学校”或“专业”）的 Facebook 用户通常会组成社区（Yang et al., 2013）. 因此，社区结构是图的一种重要的全局模式，可用于提升网络嵌入及相关分析任务的效果.

受此启发，我们提出 CNRL. CNRL 的设计受到了文本模型和网络嵌入之间联系的启发（Perozzi et al., 2014）. 由于文本中的单词和游走序列中的节点之间的类比性已经被 DeepWalk（Perozzi et al., 2014）验证，所以进一步假设节点对社区的偏好对应文本中单词对主题的偏好. 尽管社区信息已经被一些网络嵌入模型［如 MNMF（Wang et al., 2017g）和 ComE（Cavallari et al., 2017）］所挖掘，但我们采用主题和社区的类比，从而更易于将 CNRL 集成到基于随机游走的网络嵌入模型中.

CNRL 的基本思想如图 7.1 所示，我们认为一个节点可以被划分到多个社区，并且这些社区有重叠的部分. 与传统的从局部信息学习的网络嵌入模型不同，CNRL 会同时利用局部上下文和全局社区信息来学习节点表示.

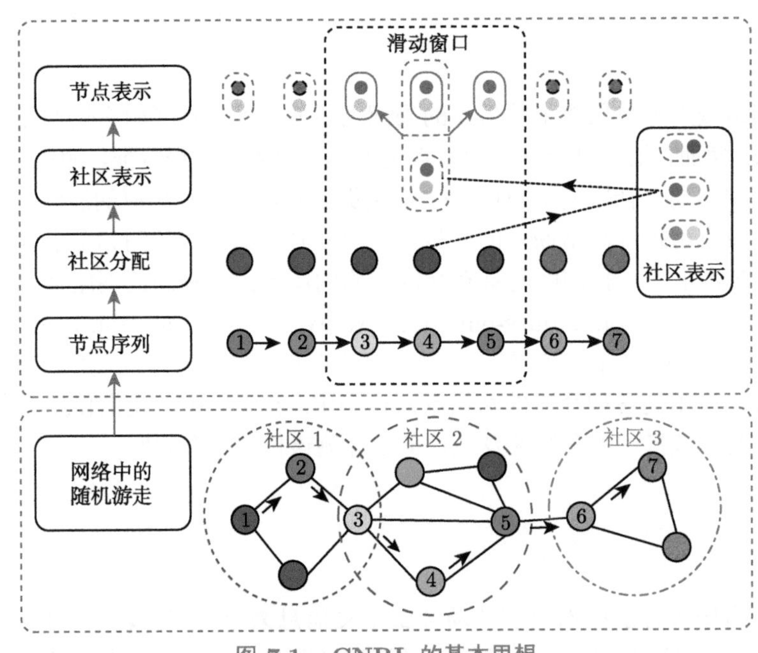

图 7.1 CNRL 的基本思想

在 CNRL 中，决定每个节点所属的社区是至关重要的. 遵循主题模型的思路，我们依照节点和其所在游走序列的社区分布，为该序列和节点分配特定的社区. 之后，节点和它所分配的社区可以用于预测游走序列的上下文节点. 这样，节点和社区的表示均可通过类似 DeepWalk 中的极大似然估计来学习. 注意，节点的社区分布也会在表示学习过程中不断更新.

我们在两个经典的基于随机游走的网络嵌入模型上实现 CNRL，即 DeepWalk（Perozzi et al., 2014）和 node2vec（Grover and Leskovec, 2016），并在多个真实数据集上进行节点分类、链接预测和社区发现任务实验. 实验结果表明，CNRL 可以显著提高所有任务的性能，并在各种数据集和训练比率下均表现优越，从而证明了在网络表示学习中考虑全局社区信息的有效性.

7.2 方法：社区增强的网络表示学习

我们先来介绍必要的符号，并将面向具有社区结构的图的网络表示学习形式化.

7.2.1 问题形式化

我们将网络表示为 $G=(V,E)$，其中 V 是节点集合，$E\subseteq(V\times V)$ 是边的集合，$(v_i,v_j)\in E$ 代表有一条连接 v_i 和 v_j 的边. 网络嵌入要为每个节点 v 学习一个低维向量，表示为 $\boldsymbol{v}\in\mathbb{R}^d$，其中 d 为表示空间的维度.

G 中的节点可以划分进 K 个社区 $C=\{c_1,\cdots,c_K\}$. 这些社区间可以有重叠的部分，即一个节点可能属于多个社区. 因此，我们将节点 v 属于社区 c 的归属度表示为概率 $\Pr(c|v)$，将节点 v 在社区 c 中的重要性表示为 $\Pr(v|c)$. 并且，我们也要为每个社区 c 学习一个表示，记为 $\boldsymbol{c}$.

首先，我们简单回顾 DeepWalk，然后通过将 DeepWalk 扩展到社区增强的 DeepWalk 的方式来实现 CNRL 的思想. 由于 node2vec 和 DeepWalk 的区别仅在于生成游走序列的方法，并不会影响 CNRL 的实现，所以我们忽略了基于 node2vec 扩展的实现细节.

7.2.2 DeepWalk

DeepWalk 首先会在给定的网络 G 中进行随机游走，并生成一组游走序列 $S=\{s_1,\cdots,s_N\}$，其中每一个序列可以表示为 $s=\{v_1,\cdots,v_{|s|}\}$.

DeepWalk 通过将节点视作词的方式，将每个游走序列 s 当作词序列处理. 通过引入 Skip-Gram（Mikolov et al., 2013a）词表示学习算法，DeepWalk 能够从序列集 S 中学习节点表示.

具体来说，给定一个节点序列 $s=\{v_1,\cdots,v_{|s|}\}$，每个节点 v_i 的局部上下文节点集合为 $\{v_{i-t},\cdots,v_{i+t}\}\setminus\{v_i\}$. 依照 Skip-Gram 模型，DeepWalk 通过最大化以中心节点预测其上下文节点的对数概率来学习节点表示：

$$\mathcal{L}(s)=\frac{1}{|s|}\sum_{i=1}^{|s|}\sum_{i-t\leqslant j\leqslant i+t,j\neq i}\log\Pr(v_j|v_i),\tag{7.1}$$

其中 v_j 是节点 v_i 的上下文节点，概率 $\Pr(v_j|v_i)$ 通过 softmax 函数定义：

$$\Pr(v_j|v_i)=\frac{\exp(\boldsymbol{v}'_j\cdot\boldsymbol{v}_i)}{\sum_{v\in V}\exp(\boldsymbol{v}'\cdot\boldsymbol{v}_i)}.\tag{7.2}$$

注意，与 Skip-Gram 相同，DeepWalk 中的每个节点 v 也有两个表示向量，即作为中心节点的 $\boldsymbol{v}_i$ 和作为上下文节点的 $\boldsymbol{v}'$.

7.2.3 社区增强的 DeepWalk

给定随机游走序列，DeepWalk 旨在最大化局部上下文窗口内两个节点间的条件概率. 也就是说，节点在游走序列中的共现仅仅依赖于两个节点之间的局部邻近度，却忽略了它们的全局特征. 社交网络一个重要的全局特性就是同质性,即 "物以类聚,人以群分"(McPherson et al., 2001). 那些具有相同属性的类似节点可能会组成一个社区，然而 DeepWalk 却未考虑到这样的全局模式.

为了在网络表示学习中利用社区信息提供更丰富的上下文信息，我们在节点、游走序列和社区间的关系上做了以下两个假设.

假设 1：网络中的每个节点可以属于多个不同的社区，且对于不同的社区有不同的偏好，即 $\Pr(c|v)$，并且每个节点序列也拥有对应的社区分布 $\Pr(c|s)$.

假设 2：一个特定随机游走序列中的节点属于一个特定的社区，该社区由序列的社区分布 $\Pr(c|s)$ 和社区对于节点的分布 $\Pr(v|c)$ 共同决定.

基于上述假设和生成的随机游走序列，我们设计了以下所示两步迭代方法来进行社区结构发现和节点、社区的表示学习：**社区分配**，即我们根据局部上下文和全局社区分布，为每个节点序列中的节点分配一个离散社区标签；**表示学习**，即给定一个节点和其社区标签，我们通过最大化预测其上下文节点的对数概率来学习合适的表示.

如图 7.1 所示，我们要为每个节点和社区学习一个表示，并为每个节点学习社区分布. 接下来我们会详细介绍这两个步骤.

1. 社区分配

对于一个游走序列 s 中的节点 v，我们计算社区 c 的条件概率：

$$\Pr(c|v,s) = \frac{\Pr(c,v,s)}{\Pr(v,s)} \propto \Pr(c,v,s). \tag{7.3}$$

根据我们的假设，(c,v,s) 的联合分布可以表示为

$$\Pr(c,v,s) = \Pr(s)\Pr(c|s)\Pr(v|c), \tag{7.4}$$

其中，$\Pr(v|c)$ 代表 v 在社区 c 中的重要性，$\Pr(c|s)$ 代表序列 s 与社区 c 的密切程度. 由式 (7.3) 和式 (7.4) 得到：

$$\Pr(c|v,s) \propto \Pr(v|c)\Pr(c|s). \tag{7.5}$$

本章中，我们提出了以下两个策略来实现 $\Pr(c|v,s)$.

基于统计的分配：根据隐含狄利克雷分布（Latent Dirichlet Allocation, LDA）中的吉布斯采样方法（Griffiths and Steyvers, 2004），我们可以利用统计来计算条件概率 $\Pr(v|c)$ 和 $\Pr(c|s)$：

$$\Pr(v|c) = \frac{N(v,c)+\beta}{\sum_{\tilde{v}\in V} N(\tilde{v},c)+|V|\beta}, \tag{7.6}$$

$$\Pr(c|s) = \frac{N(c,s)+\alpha}{\sum_{\tilde{c}\in C} N(\tilde{c},s)+|K|\alpha}. \tag{7.7}$$

其中，$N(v,c)$ 代表节点 v 被分配到社区 c 的频数，$N(c,s)$ 代表序列 s 被分配到社区 c 的频数. $N(v,c)$ 和 $N(c,s)$ 都会随着社区分配的改变不断更新. 此外，α 和 β 是平滑因子（Griffiths and Steyvers, 2004）.

基于嵌入的分配：因为 CNRL 会获取节点和社区的表示，可以从嵌入的角度来计算它们之间的条件概率. 因此，我们将 $\Pr(c|s)$ 表示为如下形式：

$$\Pr(c|s) = \frac{\exp(\boldsymbol{c}\cdot\boldsymbol{s})}{\sum_{\tilde{c}\in C}\exp(\tilde{\boldsymbol{c}}\cdot\boldsymbol{s})}, \tag{7.8}$$

其中，$\boldsymbol{c}$ 是 CNRL 学习到的社区向量，$\boldsymbol{s}$ 是序列 s 的语义向量，可以由序列 s 中所有节点表示的均值获得.

我们也可以通过相似的方式计算 $\Pr(v|c)$：

$$\Pr(v|c) = \frac{\exp(\boldsymbol{v}\cdot\boldsymbol{c})}{\sum_{\tilde{v}\in V}\exp(\tilde{\boldsymbol{v}}\cdot\boldsymbol{c})}. \tag{7.9}$$

然而，使用式 (7.9) 会极大地影响模型的效果. 我们认为其原因是节点的表示并不是专门为衡量社区关系而学习的，因此式 (7.9) 并不能像基于统计的式 (7.6) 那样具有区分度. 所以，在基于嵌入的分配中，我们只通过表示向量来计算 $\Pr(c|s)$，而在计算 $\Pr(v|c)$ 时，仍然使用基于统计的方式.

根据计算出的 $\Pr(v|c)$ 和 $\Pr(c|s)$，我们可以根据式 (7.5) 为序列 s 中的每个节点 v 分配一个离散的社区标签 c.

2. 节点和社区的表示学习

给定一个特定的节点序列 $s=\{v_1,\cdots,v_{|s|}\}$，对其中的每个节点 v_i 和它分配到的社区 c_i，我们可以通过最大化使用 v_i 和 c_i 预测上下文节点的对数概率来学习节点和社区的表示：

$$\mathcal{L}(s) = \frac{1}{|s|}\sum_{i=1}^{|s|}\sum_{i-t\leqslant j\leqslant i+t, j\neq i}\log\Pr(v_j|v_i)+\log\Pr(v_j|c_i), \tag{7.10}$$

其中，$\Pr(v_j|v_i)$ 与式 (7.2) 一致，$\Pr(v_j|c_i)$ 与 $\Pr(v_j|v_i)$ 计算方法相似，同样采用 softmax 函数：

$$\Pr(v_j|c_i) = \frac{\exp(\boldsymbol{v}'_j\cdot\boldsymbol{c}_i)}{\sum_{\tilde{v}\in V}\exp(\tilde{\boldsymbol{v}}'\cdot\boldsymbol{c}_i)}. \tag{7.11}$$

3. 增强的节点表示

经过上述表示学习过程后，我们获得了节点和社区的表示，以及节点的社区分布，即 $\Pr(c|v)$. 我们可以利用这些为每个节点构建增强的表示，记为 $\hat{\boldsymbol{v}}$. 增强的节点表示同时包含了节点局部的结构信息和全局的社区信息，从而增加了网络表示的区分度.

具体来说，$\hat{\boldsymbol{v}}$ 包含两部分，分别是原始的节点表示 $\boldsymbol{v}$ 和它的社区表示 $\boldsymbol{v}_{\mathrm{c}}$，其中，

$$\boldsymbol{v}_{\mathrm{c}} = \sum_{\tilde{c} \in C} \Pr(\tilde{c}|v)\tilde{\boldsymbol{c}}. \tag{7.12}$$

之后，我们将这两部分拼接起来，得到 $\hat{\boldsymbol{v}} = \boldsymbol{v} \oplus \boldsymbol{v}_{\mathrm{c}}$. 实验中，我们将在多个网络分析任务中评测社区增强的节点表示的性能.

7.3 实验分析

我们采用节点分类和链接预测任务来评估节点表示的性能. 此外，我们也在社区发现任务中进一步验证我们模型的有效性.

7.3.1 数据集

我们将在 4 个广泛使用的网络数据集中进行实验，包括 Cora、Citeseer、Wiki 和 BlogCatalog. Cora 和 Citeseer（McCallum et al., 2000）是学术论文数据集，其中的引用关系构成了引文网络. Wiki（Sen et al., 2008）是维基百科的网页集，这些页面之间的超链接组成了网页网络. BlogCatalog（Tang and Liu, 2009）是博客作者之间的社交网络. 表 7.1列出了这些数据集的详细信息.

表 7.1 数据集统计

数据集	节点数	边数	标签数	平均度数
Cora	2,708	5,429	7	4.01
Citeseer	3,312	4,732	6	2.86
Wiki	2,405	15,985	19	6.65
BlogCatalog	10,312	333,983	47	32.39

7.3.2 基线方法

我们考虑了 4 种网络嵌入模型作为基线方法，包括 DeepWalk、LINE、node2vec 和 MNMF. 如前所述，我们在 DeepWalk 和 node2vec 基础上实现 CNRL. 以 DeepWalk 为例，我们将基于统计的和基于嵌入的社区增强 DeepWalk 分别表示为 S-DW 和 E-DW. 相应地，将 node2vec 的实现表示为 S-n2v 和 E-n2v.

此外，我们也考虑了 4 种经典的链接预测方法作为基线，它们同样主要基于局部的拓扑性质（Lü and Zhou, 2011）.

共同邻居（CN）. 对于节点 v_i 和 v_j，CN（Newman, 2001）简单地采用 v_i 和 v_j 共同的邻居数量来衡量两者的相似度：$sim(v_i, v_j) = |N_i^+ \cap N_j^+|$.

索尔顿指数. 对于节点 v_i 和 v_j，索尔顿指数（Salton and McGill, 1986）在 CN 的基础上考虑了节点 v_i 和 v_j 的度数，相似度计算方式为：$sim(v_i, v_j) = (|N_i^+ \cap N_j^+|)/(\sqrt{|N_i^+| \times |N_j^+|})$.

雅卡尔指数. 对于节点 v_i 和 v_j，雅卡尔指数定义为：$sim(v_i, v_j) = (|N_i^+ \cap N_j^+|)/(|N_i^+ \cup N_j^+|)$.

资源分配指数（Resource Allocation index，RA；Zhou et al., 2009）. 表示节点 v_j 接收到的资源总量：$sim(v_i, v_j) = \sum_{v_k \in N_i^+} \frac{1}{|N_k^+|}$.

对于社区发现任务，我们选择使用以下 3 个经典方法作为基线.

序列式派系过滤（Sequential Clique Percolation，SCP；Kumpula et al., 2008）. 派系过滤（clique percolation；Palla et al., 2005）的改进，通过搜索相邻的完全子图来发现社区.

链接聚类（Link Clustering，LC；Ahn et al., 2010）旨在对网络中的边进行社区发现.

BigCLAM（Yang and Leskovec, 2012）是一个典型的基于非负矩阵分解的模型，可以发掘大规模网络中彼此密集重叠或层次嵌套的社区.

7.3.3 评测指标和参数设置

为公平起见，我们将所有方法的表示维度都设为 128. 在 LINE 中，我们采用原文中的设置（Tang et al., 2015b），将负样本数设置为 5，学习率设为 0.025. 对于随机游走序列，我们将游走长度设置为 40，窗口大小设置为 5，每个节点对应的序列数量设置为 10. 此外，我们采用网格搜索获得 MNMF 效果最好的参数设置.

注意，CNRL 的表示向量包含两部分，即原始节点向量和相应社区向量. 为公平起见，我们将两个向量的维度都设为 64，最终每个节点都会有一个 128 维的向量. 此外，平滑因子 α 设置为 2，β 设置为 0.5.

对于节点分类，由于 Cora、Citeseer、Wiki 中的每个节点仅有一个标签，所以我们采用 $L2$ 正则逻辑回归（$L2$-Regularized Logistic Regression, L2R-LR），采用 Liblinear（Fan et al., 2008）的默认设置来构建分类器；对于 BlogCatalog 中的多标签分类，我们训练 one-vs-rest 逻辑回归分类器，并采用 micro-F1 来评测.

对于链接预测，我们使用标准的评估指标 AUC（Hanley and McNeil, 1982）. 对于社区发现，我们采用改进的模块度（Zhang et al., 2015）方法来评估检测到的重叠社区的质量.

7.3.4 节点分类

在表 7.2 中，我们展示了在不同训练比率和不同数据集下分类准确率. 我们在 BlogCatalog 数据集上采用了更小的训练比率，以加快多标签分类器的速度，并观察 CNRL 模型在稀疏场景下的效果. 我们可以得出如下结论：

表 7.2 节点分类准确率（%）

方法	数据集和训练比率							
	Cora 数据集		Citeseer 数据集		Wiki 数据集		BlogCatalog 数据集	
	10%	50%	10%	50%	10%	50%	1%	5%
DeepWalk	70.77	75.62	47.92	54.21	58.54	65.90	23.66	30.58
LINE	70.61	78.66	44.27	51.93	57.53	66.55	19.31	25.89
node2vec	73.29	78.40	49.47	55.87	58.93	66.03	24.47	30.87
MNMF	75.08	79.82	51.62	56.81	54.76	62.74	19.26	25.24
S-DW	74.14	80.33	49.72	57.05	59.72	67.75	23.80	30.25
E-DW	74.27	78.88	49.93	55.76	59.23	67.00	24.93	31.19
S-n2v	75.86	**82.81**	**53.12**	**60.31**	**60.66**	**68.92**	24.95	30.95
E-n2v	**76.30**	81.46	51.84	57.19	60.07	67.64	**25.75**	**31.13**

（1）我们提出的 CNRL 模型在节点分类任务上取得了一致且显著的效果提升. 考虑了社区结构的 CNRL 就能够学习到更有区分度的节点表示，从而更适合预测任务. 具体来说，社区增强的 DeepWalk 性能要优于 DeepWalk，而社区增强的 node2vec 性能要优于 node2vec. 这验证了在不同模型中引入社区信息的重要性，以及 CNRL 的灵活性.

（2）MNMF 在 Wiki 和 BlogCatalog 上的性能比较差，而 CNRL 在所有的数据集上表现都很稳定. 虽然两者都结合了社区信息，但 CNRL 的性能要比 MNMF 高 4%. 这说明 CNRL 比 MNMF 更有效地整合了社区信息.

7.3.5 链接预测

在表 7.3 中，我们展示了在不同数据集上移除 5% 的边后，进行链接预测的 AUC 值. 从这张表中，我们观察得出以下结论.

（1）大多数情况下，网络嵌入方法的效果要优于传统的基于人工定义特征的链接预测方法. 这表明网络嵌入可以有效地将网络结构转换成数值向量表示. 此外，结果也再次证明了考虑社区结构的合理性和有效性.

（2）对于 BlogCatalog，节点的平均度数（即 32.39）远高于其他网络，因此更有利于简单的基于统计的方法，如 CN 和 RA. 然而根据我们的实验，当网络移除 80% 的边而变得稀疏时，这些简单方法的性能可能会下降（大约下降 25%）. 相反，CNRL 性能仅仅下降了 5%，说明 CNRL 面对数据稀疏问题更具鲁棒性.

表 7.3 链接预测准确率

方法	数据集			
	Cora	**Citeseer**	**Wiki**	**BlogCatalog**
CN	73.15	71.52	86.61	82.47
索尔顿	73.06	71.74	86.61	71.01
雅卡尔	73.06	71.74	86.42	63.99
RA	73.25	71.74	86.98	**86.24**
DeepWalk	88.56	86.74	93.55	68.46
LINE	86.16	83.70	89.80	56.01
node2vec	92.99	89.57	93.49	67.31
MNMF	90.59	86.96	**93.49**	69.91
S-DW	89.67	87.39	93.43	68.62
E-DW	92.07	87.83	94.99	70.84
S-n2v	92.44	89.35	94.06	66.45
E-n2v	**93.36**	**89.78**	**94.99**	70.14

7.3.6 社区发现

我们采用改进的模块度来评估社区检测的质量. 在表 7.4 中，我们可以发现 S-CNRL（S-DW 或 S-n2v）与其他先进的社区发现方法相当，而 E-CNRL（E-DW 或 E-n2v）的效果显著地高于其他基线方法，表明 CNRL 发掘的社区结构是合理的. 这也进一步验证了我们对于社区分配的假设.

总的来说，上述实验证明了 CNRL 在节点表示中引入社区结构的有效性和鲁棒性. 与传统网络嵌入方法相比，CNRL 在各种数据集上均有所提升.

表 7.4 社区发现结果

数据集	SCP	LC	BigCLAM	S-DW	E-DW	S-n2v	E-n2v
Cora	0.076	0.334	0.464	0.464	**1.440**	0.447	1.108
Citeseer	0.055	0.315	0.403	0.486	**1.861**	0.485	1.515
Wiki	0.063	0.322	0.286	0.291	**0.564**	0.260	0.564

7.3.7 发现社区的可视化

为了更直观地展示检测到的社区，我们在一个小型网络——Zachary's Karate（Zachary, 1977）上展示 CNRL 进行重叠社区发现的结果，如图 7.2 所示. 作为对比，我们同样展示了非重叠社区发现的经典方法——卢万算法（Lourain algorithm；Blondel et al., 2008）的结果. 我们用不同的颜色标记不同的社区，并用渐变色表示属于多个社区的节点. 从图 7.2 中，我们可以看到 CNRL 能够有效检测不同规模的社区结构，而非简单地聚类或划分. 2 个和 4 个社区的检测结果都能很好地符合该网络的结构.

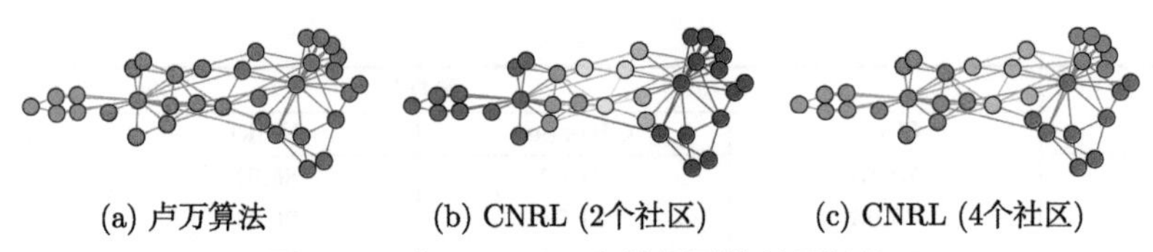

图 7.2 在 Karate 上检测到的社区结构

7.4 扩展阅读

从网络中发现社区结构是社会科学中的一项重要研究. 在社区发现方面，传统方法主要是将节点划分到不同的组，即发掘彼此不重叠的社区. 现有的非重叠社区发现工作主要包括基于聚类的方法（Kernighan and Lin, 1970）、基于模块度的方法（Fortunato, 2010; Newman, 2006）、谱算法（Pothen et al., 1990）、随机块模型（Nowicki and Snijders, 2001）等. 这些传统方法的主要缺点是它们无法检测到彼此重叠的社区，这可能并不符合现实世界的情况. 为了解决这个问题，CPM（Palla et al., 2005）通过合并重叠的 k 阶完全子图（k-cliques）来生成重叠的社区. 链接聚类（Ahn et al., 2010）采用非重叠社区检测方法来划分网络中的链接而非节点，然后将节点分配给其相关链接所属的社区，从而进行重叠社区检测.

在过去的十几年中,基于社区从属度的算法在重叠社区检测方面显示出其有效性（Wang et al., 2011; Yang and Leskovec, 2012, 2013）. 基于社区从属度的算法预先定义了社区的数量,并为每个节点学习一个节点–社区强度向量,并根据向量将社区分配给节点. 例如,Yang 和 Leskovec（2013）提出了非负矩阵分解法（Non-negative Matrix Factorization, NMF）方法，通过 $\boldsymbol{F}\boldsymbol{F}^{\mathrm{T}}$ 近似邻接矩阵 $\boldsymbol{A}$，其中矩阵 $\boldsymbol{F}$ 是节点–社区从属度矩阵. 然后，该算法学习非负的节点嵌入，并将嵌入的每个维度转换为一个社区. 这些基于社区从属度的算法试图在数值上近似邻接矩阵，并为其设计了不同的目标函数. 非负矩阵分解的思想也被引入了面向具有社区结构的图的表示学习.

在表示学习方面，Wang 等人（2017g）提出了模块化非负矩阵分解（Modularized Non-negative Matrix Factorization, MNMF）模型，用以发掘非重叠社区，并改进节点表示. 然而，MNMF 存在两个缺陷：首先，它只能检测彼此不重叠的社区（即每个节点只属于一个特定的社区），这通常与现实世界中的网络结构不一致；其次，MNMF 是一个基于矩阵分解的模型，优化复杂度较高，难以处理大规模网络. 在本章中，利用文本主题和网络社区之间的类比关系提出 CNRL，可以轻松且有效地与经典的网络嵌入模型相结合. 据我们所知，CNRL 是第一个尝试通过主题和社区之间的类比关系来学习社区增强的网络表示的工作.

此外，还有其他针对具有社区结构的图的网络嵌入工作（Cavallari et al., 2017; Du et

al., 2018; Lai et al., 2017）. 例如，Cavallari 等人（2017）提出 ComE，同时学习节点嵌入和进行社区发现. 具体来说，ComE 中的每个社区被表示为一个多变量高斯分布，以建模其成员节点的分布方式. 通过精心设计的迭代优化算法，ComE 可以被有效训练，其复杂度与图的大小成线性关系.

本章的部分内容摘自我们 2018 年发表于《知识与数据工程学报》（*Transactions on Knowledge and Data Engineering*, TKDE）的论文（Tu et al., 2018）.

第8章　面向大规模图的网络嵌入

现实世界中存在许多大规模网络，而现有的网络嵌入方法需要在内存中存储大量的参数，并逐边更新参数，导致效率较低. 考虑到具有相似邻域的节点在表示空间中会彼此接近，我们提出了压缩式网络嵌入（COmpresSIve Network Embedding，COSINE）算法，如图 8.1 所示. 该算法通过相似节点之间的参数共享来减少内存占用并加速训练过程. COSINE 将图划分算法应用于网络，并根据划分的结果建立节点间的参数共享依赖关系. 通过类似节点之间的参数共享，COSINE 在训练过程中引入了高阶结构信息的先验知识，使得网络嵌入更加高效和有效. COSINE 可以应用于任何基于嵌入查找（embedding lookup）的方法，并用更少的内存和较短的训练时间学习到高质量的表示. 我们进行了多标签分类和链接预测的实验，在这些实验中，基线方法和我们的模型具有相同的内存使用量. 与基准方法相比，COSINE 在分类任务上的表现相对于基准方法提升了 23%，在链接预测上提升了 25%. 此外，所有使用 COSINE 的表示学习方法均节省了 30%~70% 的运行时间.

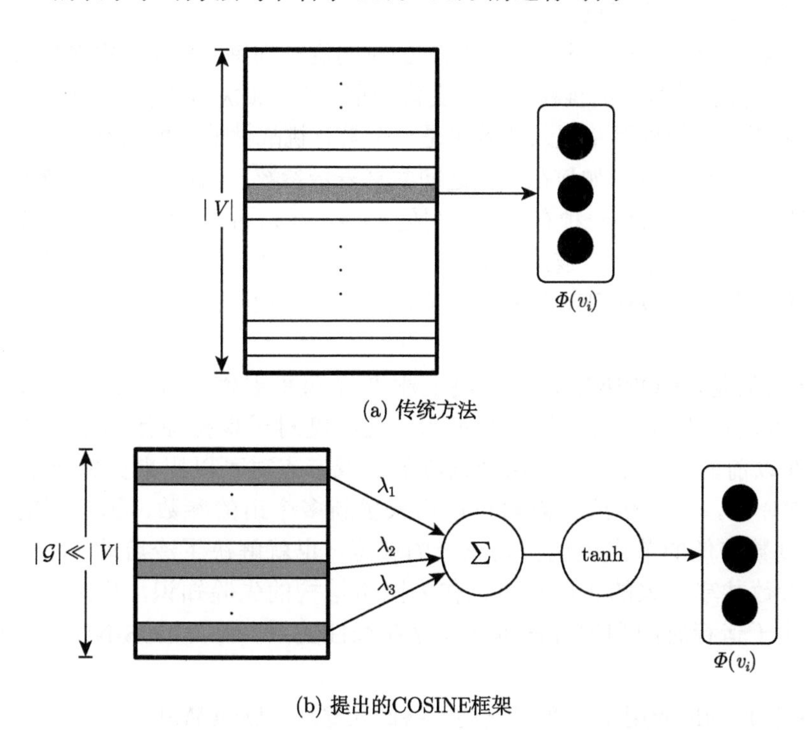

图 8.1　在构建嵌入向量时传统方法和 COSINE 的比较，其中 $|\mathcal{G}| \ll |V|$

8.1 概述

随着 Facebook、Twitter 和新浪微博等大规模在线社交网络的快速发展，现实世界的网络通常会包含数百万个节点和数十亿条边. 出于以下 3 个原因，大多数网络嵌入算法难以扩展到这种规模的网络中.

（1）大多数网络嵌入算法依靠嵌入查找（Hamilton et al., 2017b）来建立每个节点的表示. 我们将节点集表示为 V，映射函数的形式为 $f(v) = \boldsymbol{E} \cdot \boldsymbol{v}$，其中，$v$ 是目标节点，$\boldsymbol{E} \in \mathbb{R}^{d\times|V|}$ 是包含所有节点表示向量的矩阵，d 是表示向量的维度，$|V|$ 是节点集的大小，$\boldsymbol{v} \in \mathbb{I}_V$ 是表示节点 v 对应于矩阵 $\boldsymbol{E}$ 中哪一列的独热（one-hot）指示向量. 当节点的规模增长时，向量的维度需要减少，以保证内存不被超限使用. 假设有一个包含 1 亿个节点的网络，每个节点由一个 128 维的浮点向量表示，那么 $\boldsymbol{E}$ 的内存存储量就超过 100 GB. 当表示维度变得很小时，模型的参数无法保留足够的原始网络信息，在下游的机器学习任务中表现不佳.

（2）如果一个节点只有很少的几条与其他节点相连的边，那么该节点的表示训练有可能是不充分的. Broder 等人（2000）指出节点度数的分布遵循幂律，这意味着在大规模网络中存在诸多度数很小的节点.

（3）大规模网络上的嵌入需要花费很长的时间进行训练. 然而，很多现实世界的网络是高度动态的，会随着时间的推移而不断变化，所以需要加快训练过程以适应这种情况. 总而言之，如何提高大规模网络嵌入的效率是一个具有挑战性的研究问题.

在本章中，我们探讨了如何在节点之间共享表示参数，从而解决嵌入查找方法计算效率低下的问题，并且这也是一种有效的正则化（Hamilton et al., 2017b）. 我们假设网络中存在一些节点组，组中的节点彼此相似. 这些节点组可以有效地保留节点信息. 受此启发，我们提出了统一框架 COSINE，它可以在有限的内存占用下提高表示的质量，并加速网络嵌入的训练过程.

值得指出的是，COSINE 可以解决上述 3 个可扩展性问题. 首先，参数共享可以增加向量的维度而不需要额外的内存占用，而维度对于保持原始网络中的信息非常关键. 其次，在以前的方法中，一条用于训练的边或节点对可以用来更新两个节点的参数，而在 COSINE 中，一条边或节点对可以用来更新多个组的参数，影响到的节点远多于两个. 这样度数较低的节点也能得到充分的训练，也就解决了冷启动（cold-start）的问题. 最后，参数共享带来的正则化可以作为网络结构的先验知识，从而减少所需的训练样本数量. 由于运行时间和训练样本之间存在线性关系，所以 COSINE 中的训练时间会减少.

我们将 COSINE 应用于 3 种经典的网络嵌入算法：DeepWalk（Perozzi et al., 2014）、LINE（Tang et al., 2015b）和 node2vec（Grover and Leskovec, 2016）. 然后，我们在 3 个

大规模的真实网络数据上进行了节点分类和链接预测任务的实验，其中基线方法和我们的模型有相同的内存占用. 实验结果表明，COSINE 极大地提高了上述 3 种方法的性能，在链接预测中 AUC 提升高达 25%，在多标签分类中 Micro-F1 提升高达 23%. 此外，COSINE 还大大节省了这些方法的运行时间（节省 30%~70%）.

8.2 方法：压缩式网络嵌入

在本节中，我们提出了一个通用框架，它可以涵盖多种网络嵌入算法（包括 LINE、DeepWalk 和 node2Vec），并在有限的内存占用下学习更好的表示. 该框架由以下步骤组成.

（1）使用图划分方法从网络中找到节点的划分/组.

（2）对每个节点采样部分组，建立节点和组之间的映射函数.

（3）对于每个节点，聚合其所在组的信息，并输出节点表示.

（4）使用不同的网络嵌入目标函数训练模型.

我们首先会将压缩式网络嵌入问题形式化，然后详细讲解每个阶段. 整个框架如图 8.2所示. 划分后图 8.2a 中有 4 个组，分别用不同颜色表示；图 8.2b 中，我们以节点 3 为起始节点进行了多次长度为 2 的随机游走，以对其所属的组进行采样；根据随机游走的结果，我们找到了 3 个与节点 3 相关的组，并使用这 3 个组来表示节点 3；如果其他节点所属的组也包含这 3 个组的部分或全部，那么节点 3 将与这些节点共享表示参数.

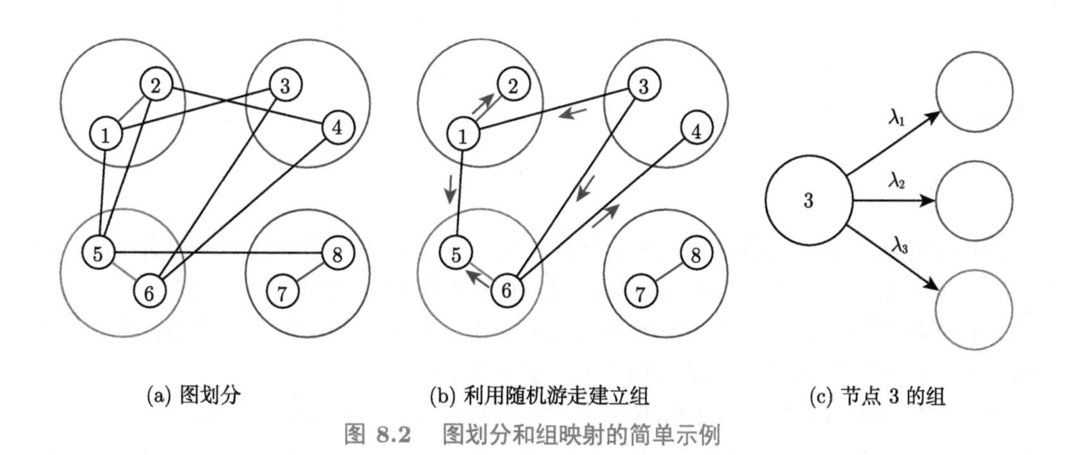

图 8.2　图划分和组映射的简单示例

8.2.1 问题形式化

给定网络 $G=(V,E)$，其中 V 表示节点集合，E 表示边集合，**网络嵌入**的目标是学习映射函数 $\Phi: V \mapsto \mathbb{R}^{|V|\times d}$，$d \ll |V|$，这个映射 Φ 定义了每个节点 $v \in V$ 的嵌入表示.

在大多数现有的方法中，映射函数 Φ 的参数是一个包含 $|V| \times d$ 个元素的矩阵，因为它们独立地表示了每个节点. 然而，有许多大型网络包含数十亿个节点，且其规模仍在不断增长. 我们训练一个大型网络嵌入模型时，很难将所有表示存储在内存中. 在本章中，我们假设独立学习表示会导致参数的冗余. 例如，Jiawei Han 和 Philip S. Yu 都属于学术网络中的数据挖掘社区，则数据挖掘社区的表示可以成为他们表示的共享部分. 因此，我们提出了压缩式网络嵌入思想，通过在相似节点之间共享参数来减少内存的使用，使其适用于大规模网络.

压缩式网络嵌入有以下两个主要挑战.

（1）找到相似节点之间的共享和独立表示部分.

（2）结合每个节点的不同表示部分生成节点的表示.

例如，尽管 Jiawei Han 和 Philip S. Yu 在他们共享的部分可能都提供了数据挖掘社区的表示，但两个向量中的其他部分仍然需要独立训练以捕捉关于他们学术生涯中的其他信息. 根据共享部分嵌入的思路，我们用节点组的集合 $S_v=(\mathcal{G}_1,\mathcal{G}_2,\mathcal{G}_3,\cdots,\mathcal{G}_M)$ 来代表每个节点 v. 我们用 $\mathcal{G}$ 表示所有组的集合，并假设 M 个组足以描述网络中每个节点的特征. 注意，拥有相同的节点组并不意味着两个节点拥有相同的表示，因为每个节点对其所在组可以有不同的偏好. 因此，模型在训练时还需要学习每个节点对其节点组的偏好. 综上所述，我们正式将**压缩式网络嵌入**问题定义如下：

给定网络 $G=(V,E)$ 和表示维度 d，**压缩式网络嵌入**的目标是学习一个参数少于 $d|V|$ 的网络嵌入模型（传统方法需要存储 $|V|$ 个 d 维向量）. 同时，学习到的模型可以用一个 d 维向量来表示每个节点.

8.2.2 图划分

图划分算法用于将网络划分为多个社区或组，这对训练前的参数共享和引入高阶结构信息很重要. 社交网络中存在着明确的群组，这些群组由具有相似特征的人组成. 由于我们没有社交群组的信息，所以可以使用图划分方法为每个节点分配一个群组. 在初始群组的基础上，COSINE 可以从网络结构中采样更多的相关群组.

有两类能够为节点分配群组的方法：一类是重叠方法，如 AGM（Yang and Leskovec, 2012），一个节点可以同时属于多个组；另一类是非重叠方法，如图粗化和图划分，其中一个节点只属于一个组. 我们希望每个节点最多可以有 M 个不同的组，而重叠方法难以限制每个节点所属的组的数量. 因此，框架中选择非重叠方法来构建初始群组.

HARP（Chen et al., 2017）和 MILE（Liang et al., 2018）使用图粗化来建立一个较小的网络，以近似其输入的全局结构. 从小网络中学习到的表示可以作为输入的大网络中表示的良好初始化. 图粗化不限制属于粗化组的原始节点数量，从而导致粗化组之间不平衡. 例如，某些组可能只有一个节点，使得对应的参数共享策略有缺陷.

在我们的框架中，我们使用图划分方法为每个节点分配一个特定的组. 图划分方法（Sanders and Schulz, 2011）常用于高性能计算，以划分计算和交互的底层图模型. 图划分将节点分为若干组，并希望组内有更多的边，组间有更少的边. 每个节点都与它所在组的节点有较强连接，而与其他节点的连接较弱. 图划分的优点是它将节点分为 k 个大小大致**相等**且不相交的组，这有利于参数共享的实现.

8.2.3 组映射

在图划分之后，我们有了从一个节点到一个组的映射 $g(v)$. 在我们的框架中，我们计划用节点组的集合而非单独的组来代表一个节点. 对于每个节点来说，$g(v)$ 在节点组集合 S_v 的构建中起着重要作用，但我们还需要为每个节点找到更多相关组.

我们假设节点和其邻居之间存在着相似性，因此邻居所属的组对于节点表示也是有用的. 为了在模型中引入高阶相似性，我们不仅考虑直接相连的邻居，也考虑 k 跳内的邻居. 我们将以节点 v_i 为起始节点的随机游走表示为 W_{v_i}，其中 $W_{v_i}^k$ 是随机游走中的第 k 项，即起始节点 v_i 的 k 跳邻居. 随机游走在寻找相关群组方面具备以下两个优势：首先，随机游走已被用于提取网络的局部结构（Perozzi et al., 2014）并取得了巨大的成功 [与广度优先搜索（Breadth First Search, BFS）不同的是，随机游走可以在一次游走中多次访问同一个节点，这意味着该节点对局部结构很重要，我们应该更加关注它]；其次，多个随机游走可以同时在一个网络上进行采样而互不影响. 由于我们计划解决大规模网络上的嵌入学习问题，所以组映射操作的并行运算也很重要.

我们把一个节点组集合中组的个数记为 $|S_v|$. 经过多次以 v_i 为起始节点的随机游走后，我们可以得到一个包含 v_i 的 k 跳邻居的节点集合. 通过映射 $g(v)$，我们进一步得到一个包含所有游走邻居的组的节点组集合 S_{raw}. 在实践中，S_{raw} 的大小通常大于 $|S_v|$. 因此，我们必须根据每个组在游走中出现的频率，从 S_{raw} 中选择最相关的 $|S_v|$ 组. 算法 8.1展示了我们采用的组映射算法，其中函数 Concatenate 用于连接两个游走列表，函数 SelectByFrequency 选择输入列表中的频率最高的 n 个元素.

图 8.2 是图划分和组映射的示意图. 节点 3 离粉色组很远，因为没有游走能在两跳内到达节点 7 和节点 8. 图上其他组和节点 3 之间存在交互，对应于映射的结果. 因此，组映射可以为映射函数 Φ_v 引入网络结构中的高阶邻近度信息，并促使节点嵌入的部分共享. λ_i^v 代表节点 3 对某个组的偏好，这对映射函数来说是未知且需要学习的.

算法 8.1 组映射 (G, Φ_V)

输入: 图 $G(V, E)$ 从节点到组的一一映射 $g(v)$ 每个节点的游走数 γ 游走长度 k 每个节点组集合中的组数 n

输出: 从节点到组集合的映射 Φ_V

1: 初始化 Φ_V
2: **for each** $v_i \in V$ **do**
3: $W_{v_i} \leftarrow \{\}$
4: **for** $j = 0$ to γ **do**
5: $W_{v_i}^j \leftarrow \text{RandomWalk}(G, v_i, t)$
6: $W_{v_i} \leftarrow \text{Concatenate}(W_{v_i}, W_{v_i}^j)$
7: **end for**
8: $\mathcal{G}_{v_i} \leftarrow g(W_{v_i})$
9: $S_v \leftarrow \text{SelectByFrequency}(\mathcal{G}_{v_i}, n)$
10: $\Phi_V(v_i) \leftarrow S_v$
11: **end for**

8.2.4 组聚合

图的聚合指模型将节点组集合作为输入，并输出节点表示的过程. 每个节点都有固定数量的组，这使得聚合组的表示更加方便. 给定输入的组 $\{g_i | 1 \leqslant i \leqslant n\}$，我们通过计算组的表示的加权平均来聚合得到节点的表示. 对于每个节点来说，它都有一个大小等于组的数量 $|S_v|$ 的聚合核，表示为 $K_v = (\lambda_1^v, \lambda_2^v, \cdots, \lambda_{|S_v|}^v)$，其中每个 λ 都是一个需要从网络中学习的标量. 为了进行组聚合得到节点表示，我们使用以下公式:

$$f(g_1, g_2, \cdots, g_{|S_v|}) = \sum_{i=1}^{|S_v|} \lambda_i^v \Phi_{\mathcal{G}}(g_i), \tag{8.1}$$

其中 $\Phi_{\mathcal{G}}$ 代表组的表示映射，λ_i^v 的总和没有正则化约束. 为了防止训练初期的梯度爆炸，我们使用 tanh 作为激活函数，最后得到组聚合函数如下:

$$f(S_v) = \tanh(\sum_{i=1}^{|S_v|} \lambda_i^v \Phi_{\mathcal{G}}(g_i)), \quad g_i \in S_v. \tag{8.2}$$

8.2.5 目标函数和优化

COSINE 通过聚合组的表示来代替节点的表示，适用于大多数现有的网络嵌入算法.

在本小节中，我们以负采样的 Skip-Gram 目标函数（Skip-Gram with Negative Sampling, SGNS）为例，讲解 COSINE 如何通过随机梯度下降来调整组表示和聚合函数的参数. SGNS 是最常见的基于图的损失函数：

$$\mathcal{L}(u,v) = -\log\left(\sigma\left(f_C(S_u)^{\mathrm{T}} f(S_v)\right)\right) - \sum_{i=1}^{K} E_{v_n \sim P_n(v)}\left[\log\left(\sigma\left(f_C(S_{v_n})^{\mathrm{T}} f(S_v)\right)\right)\right], \quad (8.3)$$

其中，u 是在 v 附近共同出现的节点（在基于随机游走的方法中，u 和 v 在同一窗口共同出现，在 LINE 中，u 是 v 的邻居），σ 是 Sigmoid 函数，P_n 是负采样分布，f_C 是上下文嵌入的聚合函数，K 定义了负采样的数量. 重要的是，与嵌入查找方法不同，我们不仅通过组表示在相似节点之间共享参数，而且在构建节点表示和上下文表示时使用了相同的聚合核.

在每一步中，我们采样一条边 (v_i, v_j)，然后根据式（8.3）计算目标函数对于组表示及聚合核的偏导数，并采用异步随机梯度下降算法（Asynchronous Stochastic Gradient Descent, ASGD；Recht et al., 2011）来学习表示.

8.3 实验分析

我们将该框架应用于 3 种基于嵌入查找的网络表示学习方法，评估 COSINE 的有效性和效率. 根据 3 个大规模社交网络上的实验结果，我们的框架可以在相同的内存使用量下提升表示的质量，并减少运行时间.

为了评估表示的质量，我们考虑了两个网络分析任务：多标签分类和链接预测. 我们使用节点表示作为其在下游机器学习任务中的特征. 这些特征对任务越有益，表示的质量就越好.

8.3.1 数据集

表 8.1 给出了我们在实验中使用的网络的统计信息.

YouTube（Tang and Liu, 2009）包含了从知名视频分享网站上爬取的 1,138,499 个用户和他们之间的 4,945,382 个社交关系. 标签代表了喜欢相同视频类别的用户群体.

Flickr（Tang and Liu, 2009）包含了从照片分享网站上抓取的 1,715,255 个用户和他们之间的 22,613,981 个社交关系. 标签代表用户的兴趣小组，如“黑白照片”.

Yelp（Liang et al., 2018）包含 8,981,389 个用户和他们之间 39,846,890 个社交关系. 标签代表用户评论过的业务类别.

表 8.1 数据集统计信息

数据集	节点数	边数	标签数	有向性
YouTube	1,138,499	4,945,382	47	有向
Flicker	1,715,255	22,613,981	20	有向
Yelp	8,981,389	39,846,890	22	无向

8.3.2 基线方法和实验设置

为了证明 COSINE 可以与不同的网络嵌入方法相结合，我们研究了 3 个经典的网络嵌入方法.

LINE（Tang et al., 2015b）分别学习了两个独立的网络嵌入 LINE_{1st} 和 LINE_{2nd}. LINE_{1st} 只能用于无向网络，LINE_{2nd} 适用于无向和有向网络. 我们在实验中选择 LINE_{2nd} 作为基线.

DeepWalk（Perozzi et al., 2014）从随机游走中学习节点表示. 对于每个节点，从该节点开始的截断随机游走被用于获取上下文信息.

node2vec（Grover and Leskovec, 2016）是 DeepWalk 的改进版，通过参数 p 和 q 控制生成的随机游走，具有更强的灵活性. 我们使用了与 DeepWalk 相同的设置，同时对参数 $p, q \in \{0.25, 0.5, 1, 2, 4\}$ 应用网格搜索.

实验设置：对于 LINE、DeepWalk 和 node2vec，我们都使用负采样策略实现. 对于基于随机游走的方法，我们设定窗口大小 $w = 5$，游走长度 $t = 40$，每个节点的游走次数 $\gamma = 5$. 除 LINE 的总训练样本数之外，其他所有超参数都使用默认设置（Tang et al., 2015b）. 我们发现这些设置对于大规模的网络嵌入来说是有效且高效的. 通过 COSINE，网络表示学习模型可以使用更少的内存来学习相同维度的表示. 例如，如果设定表示维度为 d，则我们需要 $2d|V|$ 的浮点数来存储未压缩的模型，而压缩模型需要 $|S_v||V| + 2d|\mathcal{G}| \approx |S_v||V|$，其中 $|\mathcal{G}| \ll |V|$. 而且 $|S_v|$ 也是一个很小的值，这意味着压缩模型所需的空间约是未压缩模型的 $\dfrac{|S_v|}{2d}$ 倍. 为了进行公平的比较，我们在压缩模型和未压缩模型中使用不同的表示维度，以确保它们的内存使用量相等. 设置未压缩模型表示维度 $d = 8$，压缩模型表示维度 $d = 100$，并调整每个数据集组的数量，使它们具有相同的内存. 注意，所有数据集中每个节点所属组的数量 $|S_v|$ 为 5，我们认为这足以表示结构信息.

为了证明我们的框架可以比原算法收敛得更快，对于 LINE，我们将所有边都被训练一次视为一轮迭代；对于 DeepWalk 和 node2vec，我们将所有游走训练一次视为一轮迭代. 我们使用不同的迭代轮数来训练每个模型，以找到最佳的训练样本数. 对于基于 COSINE 框架的随机游走模型，我们发现最佳样本数只需要对部分随机游走进行一次迭代. 换句话说，COSINE 甚至不需要一轮完整的迭代. 例如，0.2 次迭代意味着该模型只需对

20% 的游走进行一次训练. 压缩和未压缩模型使用相同的随机游走，以确保输入数据是相同的.

8.3.3 链接预测

给定一个网络，我们随机删除 10% 的边作为测试集，其余的边作为训练集. 我们将训练集视为一个新网络，作为网络表示学习的输入，并采用表示来计算两个节点之间的相似度分数，这可以进一步应用于预测节点之间的潜在链接.

我们采用两个标准的链接预测指标 AUC（Hanley and McNeil, 1982）和 MRR（Voorhees et al., 1999）来评估压缩和非压缩的嵌入方法. 我们在表 8.2中展示了不同数据集上的链接预测结果. COSINE 框架在链接预测方面一致且显著地改善了所有基线方法，这意味着在训练前编码的高阶邻近度对于精确测量节点之间的相似性至关重要.

表 8.2 链接预测实验结果

指标	算法	数据集		
		YouTube	**Flickr**	**Yelp**
AUC	DeepWalk	0.926	0.927	0.943
	COSINE-DW	**0.941**	**0.968**	**0.951**
	node2vec	0.926	0.928	0.945
	COSINE-N2V	**0.942**	**0.971**	**0.953**
	$\text{LINE}_{2\text{nd}}$	0.921	0.934	0.943
	$\text{COSINE} - \text{LINE}_{2\text{nd}}$	**0.962**	**0.963**	**0.956**
MRR	DeepWalk	0.874	0.874	0.850
	COSINE-DW	**0.905**	**0.946**	**0.876**
	node2vec	0.874	0.876	0.857
	COSINE-N2V	**0.906**	**0.950**	**0.882**
	$\text{LINE}_{2\text{nd}}$	0.875	0.905	0.859
	$\text{COSINE} - \text{LINE}_{2\text{nd}}$	**0.939**	**0.935**	**0.892**

8.3.4 多标签分类

对于多标签分类任务，我们随机选择一部分节点作为训练集，其余节点作为测试集. 我们将网络嵌入视为节点特征，并将其送入由 LibLinear（Fan et al., 2008）实现的 SVM 分类器. 我们在 1%~10% 的范围内改变训练比率以观察数据稀疏情况下的表现. 为了避免过拟合，我们用 $L2$ 正则化来训练分类器.

我们在表 8.3~ 表 8.5中记录了最佳样本数下的实验结果，并对压缩模型和未压缩模型之间性能较高的结果进行了加粗. 从这些表格中，我们得出以下结论.

表 8.3 YouTube 上的多标签分类结果

指标	方法	训练比率			
		1%	4%	7%	10%
Micro-F1(%)	DeepWalk	31.1%	35.9%	36.8%	37.4%
	COSINE-DW	**36.5%**	**42.0%**	**43.3%**	**44.0%**
	node2vec ($p = 2, q = 2$)	31.3%	36.5%	37.4%	38.0%
	COSINE-N2V ($p = 0.25, q = 0.5$)	**36.6%**	**41.8%**	**43.1%**	**44.1%**
	LINE_{2nd}	30.9%	34.7%	35.9%	36.2%
	$\text{COSINE} - \text{LINE}_{\text{2nd}}$	**36.3%**	**42.4%**	**43.6%**	**44.4%**
Macro-F1(%)	DeepWalk	14.0%	20.4%	22.5%	23.8%
	COSINE-DW	**21.2%**	**29.4%**	**31.7%**	**32.9%**
	node2vec ($p = 2, q = 2$)	14.3%	21.0%	22.9%	24.2%
	COSINE-N2V ($p = 0.25, q = 0.5$)	**21.2%**	**29.2%**	**31.7%**	**33.2%**
	LINE_{2nd}	14.1%	20.4%	22.5%	23.4%
	$\text{COSINE} - \text{LINE}_{\text{2nd}}$	**21.4%**	**31.3%**	**33.7%**	**35.0%**

表 8.4 Flickr 上的多标签分类结果

指标	方法	训练比率			
		1%	4%	7%	10%
Micro-F1(%)	DeepWalk	39.7%	40.6%	40.9%	41.0%
	COSINE-DW	**40.4%**	**41.6%**	**42.1%**	**42.3%**
	node2vec ($p = 2, q = 0.5$)	39.8%	40.7%	40.9%	41.0%
	COSINE-N2V ($p = 1, q = 1$)	**40.4%**	**41.6%**	**42.1%**	**42.3%**
	LINE_{2nd}	41.0%	41.7%	41.8%	41.9%
	$\text{COSINE} - \text{LINE}_{\text{2nd}}$	**40.8%**	**42.1%**	**42.7%**	**42.9%**
Macro-F1(%)	DeepWalk	26.8%	29.9%	30.6%	31.0%
	COSINE-DW	**29.7%**	**33.6%**	**34.4%**	**34.9%**
	node2vec ($p = 2, q = 0.5$)	27.1%	30.1%	30.8%	31.2%
	COSINE-N2V ($p = 1, q = 1$)	**29.7%**	**33.6%**	**34.4%**	**34.9%**
	LINE_{2nd}	30.1%	32.8%	33.2%	33.4%
	$\text{COSINE} - \text{LINE}_{\text{2nd}}$	**32.0%**	**35.5%**	**36.2%**	**36.6%**

表 8.5 Yelp 上的多标签分类结果

指标	方法	训练比率			
		1%	4%	7%	10%
Micro-F1(%)	DeepWalk	63.2%	63.3%	63.3%	63.3%
	COSINE-DW	**63.4%**	**63.8%**	**64.0%**	**64.0%**
	node2vec ($p=0.5, q=2$)	63.3%	63.4%	63.4%	63.4%
	COSINE-N2V ($p=0.5, q=2$)	**63.4%**	**63.8%**	**63.9%**	**64.0%**
	$\mathrm{LINE_{2nd}}$	63.2%	63.3%	63.3%	63.3%
	$\mathrm{COSINE-LINE_{2nd}}$	**63.4%**	**63.7%**	**63.8%**	**63.8%**
Macro-F1(%)	DeepWalk	34.6%	34.8%	34.8%	34.8%
	COSINE-DW	**36.0%**	**36.4%**	**36.5%**	**36.4%**
	node2vec ($p=0.5, q=2$)	35.0%	35.1%	35.1%	35.1%
	COSINE-N2V ($p=0.5, q=2$)	**36.1%**	**36.4%**	**36.5%**	**36.5%**
	$\mathrm{LINE_{2nd}}$	35.1%	35.2%	35.3%	35.3%
	$\mathrm{COSINE-LINE_{2nd}}$	**36.0%**	**36.2%**	**36.3%**	**36.2%**

（1）COSINE 框架在节点分类上一致且显著地改善了所有基线方法. 在 YouTube 上，COSINE 使 Micro-F1 相对于所有基线方法提升至少 13%，Macro-F1 提升至少 24%. 在 Flickr 网络中，COSINE 使 Micro-F1 比所有基线方法至少高出 2%，Macro-F1 提升至少 6%. 在 Yelp 网络中，我们可以看到分类效果并没有随着训练比率的增加而发生很大的变化，这可以解释为网络结构信息和节点标签之间的关系较弱，而链接预测的结果证明了 COSINE 能够保证 Yelp 数据集中网络嵌入的质量.

（2）$\mathrm{LINE_{2nd}}$ 只考虑了网络中的二阶邻近度. 正如之前的工作（Dalmia et al., 2018）所示，与 DeepWalk 和 node2vec 相比，当网络结构稀疏如 YouTube 时，$\mathrm{LINE_{2nd}}$ 的性能不佳. COSINE 在训练前对高阶邻近度进行编码，有助于让 $\mathrm{LINE_{2nd}}$ 在稀疏网络中达到相当的性能.

（3）对于使用 COSINE 的 node2vec，所有网络的最佳返回参数 q 都不超过 1，这说明局部结构对模型训练的作用不大. 处于同一局部结构的节点在训练时共享部分参数，所以不需要重新访问邻居节点，这与我们的框架设计是一致的.

综上所述，COSINE 框架在训练前有效地编码了高阶邻近度，这对参数共享至关重要. 在有限的内存使用下，参数共享提高了基线方法的效果. 另外，COSINE 能够适应各种社交网络，无论它们是稀疏的还是稠密的. 此外，COSINE 是一个通用框架，可以与任意基线方法相结合.

8.3.5 可扩展性

如前所述，我们需要找到使模型收敛的最佳样本数. 一个具备高可扩展性的模型应该需要更少的样本来实现更好的性能. 在图 8.3中，我们记录了在 YouTube 网络上节点分类（10% 训练比率）、链接预测性能和训练样本数的关系.

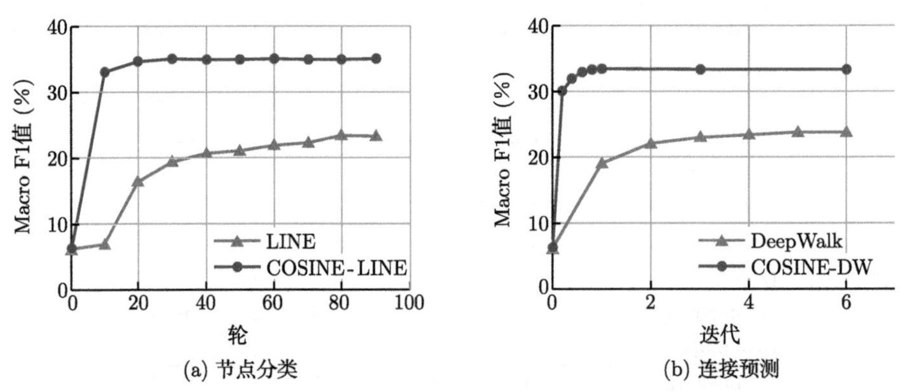

图 8.3 YouTube 数据集上节点分类性能与样本数量的关系

如图 8.3 所示，在训练开始前，压缩模型和未压缩模型的分类性能是一样的，这意味着图划分的结果在刚开始时是无用的. 虽然最初的 Macro-F1 值相同，但使用图划分的压缩模型的性能增长得更快，相比于未压缩模型收敛得也更快. 此外，压缩模型可以使用较少的训练数据收敛并超过未压缩模型，例如，10 轮迭代的 COSINE-LINE 比 90 轮迭代的 LINE 性能高出 40%.

在训练开始前，压缩模型和未压缩模型的链接预测性能是不同的，这意味着图划分的结果在刚开始时就是有用的. 可以看到压缩模型同样比未压缩模型收敛得更快，但增长速度几乎相同. 我们得出以下结论.

（1）与原模型相比，压缩后的模型一致并大幅减少了训练样本，验证了在训练前引入图划分结果的重要性：图划分可以编码网络的高阶邻近度，这对基线方法来说是很难学习到的.

（2）对于采用 COSINE 框架的模型，两个评估任务所需的最佳样本数非常接近；而未压缩模型的最佳样本数有时相差很大. 这表明 COSINE 提高了模型在不同任务间的稳定性.

因此，图划分和参数共享有助于基线方法更快地从数据中学习，并减少了对训练样本的需求. 我们将在后面详细讨论图划分和参数共享的时间成本，以展示 COSINE 的时间效率.

8.3.6 时间效率

在本节中，我们将探讨 COSINE 框架在 3 个大规模网络上的时间效率. 我们在一台 12 核的机器上进行网络嵌入训练，图 8.4a 展示了关于 LINE 压缩模型和未压缩模型的收敛运行时间. 我们观察到，COSINE 在 3 个数据集上的运行时间明显减少了至少 20%. 图 8.4b 显示了 DeepWalk 的压缩模型和未压缩模型的运行时间收敛情况，其中包含训练时间和游走时间. 由于 COSINE-DW 从训练到收敛所需的游走次数较少，COSINE-DW 的游走时间也比 DeepWalk 少. COSINE 也减少了 DeepWalk 的运行时间，而 node2vec 的结果与 DeepWalk 相似，因为它们都是基于随机游走的方法. 从图 8.4中我们可以看出，通过参数共享和减少训练样本，COSINE 加速了 LINE 和 DeepWalk 在这 3 个数据集上的训练过程.

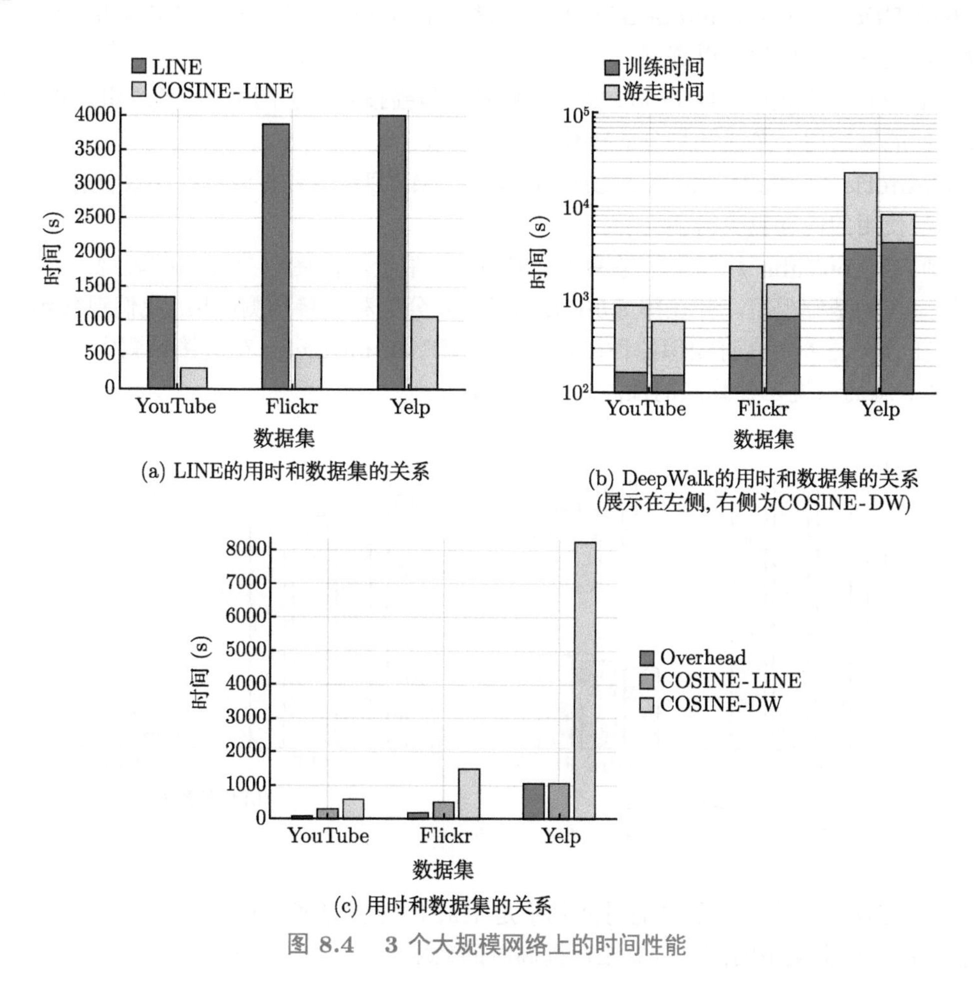

(a) LINE的用时和数据集的关系

(b) DeepWalk的用时和数据集的关系(展示在左侧, 右侧为COSINE-DW)

(c) 用时和数据集的关系

图 8.4 3 个大规模网络上的时间性能

除了压缩模型的运行时间，我们还研究了图划分和组映射的开销. 在图 8.4中，我们记录了 3 个数据集上预处理的开销和压缩模型的运行时间. 我们观察到，YouTube 和 Flickr 数据集上预处理的影响很小. 在 Yelp 数据集上，预处理开销接近于 COSINE-LINE 的训练时间，与 COSINE-DW 的时间相比则非常小. 当我们把预处理开销加到 COSINE-LINE 在 Yelp 上的运行时间时，我们发现总时间也减少了 70%，这体现了 COSINE 的高效率. 综上所述，COSINE 可以一致且显著地减少基线的运行时间，预处理的开销对总时间的影响很小.

8.3.7 不同的图划分算法

在本节中，我们研究了 3 种图划分算法，并讨论了不同算法的影响.

KaFFPa（Sanders and Schulz, 2011）是一个多级图划分框架，对多级方案做出了一些改进，使图划分质量得以提高.

ParHIP（Meyerhenke et al., 2017）将标签传播技术用于图聚类. 通过引入规模约束，标签传播能够适用于多级图划分的粗化和细化阶段.

mt-metis（LaSalle and Karypis, 2013）是 METIS 的并行版本，不仅优化了划分时间，而且使用的内存也少得多.

我们在 YouTube 数据集上考察了 COSINE 基于不同图划分算法的表现. 我们选择 LINE_{2nd} 作为基础模型，并在图 8.5中展示了节点分类和链接预测结果. 我们观察到，这 3 种算法在分类任务中具有相似的性能，而 ParHIP 和 mt-metis 在链接预测中的性能优于 KaFFPa. 总的来说，各算法的性能之间差别不大.

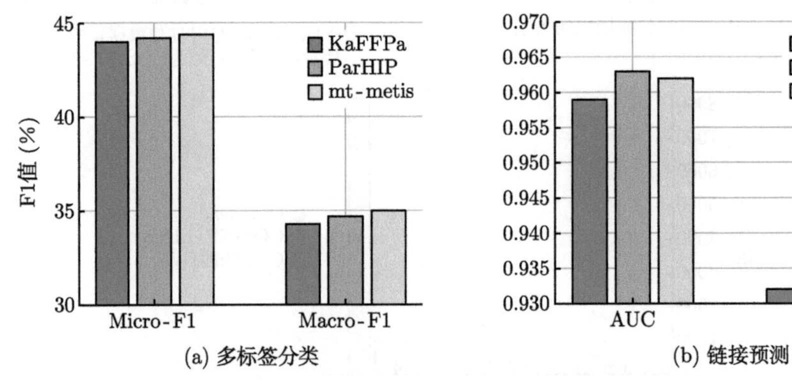

(a) 多标签分类 (b) 链接预测

图 8.5 YouTube 网络上的节点分类、链接预测性能与图划分算法的关系

mt-metis 算法完成图划分的时间几乎是 KaFFPa 的 10%. 因此，我们选择 mt-metis 作为 COSINE 框架中的图划分算法以提高时间效率.

8.4 扩展阅读

在注重效率的网络嵌入方法方面，有一些工作与 COSINE 密切相关.

HARP（Chen et al., 2017）对图进行粗化，得到一个由超节点组成的新图. 之后，网络嵌入方法被用于学习超节点的表示. 学习到的表示则被用作超节点组成节点的初始化. 最后，网络嵌入方法再次对更细粒度的子图进行操作以完成表示学习. 与 HARP 相比，MILE（Liang et al., 2018）和 GraphZoom（Deng et al., 2019）实现了嵌入细化，以较低的计算成本学习更好的节点表示，Akbas and Aktas（2019）直接使用超节点表示作为节点表示. RandNE（Zhang et al., 2018a）采用高斯随机投影技术来保留节点之间的高阶邻近度，并降低时间复杂度. ProNE（Zhang et al., 2019a）构建了一个两步法的高效网络嵌入范式，即首先通过稀疏矩阵分解初始化网络嵌入，然后通过传播增强表示. NetSMF（Qiu et al., 2019）将大规模网络嵌入视为稀疏矩阵分解，从而更容易被加速. 然而，这些方法仍然遵循嵌入查找的设置，我们的框架设法减少了内存使用并提高了效率.

一般来说，减少内存使用以提高效率的想法同样与模型压缩有关.

模型压缩的重点是建立一个轻量级的原模型的近似. 原模型的大小被缩减，同时保留了准确性. 对卷积神经网络的压缩已经有了广泛的研究，主要可以分为以下 3 个分支.

（1）低秩矩阵/张量分解（Denil et al., 2013; Jaderberg et al., 2014; Sainath et al., 2013）假设网络的权重矩阵都存在低秩近似.

（2）网络剪枝（Han et al., 2015a,b; See et al., 2016; Zhang et al., 2017b）删除了神经网络中的无用权重，使网络变得稀疏.

（3）网络量子化则减少了表示每个权重所需的比特数，如 HashedNet（Chen et al., 2015）和 QNN（Hubara et al., 2016）. 此外，也有一些压缩词表示的技术. 基于字符的神经语言模型（Botha et al., 2017; Kim et al., 2016）减少了词表大小，但对于词汇量大的东亚语言，如中文和日文，则很难被采用. 为了解决这一问题，Shu 和 Nakayama （2017）采用了各种涉及剪枝和深度组合编码的方法，用少数基向量构建表示. 此外，Word2Bits（Lam, 2018）用量子化函数对 word2vec（Mikolov et al., 2013b）进行了扩展，表明用该函数进行训练可以起到正则化的作用.

本章的部分内容摘自我们 2020 年发表于 TKDE 的论文（Zhang et al., 2020）.

第9章　面向异质图的网络嵌入

在现实中，许多网络通常具有多种类型的节点和边，称为异质信息网络（Heterogeneous Information Network, HIN）. 面向异质图的网络嵌入旨在将多种类型的节点表示到一个低维空间. 尽管大多数异质图嵌入方法都考虑了图中的异质关系，但它们通常对所有关系都采用单一模型进行建模，这不可避免地限制了网络嵌入的能力. 在本章中，我们考虑了异质关系的结构特征，并提出了一个新颖的关系结构感知的异质信息网络嵌入模型（Relation structure-aware Heterogeneous Information Network Embedding, RHINE）. 通过对现实世界的网络进行深入的数学分析，我们提出了两个与结构有关的测量方法，将异质关系一致地分为两个类别：附属关系（Affiliation Relation, AR）和交互关系（Interaction Relation, IR）. 为了建模关系的独特特征，我们提出不同的模型分别处理 RHINE 中的附属关系和交互关系，从而更好地捕捉网络的结构和语义. 最后，我们以统一的方式结合并优化这些模型. 在 3 个真实世界数据集上进行的实验表明，我们的模型在各种任务中明显优于以前的方法，包括节点聚类、链接预测和节点分类.

9.1　概述

现实中的网络通常具有多种类型的节点和边，被称为异质信息网络（Shi et al., 2017; Sun et al., 2011）. 以 DBLP 网络为例，如图 9.1a 所示，它包含 4 种类型的节点——作者（记作 A）、论文（记作 P）、会议（记作 C）和术语（记作 T），以及多种类型的关系，如（被）写作、（被）发表关系等. 此外，还有一些由元路径表示的复合关系（Sun et al., 2011），如 APA（共同作者关系）和 APC（作者撰写在会议上发表的论文），它们被广泛用于挖掘异质信息网络中的丰富语义. 因此，与同质网络相比，异质图融合了更多信息，包含更丰富的语义. 直接应用传统的同质模型来训练异质信息网络，不可避免地会导致下游任务的性能下降.

为了对网络异质性建模，人们对异质图嵌入做了一些尝试. 例如，一些模型采用基于元路径的随机游走来生成节点序列，以优化节点之间的相似性（Dong et al., 2017; Fu et al., 2017; Shang et al., 2016）. 一些方法将异质网络分解成简单的网络，然后优化每个子网络中节点之间的邻近度（Shi et al., 2018; Tang et al., 2015a; Xu et al., 2017）. 还有一些基于神经网络的方法，学习非线性映射函数进行异质图表示（Chang et al., 2015; Han et al.,

2018; Wang et al., 2018a; Zhang et al., 2017a）. 尽管这些方法考虑了网络的异质性，但它们通常有一个假设，即通过保持两个节点的表征相近，单一模型可以处理所有关系和节点，如图 9.1b 所示.

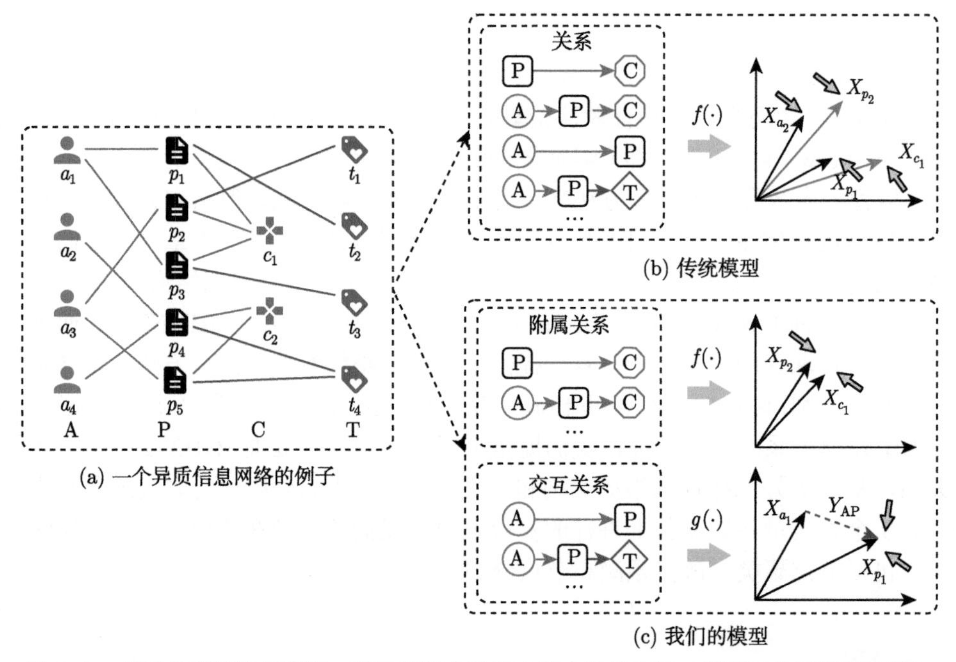

图 9.1 异质信息网络示意图，以及传统方法和本节方法的比较（是否对关系进行区分）

然而，异质网络中的各种关系具有明显不同的结构特征，应该用不同的模型来处理. 让我们来看图 9.1a 中的一个简单示例. 网络中的关系包括原子关系（如 AP 和 PC）和复合关系（如 APA 和 APC）. 直观地说，AP 关系和 PC 关系在结构上显示出相当不同的特点. 也就是说，一些作者在 AP 关系中写了一些论文，这显示了一种对等的结构. 而在 PC 关系中，许多论文在一个会议上发表，揭示了一种中心式的结构. 同样，APA 和 APC 分别表示对等结构和中心式的结构. 这些直观的示例清楚地说明，异质图中的关系确实具有不同的结构特征.

由于存在以下挑战，在异质图嵌入中考虑关系的不同结构特性并不容易.

（1）如何区分异质图中关系的结构特征？异质图中涉及不同结构的各种关系（原子关系或元路径），需要有可量化和可解释的标准来探索关系的结构特征并对其进行区分.

（2）如何捕捉不同类别的关系的独特结构特征？由于各种关系具有不同的结构，使用单一模型对它们进行建模可能会导致一些信息损失. 我们需要专门设计合适的模型，捕捉它们的独特特征.

（3）建模不同关系的模型应该易于结合使用，以保证在统一的方式下进行优化.

在本章中，我们提出了一种新的异质网络表示模型——关系结构感知的异质图嵌入. 具体来说，我们首先通过全面的数学分析，探讨了异质图中关系的结构特征，并提出了两个与结构相关的测量方法，用于将各种关系一致地区分为两类. 附属关系具有中心式的结构，而交互关系具有对等结构. 为了捕捉这些关系的独特结构特征，我们提出了两个专门设计的模型. 对于节点具有相似属性的附属关系（Yang and Leskovec, 2012），我们以欧氏距离作为节点之间的邻近度，从而使节点在低维空间中直接接近. 另一方面，对于连接两个节点的交互关系，我们将其建模为节点间的平移. 由于这两个模型在数学形式上是一致的，所以它们可以以统一的方式进行优化. 我们进行了全面实验以评估该模型的性能. 实验结果表明，RHINE 在各种任务中性能明显优于以往的网络嵌入模型.

9.2 方法：关系结构感知的异质图嵌入

在本节中，我们将介绍一些基本概念，并形式化异质图嵌入的问题. 然后提出 RHINE，它能用不同的模型分别处理两类关系（AR 和 IR），以保留它们不同的结构特征，如图 9.1c 所示.

9.2.1 问题形式化

异质信息网络. 异质信息网络的定义为图 $G=(V,E,T,\phi,\varphi)$，其中 V 和 E 分别是节点和边的集合. 每个节点 v 和边 e 都分别有一个类型映射函数 $\phi: V\rightarrow T_V$ 和 $\varphi: E\rightarrow T_E$. T_V 和 T_E 代表节点和边的类型集合，其中 $|T_V|+|T_E|>2$，$T=T_V\cup T_E$.

元路径. 一条元路径 $m\in M$ 的定义为节点类型 t_{v_i} 或边类型 t_{e_j} 的一组序列，形式为 $t_{v_1}\xrightarrow{t_{e_1}}t_{v_2}\xrightarrow{t_{e_2}}\cdots\xrightarrow{t_{e_l}}t_{v_{l+1}}$（缩写为 $t_{v_1}t_{v_2}\cdots t_{v_l+1}$），它描述了 v_1 和 v_{l+1} 间的复合关系.

节点–关系三元组. 在异质信息网络 G 中，关系 R 包括原子关系（如边）和复合关系（如元路径）. 一个节点–关系三元组 $\langle u,r,v\rangle\in P$，描述了两个节点 u 和 v 被一个关系 $r\in R$ 所连接. 这里，P 代表所有节点–关系三元组集合.

图 9.1a 中，$\langle a_2,\mathrm{APC},c_2\rangle$ 是一个节点–关系三元组，意味着 a_1 写了一篇发表在 c_2 上的论文.

异质信息网络嵌入. 给定异质信息网络 $G=(V,\ E,\ T,\ \phi,\ \varphi)$，异质网络嵌入的目标是得到一个将节点 $v\in V$ 映射到一个低维向量 $\mathbb{R}^d$ 的映射函数 $f: V\rightarrow\mathbb{R}^d$，其中 $d\ll|V|$.

9.2.2 数据观察

在本小节中，我们首先描述了 3 个真实的异质信息网络，并分析了其中关系的结构特征. 然后，我们提出了两个与结构有关的衡量标准，它们可以一致地量化区分各种关系.

1. 数据集描述

在分析关系的结构特征之前，我们首先简要介绍本章使用的 3 个数据集，包括 DBLP、Yelp 和 AMiner（Tang et al., 2008）. 这些数据集的详细统计数据如表 9.1所示.

表 9.1 数据集的统计数据. t_u 表示节点 u 的类型，$\langle u, r, v\rangle$ 是一个节点–关系三元组

数据集	节点		关系 ($t_n \sim t_v$)	关系数	t_n 的平均度	t_v 的平均度	衡量指标		关系类别
	类型	数量					$D(r)$	$S(r)$	
DBLP	术语 (T)	8,811	PC	14,376	1.0	718.8	718.8	0.05	AR
	论文 (P)	14,376	APC	24,495	2.9	2089.7	720.6	0.085	AR
	作者 (A)	14,475	AP	41,794	2.8	2.9	1.0	0.0002	IR
	会议 (C)	20	PT	88,683	6.2	10.7	1.7	0.0007	IR
			APT	260,605	18.0	29.6	1.6	0.002	IR
Yelp	用户 (U)	1,286	BR	2,614	1.0	1307.0	1307.0	0.5	AR
	服务 (S)	2	BS	2,614	1.0	1307.0	1307.0	0.5	AR
	商家 (B)	2,614	BL	2,614	1.0	290.4	290.4	0.1	AR
	星级 (L)	9	UB	30.838	23.9	11.8	2.0	0.009	IR
	预定 (R)	2	BUB	528,332	405.3	405.3	1.0	0.07	IR
AMiner	论文 (P)	127,623	PC	127,623	1.0	1263.6	1264.6	0.01	AR
	作者 (A)	164,472	APC	232,659	2.2	3515.6	1598.0	0.01	AR
	参考文献 (R)	147,251	AP	355,072	2.2	2.8	1.3	0.00002	IR
	会议 (C)	101	PR	392,519	3.1	2.7	1.1	0.00002	IR
			APR	1,084,287	7.1	7.9	1.1	0.00004	IR

DBLP 是一个学术网络，包含 4 种类型的节点——作者（A）、论文（P）、会议（C）和术语（T）. 我们根据 {AP, PC, PT, APC, APT} 的关系集来提取节点–关系三元组. Yelp 是一个社交网络，它包含 5 种类型的节点——用户（U）、商家（B）、预订（R）、服务（S）和星级（L）. 我们考虑的关系是 {BR, BS, BL, UB, BUB}. AMiner 也是一个学术网络，它包含 4 种类型的节点——作者（A）、论文（P）、会议（C）和参考文献（R）. 我们考虑的关系是 {AP, PC, PR, APC, APR}. 我们实际上可以根据元路径来分析所有关系，但并不是所有元路径都对表示有积极作用（Sun et al., 2013）. 因此，按照以前的工作（Dong et al., 2017; Shang et al., 2016），我们选择重要和有意义的元路径.

2. 附属关系和交互关系

为了探索关系的结构特征，我们对上述数据集进行了分析.

由于节点的度数可以很好地反映网络的结构（Wasserman and Faust, 1994），我们定义了一个基于度数的衡量标准 $D(r)$ 来研究异质网络中各种关系的区别. 具体来说，我们

考虑与关系 r 相连的两类节点的平均度数（$D(r) \geqslant 1$），然后用较大的平均度数除以较小的平均度数. 形式上，给定一个带有节点 u 和 v 的关系 r（即节点关系三元组 $\langle u, r, v\rangle$），t_u 和 t_v 是 u 和 v 的节点类型，我们定义 $D(r)$ 如下：

$$D(r) = \frac{\max\left[\bar{d}_{t_u}, \bar{d}_{t_v}\right]}{\min\left[\bar{d}_{t_u}, \bar{d}_{t_v}\right]}, \tag{9.1}$$

其中，$\bar{d}_{t_u}$ 和 $\bar{d}_{t_v}$ 分别是节点类型为 t_u 和 t_v 的平均度数.

$D(r)$ 值较大表示通过关系 r 连接的两类节点的结构角色不对等（中心式），而 $D(r)$ 值较小表示两类节点地位相当（对等关系）. 换句话说，$D(r)$ 值大的关系显示出更强的附属关系，通过这种关系连接的节点共享更多的相似属性（Faust, 1997）. 而 $D(r)$ 值小的关系则意味着更强的交互关系. 因此，我们把这两类关系分别称为*附属关系*和*交互关系*.

为了更好地理解各种关系之间的结构差异，我们以 DBLP 网络为例进行介绍. 如表 9.1 所示，对于 $D(\mathrm{PC}) = 718.8$ 的关系 PC，P 类型的节点的平均度是 1.0，而 C 类型的节点的平均度是 718.8. 这表明，论文和会议在结构上是不对等的，且论文是以会议为中心的. 而 $D(\mathrm{AP}) = 1.1$ 表明，作者和论文在结构上是对等的，这与我们的常识是一致的. 从语义上讲，PC 关系意味着“*论文是在会议上发表的*”，表示一种附属关系. 不同的是，AP 意味着“*作者写论文*”，明确地描述了一种交互关系.

事实上，我们也可以定义一些其他衡量方法来捕捉结构上的差异. 例如，我们可以用稀疏度来比较关系，定义如下：

$$S(r) = \frac{N_r}{N_{t_u} \times N_{t_v}}, \tag{9.2}$$

其中，N_r 代表了对应关系 r 的关系实例数量，N_{t_u} 和 N_{t_v} 分别指类型为 t_u 和 t_v 的节点的数量. 该衡量方法也可以一致地将关系分为两类：附属关系和交互关系. 3 个异质图中所有关系的详细统计见表 9.1.

附属关系和交互关系表现出相当明显的不同特征：

（1）附属关系表示一个中心式的结构，其中端点类型的平均度数是极其不同的；

（2）交互关系描述了对等结构，其中端点类型的平均度数是相当的.

9.2.3 基本思想

通过探索和分析，我们发现异质关系通常可以划分为具有不同结构特征的附属关系和交互关系两类. 考虑它们的不同特征，我们需要为不同类别的关系专门设计不同而又合适的模型.

对于附属关系，我们采用欧氏距离作为衡量相连节点在低维空间中邻近度的指标. 这背后有两个动机：首先，附属关系表明通过这种关系连接的节点具有相似的属性（Faust,

1997; Yang and Leskovec, 2012)，因此通过附属关系连接的节点可以在向量空间中直接接近对方，这也与欧氏距离的优化相一致（Danielsson, 1980）；其次，异质网络嵌入的目标之一是保留高阶邻近度，而欧氏距离可以确保一阶和二阶邻近度都得以保留，因为它符合三角不等式的条件（Hsieh et al., 2017）.

与附属关系不同的是，交互关系表示对等节点之间的强交互，其本身包含两个节点的重要结构信息. 因此，我们提出将交互关系建模为低维向量空间中节点之间的平移. 此外，基于平移的距离在数学形式上与欧几里得距离一致（Bordes et al., 2013）. 因此，它们可以以一种统一的、优雅的方式顺利地结合起来.

9.2.4 附属关系和交互关系的建模

在本小节中，我们将介绍 RHINE 中分别用于附属关系和交互关系的两种不同的模型.

附属关系的欧几里得距离： 通过附属关系连接的节点具有相似的属性（Faust, 1997），因此节点在向量空间中可以直接接近. 我们以欧几里得距离作为通过附属关系连接的两个节点的邻近度度量.

形式上，给定一个附属关系节点–关系三元组 $\langle p, s, q\rangle \in P_{\mathrm{AR}}$，其中 $s \in R_{\mathrm{AR}}$ 是 p 和 q 之间的关系，权重为 w_{pq}，p 和 q 之间在向量空间的距离计算如下：

$$f(p,q) = w_{pq}||\boldsymbol{X}_p - \boldsymbol{X}_q||_2^2, \tag{9.3}$$

其中 $\boldsymbol{X}_p \in \mathbb{R}^d$ 和 $\boldsymbol{X}_q \in \mathbb{R}^d$ 分别是 p 和 q 的表示向量. 由于 $f(p,q)$ 量化了 p 和 q 在低维向量空间中的距离，我们的目标是最小化 $f(p,q)$，以确保由附属关系连接的节点应该是相互靠近的. 因此，我们定义基于间隔的损失函数（Bordes et al., 2013）：

$$L_{\mathrm{EuAR}} = \sum_{s\in R_{\mathrm{AR}}} \sum_{\langle p,s,q\rangle \in P_{\mathrm{AR}}} \sum_{\langle p',s,q'\rangle \in P'_{\mathrm{AR}}} \max[0, \gamma + f(p,q) - f(p',q')], \tag{9.4}$$

其中 $\gamma > 0$ 是间隔超参数. P_{AR} 是正向附属关系的节点–关系三元组的集合，而 P'_{AR} 是反向附属关系的节点–关系三元组的集合.

基于平移的交互关系的距离： 交互关系在具有对等结构角色的节点之间表现出强相互作用. 因此，不同于附属关系，我们明确地将交互关系建模为节点之间的平移.

形式上，给定一个交互关系的节点–关系三元组 $\langle u, r, v\rangle$，其中 $r \in R_{\mathrm{IR}}$，权重为 w_{uv}，我们定义得分函数为

$$g(u,v) = w_{uv}||\boldsymbol{X}_u + \boldsymbol{Y}_r - \boldsymbol{X}_v||, \tag{9.5}$$

其中，$\boldsymbol{X}_u$ 和 $\boldsymbol{X}_v$ 分别是 u 和 v 的节点表示，$\boldsymbol{Y}_r$ 是关系 r 的表示. 直觉上，这个分数函数惩罚了 $(\boldsymbol{X}_u + \boldsymbol{Y}_r)$ 与向量 $\boldsymbol{X}_v$ 的偏差.

对于每个交互关系的节点–关系三元组 $\langle u, r, v\rangle \in P_{\mathrm{IR}}$，我们定义基于间隔的损失函数如下：

$$L_{\mathrm{TrIR}} = \sum_{r\in R_{\mathrm{IR}}} \sum_{\langle u,r,v\rangle\in P_{\mathrm{IR}}} \sum_{\langle u',r,v'\rangle\in P'_{\mathrm{IR}}} \max[0, \gamma + g(u,v) - g(u',v')], \tag{9.6}$$

其中，P_{IR} 是正向交互关系的节点–关系三元组的集合，而 P'_{IR} 是反向交互关系的节点–关系三元组的集合.

9.2.5 异质图嵌入的统一模型

最后，我们通过最小化以下损失函数，将不同类别关系的两个模型结合起来.

$$\begin{aligned} L &= L_{\mathrm{EuAR}} + L_{\mathrm{TrIR}} \\ &= \sum_{s\in R_{\mathrm{AR}}} \sum_{\langle p,s,q\rangle\in P_{\mathrm{AR}}} \sum_{\langle p',s,q'\rangle\in P'_{\mathrm{AR}}} \max[0, \gamma + f(p,q) - f(p',q')] \\ &+ \sum_{r\in R_{\mathrm{IR}}} \sum_{\langle u,r,v\rangle\in P_{\mathrm{IR}}} \sum_{\langle u',r,v'\rangle\in P'_{\mathrm{IR}}} \max[0, \gamma + g(u,v) - g(u',v')]. \end{aligned}$$

采样策略：如表 9.1所示，附属关系和交互关系的分布相当不平衡. 更重要的是，在附属关系和交互关系中，关系的比例是不平衡的. 传统的边采样可能存在对稀疏关系的抽样不充分或对常见关系抽样过度的问题. 为了解决这些问题，我们根据它们的概率分布来抽取正样本. 至于负样本，我们按照以前的工作（Bordes et al., 2013）来为正节点–关系三元组 (u, r, v) 构建一组负节点–关系三元组 $P'_{(u,r,v)} = \{(u', r, v)|u' \in V\} \cup \{(u, r, v')|v' \in V\}$，其中头或尾节点可以被随机节点替换，但两者不能同时被替换.

9.3 实验分析

在本节中，我们将进行大量实验以证明 RHINE 的有效性.

9.3.1 数据集

如第 9.2.2 小节所述，我们将对 3 个数据集进行实验，包括 DBLP、Yelp 和 AMiner. 其统计数据见表 9.1.

9.3.2 基线方法

我们将 RHINE 与 6 种典型的网络嵌入方法进行比较.

- **DeepWalk**（Perozzi et al., 2014）对网络进行随机游走，然后通过 Skip-Gram 模型学习低维节点向量.

- **LINE**（Tang et al., 2015b）考虑了网络中的一阶和二阶邻近度. 我们把只使用一阶或二阶邻近度的模型分别表示为 LINE-1st 或 LINE-2nd.
- **PTE**（Tang et al., 2015a）将异质图分解为一组二部图，然后学习该网络的低维表示.
- **ESim**（Shang et al., 2016）以将一组给定的元路径作为输入来学习一个低维向量空间. 为了进行公平的比较，我们在 Esim 和我们的模型 RHINE 中使用相同的元路径，并且权重相等.
- **HIN2Vec**（Fu et al., 2017）通过联合进行多个预测训练任务，学习异质图中节点和元路径的嵌入向量.
- **metapath2vec**（Dong et al., 2017）利用基于元路径的随机游走和 Skip-Gram 模型来进行节点表示. 我们分别在 DBLP、Yelp 和 AMiner 中使用元路径 APCPA、UBSBU 和 APCPA，它们在评测中表现最好.

9.3.3 参数设置

为了公平比较，我们为所有模型设置表示维度 $d = 100$，负样本大小 $k = 3$. 对于 DeepWalk、HIN2Vec 和 metapath2vec，我们设定每个节点的游走次数 $w = 10$，游走步长 $l = 100$ 和窗口大小 $\tau = 5$. 对于 RHINE，设置间隔 $\gamma = 1$.

9.3.4 节点聚类

我们利用 k 均值对节点进行聚类，并以标准化互信息（Shi et al., 2014）来评测结果. 如表 9.2所示，我们的模型 RHINE 明显优于所有比较方法.

表 9.2 节点聚类的实验结果

方法	DBLP	Yelp	AMiner
DeepWalk	0.3884	0.3043	0.5427
LINE-1st	0.2775	0.3103	0.3736
LINE-2nd	0.4675	0.3593	0.3862
PTE	0.3101	0.3527	0.4089
ESim	0.3449	0.2214	0.3409
HIN2Vec	0.4256	0.3657	0.3948
metapath2vec	0.6065	0.3507	0.5586
RHINE	**0.7204**	**0.3882**	**0.6024**

（1）与最好的竞争对手相比，我们的模型 RHINE 在 DBLP、Yelp 和 AMiner 上的聚类性能分别提高了 18.79%、6.15% 和 7.84%. 这证明了模型 RHINE 通过区分异质图中具

有不同结构特征的各种关系的有效性. 此外，它还验证了我们为不同类别的关系设计了适合的模型.

（2）在所有的基线方法中，同质嵌入模型取得了最低的性能，因为它们忽略了关系和节点的异质性.

（3）在所有的数据集上，RHINE 明显优于其他异质图嵌入模型（即 ESim、HIN2Vec 和 metapath2vec）. 我们认为原因是 RHINE 对不同类别的关系的适当建模可以更好地捕捉异质图的结构和语义信息.

9.3.5 链接预测

我们将链接预测问题转化为一个二分类问题，旨在预测一个链接是否存在. 在这个任务中，我们对 DBLP 和 AMiner 进行共同作者（A-A）和作者–会议（A-C）链接预测. 对于 Yelp，我们预测用户–商家（U-B）链接，这表明用户是否对某一商家进行评论. 我们首先将原始网络随机分成训练网络和测试网络，其中训练网络包含 80% 需要预测类型的关系（即 A-A、A-C 和 U-B），测试网络包含其余关系.

表 9.3展示了链接预测任务的结果，包括 AUC 和 F1 值. RHINE 在 3 个数据集上的表现优于所有基线方法. 改进背后的原因是，我们基于欧氏距离表示关系的模型可以捕捉到一阶和二阶的邻近度. 此外，RHINE 从结构特征上将多种类型的关系分为两类，因此可以学习到更好的节点表示，有利于预测两个节点之间的复杂关系.

表 9.3 链接预测的实验结果

方法	指标									
	DBLP (A-A)		DBLP (A-C)		Yelp (U-B)		AMiner (A-A)		AMiner (A-C)	
	AUC	F1	AUC	F1	AUC	F1	AUC	F1	AUC	F1
DeepWalk	0.9131	0.8246	0.7634	0.7047	0.8476	0.6397	0.9122	0.8471	0.7701	0.7112
LINE-1st	0.8264	0.7233	0.5335	0.6436	0.5084	0.4379	0.6665	0.6274	0.7574	0.6983
LINE-2nd	0.7448	0.6741	0.8340	0.7396	0.7509	0.6809	0.5808	0.4682	0.7899	0.7177
PTE	0.8853	0.8331	0.8843	0.7720	0.8061	0.7043	0.8119	0.7319	0.8442	0.7587
ESim	0.9077	0.8129	0.7736	0.6795	0.6160	0.4051	0.8970	0.8245	0.8089	0.7392
HIN2Vec	0.9160	0.8475	0.8966	0.7892	0.8653	0.7709	0.9141	0.8566	0.8099	0.7282
metapath2vec	0.9153	0.8431	0.8987	0.8012	0.7818	0.5391	0.9111	0.8530	0.8902	0.8125
RHINE	**0.9315**	**0.8664**	**0.9148**	**0.8478**	**0.8762**	**0.7912**	**0.9316**	**0.8664**	**0.9173**	**0.8262**

9.3.6 节点分类

在这项任务中，我们采用了在节点聚类任务中使用的相同标注数据. 在学习了节点向量之后，我们用 80% 的标注节点训练一个逻辑回归分类器，并用剩余的数据进行测试. 我们使用 Micro-F1 和 Macro-F1 值作为评估指标（Dong et al., 2017）.

我们在表 9.4中总结了节点分类的结果. 可以看到以下两个特点.

（1）RHINE 在 Aminer 以外的数据集上取得了比所有基线方法更好的性能，它在 DBLP 和 Yelp 上的节点分类性能平均提高了约 4%. 在 AMiner 上，RHINE 的表现比 ESim、HIN2vec 和 metapath2vec 略差，这可能是由于过度刻画关系 PR 和 APR 的信息. 因为一个作者写的论文可能会提及不同的领域，所以这些关系可能会引入一些噪声.

（2）尽管 ESim 和 HIN2Vec 可以对异质图中多种类型的关系进行模拟，但它们在大多数情况下表现不佳. RHINE 由于考虑了各种关系的不同特性而取得了良好的性能.

表 9.4 节点分类的实验结果

方法	指标					
	DBLP		Yelp		AMiner	
	Macro-F1	Micro-F1	Macro-F1	Micro-F1	Macro-F1	Micro-F1
DeepWalk	0.7475	0.7500	0.6723	0.7012	0.9386	0.9512
LINE-1st	0.8091	0.8250	0.4872	0.6639	0.9494	0.9569
LINE-2nd	0.7559	0.7500	0.5304	0.7377	0.9468	0.9491
PTE	0.8852	0.8750	0.5389	0.7342	0.9791	0.9847
ESim	0.8867	0.8750	0.6836	0.7399	0.9910	0.9948
HIN2Vec	0.8631	0.8500	0.6075	0.7361	**0.9962**	**0.9965**
metapath2vec	0.8976	0.9000	0.5337	0.7208	0.9934	0.9936
RHINE	**0.9344**	**0.9250**	**0.7132**	**0.7572**	0.9884	0.9807

9.3.7 变体模型的比较

为了验证区分关系结构特征的有效性，我们在 RHINE 的基础上设计了以下 3 个变体模型.

- **RHINE_{Eu}** 利用欧氏距离来表示异质图而不区分关系.
- **RHINE_{Tr}** 利用平移机制对异质图中的所有节点和关系进行建模，类似 TransE（Bordes et al., 2013）.
- **RHINE_{Re}** 利用欧氏距离为交互关系建模，而对附属关系则相反，利用平移机制建模.

我们将变量模型的参数设置为与 RHINE 的参数相同. 3 个任务的结果如图 9.2所示. 我们的模型优于 RHINE_{Eu} 和 RHINE_{Tr}，表明它有利于通过区分异质关系来学习节点的表示. 此外，我们发现 RHINE_{Tr} 比 RHINE_{Eu} 取得了更好的性能. 这是由于网络中一般有更多的对等关系（即交互关系），而直接让所有节点相互靠近会导致很多信息的损失. 与反向模型 RHINE_{Re} 相比，RHINE 在所有任务上同样取得了更好的表现，这意味着附属关系与交互关系的两个模型设计得很好，可以捕捉到它们的独特特征.

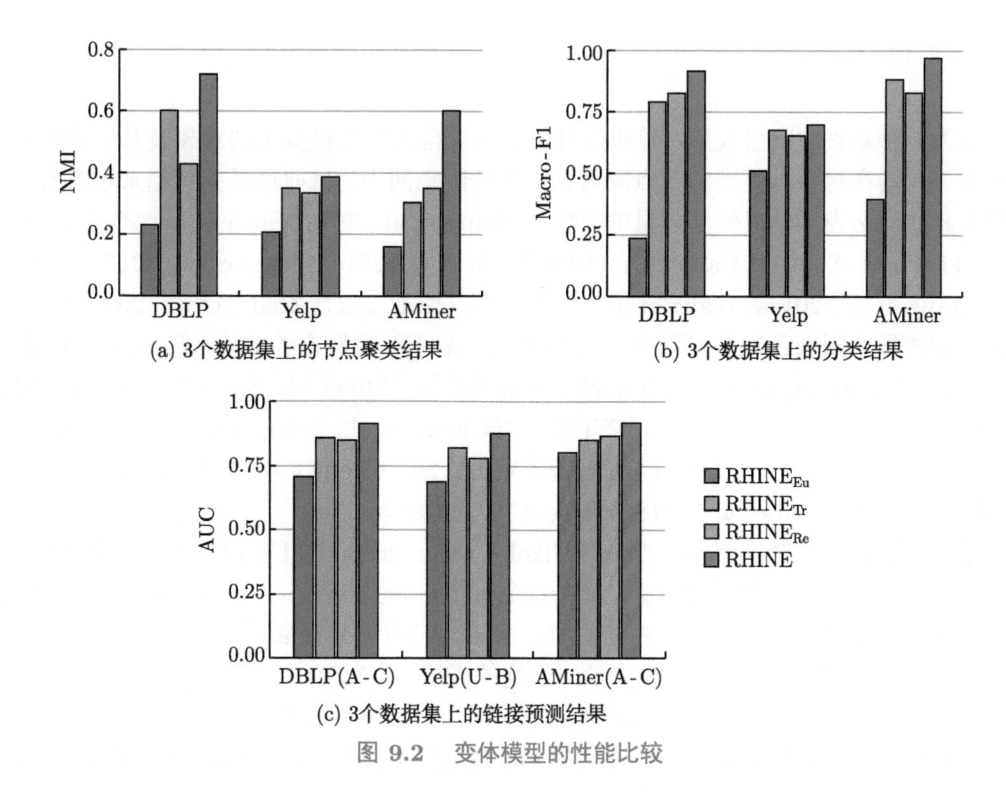

图 9.2 变体模型的性能比较

9.3.8 可视化

为了更直观地理解网络嵌入，我们在图 9.3中把用 DeepWalk、metapath2vec 和 RHINE 学习的 DBLP 中的节点（即论文）向量可视化. 可以看到，RHINE 明显地将论文节点分为 4 组，这表明 RHINE 模型通过区分图中的异质关系学会到了更好的节点表示. 相比之下，DeepWalk 几乎未把论文分组；Metapath2vec 的表现比 DeepWalk 好，但边界很模糊.

图 9.3 节点嵌入的可视化

9.4 扩展阅读

作为一种新兴的网络模型，异质信息网络可以自然地建模复杂的对象及其丰富的关系. 异质图嵌入旨在将多种类型的节点映射到一个低维空间中，目前已经受到越来越多的关注. 人们对异质网络表示学习做了大量的研究（Chang et al., 2015; Chen et al., 2018; Dong et al., 2017; Fu et al., 2017; Han et al., 2018; Jacob et al., 2014; Shang et al., 2016; Shi et al., 2018; Tang et al., 2015a; Wang et al., 2018a; Xu et al., 2017; Zhang et al., 2017a）. 广义上讲，这些异质图嵌入方法可以分为 4 种类型：基于随机游走的方法（Dong et al., 2017; Fu et al., 2017; Shang et al., 2016)、基于分解的方法（Shi et al., 2018; Tang et al., 2015a; Xu et al., 2017)、基于深度神经网络的方法（Chang et al., 2015; Han et al., 2018; Wang et al., 2018a; Zhang et al., 2017a）和任务特定的方法（Chen et al., 2018; Han et al., 2018; Jacob et al., 2014; Shi et al., 2018; Wang et al., 2018a）.

基于随机游走方法受到 word2vec（Mikolov et al., 2013a,b）的启发，要求一个节点的向量应该能够重构其邻域节点的向量，此处的邻域节点由共现率定义. metapath2vec（Dong et al., 2017）形式化基于元路径的随机游走来构建节点的异质邻域，并利用 word2vec 的 Skip-Gram（Mikolov et al., 2013）来学习网络的表示. HIN2Vec（Fu et al., 2017）进行随机游走，并通过联合进行多个预测训练任务来学习节点和元路径的嵌入向量. ESim（Shang et al., 2016）在异质图上基于用户定义的元路径进行随机游走，并通过最大化元路径实例的概率来学习实例中出现的节点向量表示.

基于分解的方法将一个异质图分解为多个简单的同质网络，并分别将这些网络表示到低维空间. 作为 LINE 的延伸，PTE（Tang et al., 2015a）将异质图分解为一组二部图，然后使用 LINE 分别学习网络嵌入. EOE（Xu et al., 2017）将复杂的学术异质网络分解为一个词共现网络和一个作者合作网络，并同时对子网络中的节点对进行表示学习.

基于深度神经网络的方法得益于深度模型强大的建模能力，采用不同的深度神经模型，如多层感知机、卷积网络和自编码器等对异质数据进行建模. 例如，HNE（Chang et al., 2015）利用卷积网络和多层感知机分别提取文本和图像数据的特征，然后通过转移矩阵将不同类型的数据投射到同一空间，以克服对异质数据建模的挑战. SHINE（Wang et al., 2018a）利用自编码器分别对社交网络、情感网络和肖像网络中的异质信息进行编码和解码，得到特征表示，然后通过聚合函数融合这些表示，得到最终的节点表示.

任务特定的方法主要通过对异质图的表示学习来解决一个特定的任务（如链接预测或推荐）. 为了预测异质图中不同类型的节点之间的链接，PME（Chen et al., 2018）将不同类型的节点投射到同一关系空间，并进行异质链接预测. 对于电子商务中的推荐，HERec（Shi et al., 2018）将矩阵分解与异质信息网络表示结合起来，并预测物品的评分. Fan 等人（2018）提出了表示模型 metagraph2vec，其中结构和语义都被最大限度地保留，用于恶意软件检测.

总而言之，上述所有模型在处理各种关系时都没有区分它们的不同特性，而是用一个单一模型来处理它们. 据我们所知，我们首次尝试探索了异质图中关系的不同结构特性，并提出了两个与结构相关的度量标准，它们可以一致地将异质关系区分为附属关系和交互关系.

本章的部分内容摘自我们 2019 年于美国人工智能协会（American Association for Advance of Artificial Intelligence, AAAI）会议发表的论文（Lu et al., 2019）.

第四部分

网络嵌入应用

第10章　面向社会关系抽取的网络嵌入

传统的网络嵌入模型通过简单地将每条边视为一个二元或实数值来学习低维节点表示. 然而边上通常存在丰富的语义信息，节点之间的交互也会包含不同的含义，这在很大程度上被现有模型忽略了. 在本章中，我们提出了以网络嵌入为主体的 TransNet 算法，将节点之间的交互看作一种平移操作. 此外，我们将形式化社会关系抽取（Social Relation Extraction, SRE）任务，以评估网络嵌入方法对节点间关系建模的能力. 社会关系抽取任务的实验结果表明，TransNet 的性能相比其他基线方法提高了 10%~20%.

10.1　概述

现有的网络嵌入模型大多忽略了图中边的语义信息. 边是网络中必不可少的组成部分之一，但在传统方法和大多数网络分析任务中，边通常被简化为二元或实数值. 很明显，这种简化不能很好地建模丰富的边信息. 在真实世界的网络中，节点之间的交互通常蕴含着丰富且多样的含义. 例如，社交媒体中，对于同一个用户的关注行为可能出于不同的原因；学术合作网络中，两个研究者与另外的研究者的合作行为也可能出于不同的研究兴趣. 因此，将边上丰富的关系信息引入网络嵌入非常有必要.

在本章中，我们提出了 SRE 任务，以建模和预测社交网络的社会关系. 社会关系抽取类似于知识图谱（Knowledge Graph, KG）中的关系抽取，其中最常用的方法是 TransE（Bordes et al., 2013）等知识表示学习模型. 不同之处在于，社会关系抽取中通常没有预定义好的关系类别，节点之间的关系通常隐藏在它们的交互文本中（如两位研究者的合著论文）. 从交互文本中提取关键短语可以直观地表示社会关系，并且通常可以用多个关系标签来表示两个节点之间的复杂关系.

现有的网络表示和知识表示方法不能很好地解决社会关系抽取任务. 传统的网络嵌入模型在学习节点表示时忽略了边上丰富的语义信息，而 TransE 等典型的知识表示模型只有在使用单一标签对两个实体之间的关系进行标注时才能有较好表现. 根据统计，在 FB15k（一个典型的知识图谱）中，只有 18% 的实体对具有多个关系标签，而在社会关系抽取数据集中，多标签边的比例要多得多. 为了解决这一问题，我们提出了一个新的基于平移的网络嵌入模型 **TransNet**，将边上的多个关系标签融合到网络嵌入中. 受平移机制在词表示（Mikolov et al., 2013a）和知识表示（Bordes et al., 2013）中成功使用的启发，我们将节点和边映射到相同的语义空间，使用平移机制来建模它们之间的相互作用, 即尾节点表示应该接近头节点表示与边表示的和. 为了处理多标签场景，我们在 TransNet 中设计了一个自编码器来学习边表示，这样解码器部分可以用来预测未标注边的标签.

我们为社会关系抽取构造了 3 个网络数据集，其中每条边都有一组标注标签. 实验结果表明，与经典网络嵌入模型和 TransE 相比，TransNet 的性能取得了显著且一致的提升，从而验证了该方法在建模节点和边之间的关系方面是有效的.

10.2 方法: 平移网络

本节从社会关系抽取的定义开始，介绍我们提出的模型 TransNet.

10.2.1 问题形式化

在本节中，我们提出社会关系抽取的任务，旨在挖掘社交网络节点之间的关系. 相比于知识图谱中传统的关系抽取，社会关系抽取有以下两个主要区别.

（1）在知识图谱中，关系类别通常有很好的预定义，实体之间的关系也经过大量精确的人工标注，而社会关系抽取处理的是一个全新的场景，节点之间的关系是隐式的，通常隐含在它们交互的文本信息中.

（2）在社交网络中，节点之间的关系是动态变化的而且非常复杂，无法很好地用一个单一标签表示. 因此，通过抽取交互文本中的关键短语来表示节点之间的关系非常直观有效. 这些关键短语能够很好地捕捉节点之间复杂的语义信息，也能使节点之间的关系显式且可解释.

形式上，我们定义如下社会关系抽取任务. 假设存在社会网络 $G = (V, E)$，其中，V 表示节点集合，$E \subseteq (V \times V)$ 是节点之间边的集合，其中部分边被标注，标注的边的集合记为 E_L. 不失一般性地，我们将节点之间的关系定义为一个标签集合而非单一标签. 具体来说，对于每条边 $e \in E_L$，对应的标签集合为 $l = \{t_1, t_2, \cdots\}$，其中每个标签 $t \in l$ 来自一个固定的标签词表 T.

最后，给定整个网络结构及标注的边集合 E_L，社会关系抽取的目的是预测未标注边集合 E_U 中每条边对应的标签集合，也就是每条边对应的具体关系. 在这里，$E_U = E - E_L$ 表示未标注的边集合.

10.2.2 平移机制

如图 10.1所示，TransNet 包含两个重要部分，也就是平移机制和边表示构建. 在后续小节中，我们首先给出 TransNet 中平移机制的详细介绍；然后，介绍如何根据边上的标签集合构建边上关系的表示；最后，给出 TransNet 整体的优化目标.

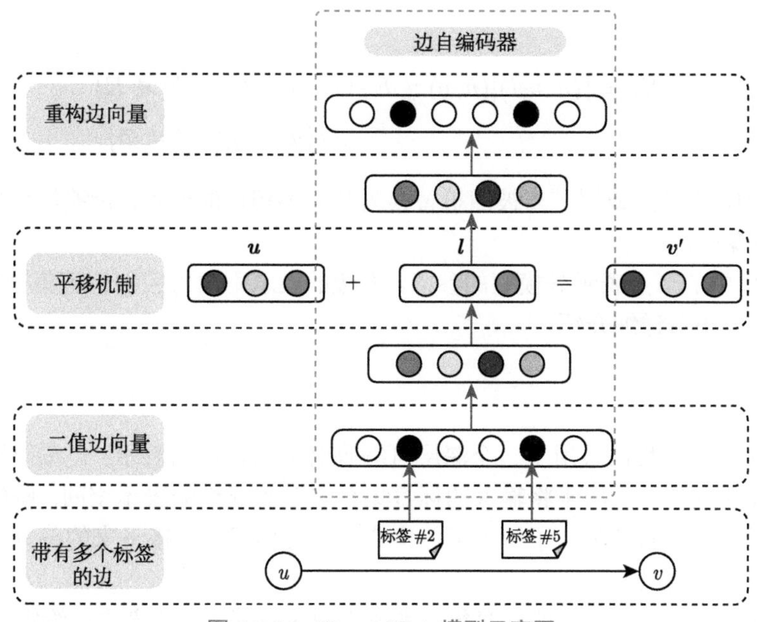

图 10.1 TransNet 模型示意图

受平移机制在词向量表示学习（Mikolov et al., 2013a）和知识表示学习（Bordes et al., 2013）的启发，我们假设社交网络中节点之间的交互也能够表示成表示空间中的平移操作.

具体来说，对于每条边 $e=(u,v)$ 和它对应的标签集合 l，节点 v 的表示向量要尽可能接近于节点 u 的表示向量加边 e 的表示向量. 由于每个节点在 TransNet 中扮演两个角色，也就是头节点或者尾节点，我们为每个节点 v 引入两个不同的表示 $\boldsymbol{v}$ 和 $\boldsymbol{v}'$，以对应其头节点表示和尾节点表示. 随后，节点 u、v 和 e 之间的平移机制可以形式化为

$$\boldsymbol{u}+\boldsymbol{l}\approx\boldsymbol{v}'. \tag{10.1}$$

这里，$\boldsymbol{l}$ 表示由标签集合 l 得到的边的表示向量. 具体计算细节会在 10.2.3 小节中详细介绍.

我们采用距离函数 $d(\boldsymbol{u}+\boldsymbol{l},\boldsymbol{v}')$ 来衡量三元组 (u,v,l) 符合式 (10.1) 的程度. 实际应用中，我们采用 $L1$ 距离来作为距离函数.

根据上述定义，对于每个三元组 (u,v,l) 及其对应的负例 $(\hat{u},\hat{v},\hat{l})$，TransNet 的平移部分的损失函数如下：

$$\mathcal{L}_{\text{trans}}=\max(\gamma+d(\boldsymbol{u}+\boldsymbol{l},\boldsymbol{v}')-d(\hat{\boldsymbol{u}}+\hat{\boldsymbol{l}},\hat{\boldsymbol{v}}'),0), \tag{10.2}$$

其中，$\gamma>0$ 为间隔的超参数，$(\hat{u},\hat{v},\hat{l})$ 是从负例集合 N_e 中采样出的负例. 负例集合的定

义如下：

$$\begin{aligned} N_e = \{(\hat{u}, v, l)|(\hat{u}, v) \notin E\} \cup \{(u, \hat{v}, l)|(u, \hat{v}) \notin E\} \\ \cup \{(u, v, \hat{l})|\hat{l} \cap l = \varnothing\}. \end{aligned} \tag{10.3}$$

在式 (10.3) 中，头节点或尾节点被随机替换为其他不相连的节点，标签集合被随机替换为不相交的标签集合.

式 (10.2) 中的节点表示是模型的参数，而边的表示则由对应的标签集合生成，具体构建过程会在下一小节详细介绍.

10.2.3 边表示构建

如图 10.1所示，我们采用了一个深层自编码器来构建边的表示. 自编码器的编码部分包含多个非线性变换层，用于将输入的标签集合映射到低维的表示空间. 解码器部分的重构过程保证了边表示向量蕴含了输入标签集合的全部信息. 在接下来的部分，我们将详细介绍边表示构建的实现过程.

输入映射：首先，将输入的标签集合映射为向量形式. 具体来说，给定边 e 的一个标签集合 $l = \{t_1, t_2, \cdots\}$，我们计算其对应的二元表示向量 $\boldsymbol{s} = \{s_i\}_{i=1}^{|T|}$，其中，如果 $t_i \in l$ ，$s_i = 1$ 否则 $s_i = 0$.

非线性变换：以标签集合映射得到的二元表示向量 $\boldsymbol{s}$ 作为输入，自编码器的编码和解码部分分别包含多层的非线性变换，如下所示：

$$\begin{aligned} \boldsymbol{h}^{(1)} &= f(\boldsymbol{W}^{(1)}\boldsymbol{s} + \boldsymbol{b}^{(1)}), \\ \boldsymbol{h}^{(i)} &= f(\boldsymbol{W}^{(1)}\boldsymbol{h}^{(i-1)} + \boldsymbol{b}^{(i)}), i = 2, \cdots, K. \end{aligned} \tag{10.4}$$

其中, K 表示非线性变换的层数，f 表示激活函数. $\boldsymbol{h}^{(i)}$, $\boldsymbol{W}^{(1)}$ 和 $\boldsymbol{b}^{(i)}$ 分别表示第 i 层的隐向量、变换矩阵和偏置向量.

具体来说，由于节点的表示向量为实值向量，因此我们采用 tanh 激活函数来得到中间的边表示向量 $\boldsymbol{l} = \boldsymbol{h}^{(K/2)}$. 此外，由于输入向量 $\boldsymbol{s}$ 为二元向量，因此我们在最后一层采用 Sigmoid 激活函数来得到重构的向量输出 $\hat{\boldsymbol{s}}$.

重构损失：自编码器的作用是最小化输入向量和重构输出之间的距离. 自编码器的损失函数可以形式化为

$$\mathcal{L}_{\text{rec}} = ||\boldsymbol{s} - \hat{\boldsymbol{s}}||. \tag{10.5}$$

为了与式 (10.2) 保持一致，我们同样采用 $L1$ 距离来衡量输入向量和重构的输出向量之间的距离.

然而，由于输入向量的稀疏性，向量 $\boldsymbol{s}$ 中零元的数量远多于非零元的数量. 这意味着自编码器会趋向于重构出零元，而非非零元，与我们的目标相违背. 因此，我们为不同的元素设置不同的权重，来重新定义式 (10.5) 中的损失函数，如下所示：

$$\mathcal{L}_{\text{ae}} = ||(\boldsymbol{s} - \hat{\boldsymbol{s}}) \odot \boldsymbol{x}||, \tag{10.6}$$

其中 $\boldsymbol{x}$ 是一个权重向量，$\odot$ 表示阿达马乘积. 对于 $\boldsymbol{x} = \{x_i\}_{i=1}^{|T|}$, 当 $s_i = 0$ 时，$x_i = 1$ ，除此之外，$x_i = \beta > 1$.

通过深层自编码器，边的表示向量不仅包含对应标签集合的信息，也具备了预测节点之间关系（标签集合）的能力.

10.2.4 整体模型

为了确保节点表示和边表示之间的平移机制，以及边表示的重构能力，我们结合式 (10.2) 和式 (10.6) 中的损失函数，作为 TransNet 模型统一的目标函数. 对于每个三元组 (u, v, l) 和对应的负例 $(\hat{u}, \hat{v}, \hat{l})$，TransNet 联合优化如下损失函数：

$$\mathcal{L} = \mathcal{L}_{\text{trans}} + \alpha[\mathcal{L}_{\text{ae}}(l) + \mathcal{L}_{\text{ae}}(\hat{l})] + \eta\mathcal{L}_{\text{reg}}. \tag{10.7}$$

这里，我们引入两个超参数 α 和 η 来平衡不同部分的权重. 此外，$\mathcal{L}_{\text{reg}}$ 是用来防止过拟合的 $L2$ 正则项，定义如下所示：

$$\mathcal{L}_{\text{reg}} = \sum_{i=1}^{K}(||\boldsymbol{W}^{(i)}||_2^2 + ||\boldsymbol{b}^{(i)}||_2^2). \tag{10.8}$$

为了防止过拟合，我们进一步采用 dropout（Srivastava et al., 2014）来生成边的表示. 最后，我们采用 Adam 优化算法（Kingma and Ba, 2015）来优化式 (10.7) 中损失函数.

10.2.5 预测

利用学习到的网络节点嵌入和深层自编码器，TransNet 能够预测 E_U 中未标注边上的标签集合信息.

具体来说，给定未标注的 $(u, v) \in E_U$, TransNet 假设节点 u 和 v 的表示与潜在的边表示符合式 (10.1) 的平移机制. 因此，我们能够通过 $\boldsymbol{l} = \boldsymbol{v}' - \boldsymbol{u}$ 得到近似的边的表示. 接下来，我们采用式 (10.4) 的解码器部分对得到的边的表示 $\boldsymbol{l}$ 进行解码，来得到预测的标签向量 $\hat{\boldsymbol{s}}$. 标签 t_i 对应的权重 $\hat{s}_i$ 越大，意味着该标签越有可能属于标签集合 l.

10.3 实验分析

为了验证 TransNet 模型对于节点之间关系建模的有效性，我们在社会关系抽取任务上，与不同的基线方法在 3 个自动构建的社交网络数据集上进行了对比.

10.3.1 数据集

ArnetMiner（Tang et al., 2008）是一个为研究者提供检索服务的在线学术网络. 该网络开放了大规模的学术合作网络数据集，其中包含 1,712,433 名作者, 2,092,356 篇论文, 以及 4,258,615 个合作关系.

首先，我们从研究者的个人信息中收集了代表研究兴趣的词和短语，利用这些词项构建了标签词表. 这些短语主要是从作者的个人主页上抓取的，并由作者自己进行标注. 这些短语经过了人工检查核实，是相当可信的. 然后，对于每个合作关系，我们从他们合作发表论文的摘要中，过滤出标签词表中包含的关键词，把这些关键词当作对他们之间合作关系的标注. 需要注意的是，由于合作网络中的边是无向的，我们把每条边用两条方向相反的有向边来替代.

此外，为了更好地探究不同模型的特点，我们构建了 3 个不同规模的数据集，包括 **Arnet-S**（小）、**Arnet-M**（中）和 **Arnet-L**（大）. 具体的数据集统计信息见表 10.1.

表 10.1 数据集统计信息

统计项	Arnet-S	Arnet-M	Arnet-L
节点数	187,939	268,037	945,589
边数	1,619,278	2,747,386	5,056,050
训练集规模	1,579,278	2,147,386	3,856,050
测试集规模	20,000	300,000	600,000
验证集规模	20,000	300,000	600,000
标签数	100	500	500
多标签边的比例 (%)	42.46	63.74	61.68

10.3.2 基线模型

我们采用如下网络嵌入方法进行对比.

DeepWalk（Perozzi et al., 2014）在网络上进行随机游走从而生成节点的随机游走序列. 然后把节点当作词，节点序列当作句子，采用训练词向量的 Skip-Gram（Mikolov et al., 2013a）模型来学习网络节点表示.

LINE（Tang et al., 2015b）定义了网络节点的一阶和二阶邻近度，通过优化节点之间的联合概率和条件概率，学习大规模网络的节点表示.

node2vec（Grover and Leskovec, 2016）通过扩展 DeepWalk 中的随机游走策略，可以更加有效地探索邻居结构.

对于这些网络嵌入模型，我们将社会关系抽取任务看作多标签分类任务. 因此，我们把头节点和尾节点的表示拼接，作为特征向量，来训练逻辑回归（Pedregosa et al., 2011）多标签分类器.

此外，我们也与经典的知识表示学习模型 **TransF**（Bordes et al., 2013）进行了对比。对于每个训练实例 (u, v, l)（其中 $l = \{t_1, t_2, \cdots\}$），我们按每个 $t_i \in l$ 将其拆分为数个单标签的三元组 (u, v, t_i) ，来作为 TransE 模型的训练数据. 我们基于相似度预测方法预测边上的标签（Bordes et al., 2013）.

10.3.3 评测指标和实验设置

为了进行公平的比较，同 TransE 一样，我们对每个三元组 (u, v, t_i) 进行评测，其中 $t_i \in l$. 此外，我们采用 hits@k 及 MeanRank（Bordes et al., 2013）作为评测指标. 在这里，MeanRank 表示标注标签在预测结果中的平均排序，hits@k 表示标注标签在预测结果的前 k 个的比例. 需要注意的是，上述评测方法会低估把其他正确标签排在前面的模型的效果. 因此，我们可以在排序之前将其他正确标签过滤掉. 我们将前一种评测设置记为 Raw，后一种记为 Filtered.

对于所有模型，我们设置表示向量维度为 100. 对于 TransNet，我们设置正则项系数 η 为 0.001，Adam 优化算法对应的学习率为 0.001，间隔超参数 γ 为 1. 此外，对于所有数据集，我们均采用双层自编码器，并根据验证集的结果选取表现最好的取值 α 和 β.

10.3.4 实验结果和分析

表 10.2～ 表 10.4 展示了不同数据集下的社会关系抽取结果. 每个表靠左的 4 列为 Raw，靠右 4 列是 Filtered. 从这些表格中，我们得出如下观察结论.

表 10.2 Arnet-S 社会关系抽取结果 (%), $\alpha = 0.5$, $\beta = 20$

方法	hits@1	hits@5	hits@10	MeanRank	hits@1	hits@5	hits@10	MeanRank
DeepWalk	13.88	36.80	50.57	19.69	18.78	39.62	52.55	18.76
LINE	11.30	31.70	44.51	23.49	15.33	33.96	46.04	22.54
node2vec	13.63	36.60	50.27	19.87	18.38	39.41	52.22	18.92
TransE	39.16	78.48	88.54	5.39	57.48	84.06	90.60	4.44
TransNet	**47.67**	**86.54**	**92.27**	**5.04**	**77.22**	**90.46**	**93.41**	**4.09**

表 10.3 Arnet-M 社会关系抽取结果 (%), $\alpha = 0.5$, $\beta = 50$

方法	hits@1	hits@5	hits@10	MeanRank	hits@1	hits@5	hits@10	MeanRank
DeepWalk	7.27	21.05	29.49	81.33	11.27	23.27	31.21	78.96
LINE	5.67	17.10	24.72	94.80	8.75	18.98	26.14	92.43
node2vec	7.29	21.12	29.63	80.80	11.34	23.44	31.29	78.43
TransE	19.14	49.16	62.45	25.52	31.55	55.87	66.83	23.15
TransNet	**27.90**	**66.30**	**76.37**	**25.18**	**58.99**	**74.64**	**79.84**	**22.81**

表 10.4 Arnet-L 社会关系抽取结果 (%), $\alpha = 0.5$, $\beta = 50$

方法	hits@1	hits@5	hits@10	MeanRank	hits@1	hits@5	hits@10	MeanRank
DeepWalk	5.41	16.17	23.33	102.83	7.59	17.71	24.58	100.82
LINE	4.28	13.44	19.85	114.95	6.00	14.60	20.86	112.93
node2vec	5.39	16.23	23.47	102.01	7.53	17.76	24.71	100.00
TransE	15.38	41.87	55.54	32.65	23.24	47.07	59.33	30.64
TransNet	**28.85**	**66.15**	**75.55**	**29.60**	**56.82**	**73.42**	**78.60**	**27.40**

（1）我们提出的模型 TransNet 与所有基线方法相比，在所有数据集上取得了显著且一致的效果提升. 具体来说，TransNet 相比表现最好的基线方法取得了 10%~20% 左右的绝对提升. 这些结果表明了 TransNet 对节点之间关系建模和预测的有效性和鲁棒性.

（2）传统的网络嵌入方法在社会关系抽取任务上表现很差. 这是由于这些方法在学习节点表示的过程中，忽略了边上丰富的语义信息. 与之形成对比的是，TransE 和 TransNet 将边上的语义信息融合到节点表示中，因此获得了显著的提升. 这表明了在网络嵌入中考虑边上的语义信息的重要性，以及平移机制对节点之间关系进行建模的合理性.

（3）与 TransNet 相比，TransE 表现较差，这是因为该模型每次只能考虑一个边上的标签信息，使得同一边上的不同标签表示趋向于相等. 这种方式一定程度上匹配知识图谱场景，其中只有 18% 的实体对拥有多关系标签. 然而，对于社会关系抽取的场景 FB15k (Bordes et al., 2013)，数据集的多标签的比例远大于知识图谱中的比例（Arnet-S、Arnet-M 和 Arnet-L 分别为 42%、64% 和 62%）. 因此，TransNet 能够同时考虑一条边上的多标签信息，从而很好地处理社会关系抽取中的多标签问题.

10.3.5 标签对比

为了验证 TransNet 对标签之间关系建模的优势，我们对比了 TransNet 和 TransE 在高频标签和低频标签上的表现. 如表 10.5所示，我们展示 Arnet-S 数据集上 Filtered hits@k 及 MeanRank 的结果. 从该表中，我们发现，由于高频标签拥有充足的训练样例，TransE 在高频标签上的效果要显著优于低频标签上的效果. 与 TransE 相比，TransNet 在高频和低频标签上表现更加稳定. 这是因为 TransNet 使用了自编码器来构建边的表示，这种方式能够利用标签之间的关联关系. 这种关联能够对低频标签提供额外的信息，因此有利于对低频标签的建模和预测.

表 10.5 Arnet-S 上的标签对比（对于 hits@k，×100）

方法	最靠前的 5 个标签				最靠后的 5 个标签			
	hits@1	hits@5	hits@10	MeanRank	hits@1	hits@5	hits@10	MeanRank
TransE	58.82	85.68	91.61	**3.70**	52.21	82.03	87.75	5.65
TransNet	**77.26**	**90.35**	**93.53**	3.89	**78.27**	**90.44**	**93.30**	**4.18**

10.3.6 案例分析

我们从 Arnet-S 数据集中选取了一个示例来展示 TransNet 的有效性. 被选取的研究者为 A. Swami，我们在表 10.6 中展示了 TransE 和 TransNet 针对不同合作者推荐的标签结果. 在该表中，加粗的标签为推荐正确的标签. 我们发现，TransE 和 TransNet 都能够根据不同邻居推荐合理的标签，从而反映不同的合作主题. 然而，对于一个特定的邻居，TransE 由于基于相似度的推荐方式限制，只能够推荐同质化的标签. 与之相比，TransNet 由于使用了自编码器，推荐的标签更加多样，更有区分性.

表 10.6 对不同邻居的推荐前 3 名

邻居	TransE	TransNet
Matthew Duggan	**ad hoc network;** wireless sensor network; wireless sensor networks	**management system;** **ad hoc network;** wireless sensor
K. Pelechrinis	**wireless network;** wireless networks; ad hoc network	**wireless network;** wireless sensor network; **routing protocol**
Oleg Korobkin	**wireless network;** wireless networks; **wireless communication**	**resource management;** **system design;** **wireless network**

10.4 扩展阅读

只有一小部分网络嵌入方法考虑了边上丰富的语义信息，并对边之间的关系进行了详细预测. 例如，SiNE（Wang et al., 2017f）、SNE（Yuan et al., 2017）和 SNEA（Wang et al., 2017e）学习符号网络中的节点表示，其中每条边都有或正或负的符号. 还有一些工作（Chen et al., 2007; Ou et al., 2016; Zhou et al., 2017）专注于学习有向图的嵌入表示，其中每条边代表一个不对称关系. 然而，这种考虑边的方法相当简单，不适用于其他类型的网络. 据我们所知，我们首次形式化了社会关系抽取任务，用以评估网络嵌入方法对节点之间关系建模的能力.

值得注意的是，关系抽取已经成为知识图谱中一个重要的任务（Hoffmann et al., 2011; Lin et al., 2016; Mintz et al., 2009; Riedel et al., 2010; Surdeanu et al., 2012），其目的是提取关系事实来丰富现有的知识图谱. 这个问题通常形式化为关系分类，因为存在各种大型知识图谱，其实体之间有标注关系，如 Freebase（Bollacker et al., 2008）、DBpedia（Auer et al., 2007）和 YAGO（Suchanek et al., 2007）. 然而，在社交网络中，边通常没有标注的显式关系，而在大规模网络中通过人工标注也非常耗时. 为了解决这一问题，我们提出通过自然语言处理技术从交互式文本信息中自动获取关系.

如何对节点和边之间的关系进行建模是精确预测节点和边之间关系的关键. 在词表示学习领域，Mikolov 等人（2013a）发现了以下平移模式，如 King − Man = Queen − Woman. 在知识图谱中，Bordes 等人（2013）将这种关系解释为表示空间中头尾实体之间的平移操作，即 head + relation = tail. 需要注意的是，知识图嵌入（Wang et al., 2017d）是自然语言处理领域的一个研究热点，其方法与网络嵌入有很大的不同.

在这些类比的启发下，我们假设社交网络中也存在平移机制，并提出了基于平移的网络嵌入模型 TransNet. TransNet 的扩展包括半监督设置（Tian et al., 2019），大规模图的快速版本（Yuan et al., 2018），以及边结构和语义信息的联合学习（Zheng et al., 2019）.

本章的部分内容摘自我们 2017 年在 IJCAI 上发表的论文（Tu et al., 2017b）.

第11章　面向基于位置的社交网络推荐系统的网络嵌入

基于位置的服务中移动轨迹数据的加速增长，为了解用户的移动行为提供了宝贵的数据资源. 除了记录轨迹数据，这些基于位置的服务的另一个主要特点是，它们还允许用户与他们喜欢或感兴趣的任何人联系. 社交网络和基于位置的服务的组合称为基于位置的社交网络（Location-Based Social Network, LBSN）. 已有研究表明，LBSN 中用户的社交关系与轨迹行为之间存在密切联系. 为了更好地分析和挖掘 LBSN 数据，我们借助网络嵌入技术将社交网络和移动轨迹联合建模，作为整个算法的核心部分.

11.1　概述

移动设备的普及给数据挖掘研究带来了海量的数据. 在这些丰富的移动数据中，一种重要的数据资源是从移动设备的 GPS 传感器上获得的大量移动轨迹数据. 这些传感器足迹为发现用户的轨迹模式并了解其移动行为的研究提供了宝贵的信息资源. 一些基于位置的共享服务已经出现并受到很多关注，如 Gowalla 和 Brightkite.

除了记录用户轨迹数据之外，这些基于位置的服务的另一个主要特征是还允许用户添加他们喜欢或感兴趣的任何人. 以 Brightkite 为例，你可以使用手机的内置 GPS 跟踪你的朋友或附近的任何其他 Brightkite 用户. 社交网络和基于位置的服务的组合产生了一种特定的社交网络风格，称为*基于位置的社交网络*（Location-based Social Network, LBSN; Bao et al., 2012; Cho et al., 2011; Zheng, 2015）. 图 11.1展示了 LBSN 的示意图. 可以看到，LBSN 通常包括社交网络和移动轨迹数据.

最近的文献表明，社交链接信息对于改进现有的推荐任务非常有用（Ma, 2014; Machanavajjhala et al., 2011; Yuan et al., 2014a）. 直觉上看，经常访问相同或相似位置的用户很可能是社交好友，而且社交好友更可能会访问相同或类似的位置. 具体地，一些研究发现 LBSN 中社交关系与用户的轨迹行为之间存在密切联系. 一方面，Cho 等人（2013）发现社交相关的用户经常访问的位置往往也是相关的. 另一方面，轨迹相似性可用于推断用户之间的社交关系强度（Pham et al., 2013; Zheng et al., 2011）. 因此，我们需要一个从两个方面同时分析和挖掘信息的全新视角. 本章工作的目标是通过刻画社交网络和移动轨迹数据来开发一种建模 LBSN 数据的联合模型.

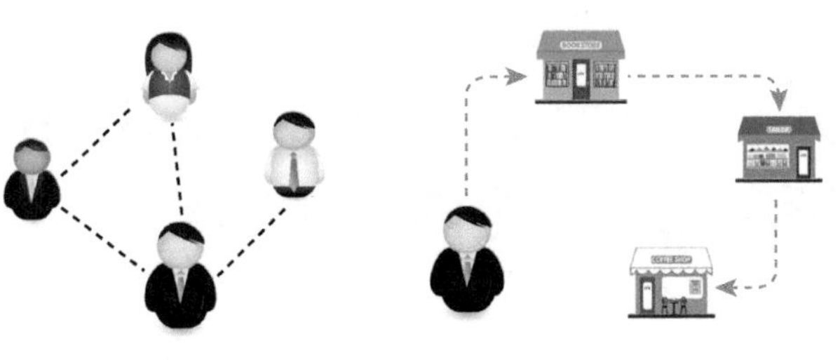

(a) 社交网络，用户间的链接表示好友关系

(b) 用户轨迹，用户生成的轨迹是按时间顺序排列的位置记录序列

图 11.1 LBSN 数据的示意图

为了更好、更有效地进行数据分析和挖掘研究，需要建立一个结合 LBSN 上的网络结构和轨迹行为的联合模型. 然而，这项任务具有挑战性，因为社交网络和移动轨迹是异构的数据类型. 社交网络的典型特征是图结构，而轨迹通常被建模为一系列位置签到记录. 一种将社交关系整合到应用系统（如推荐系统）中的常用方法是假设链接代表了用户间的相似度，并引入对应的正则化技术. 通过这种方式，社交关系被用作辅助信息，而非由一个联合数据模型来刻画，使得模型性能高度依赖于"同质性原则".

在本章中，我们首次使用神经网络方法来联合建模社交网络和移动轨迹，该方法受到网络嵌入和循环神经网络最新进展的启发. 与其他方法相比，神经网络模型可以作为一种有效的、通用的函数近似机制，捕捉复杂的数据特征（Mittal, 2016）. 具体来说，我们的模型包括两部分：社交网络的构建和移动轨迹的生成. 我们首先采用网络嵌入方法来构建社交网络，从而得到每个用户的网络表示. 该模型的关键在于生成移动轨迹的部分. 我们考虑了 4 个影响移动轨迹生成过程的因素，即用户访问偏好、朋友影响、短期序列上下文和长期序列上下文. 前两个因素主要与用户自身有关，后一个因素主要反映历史轨迹的序列特征. 我们设置了两种不同的用户表示来建模前两个因素：访问兴趣表示和网络表示. 为了描述后两种上下文，我们使用循环神经网络模型来捕捉不同尺度上的移动轨迹的序列相关性，即短期或长期. 最后，通过共享用户网络表示将两个部分绑定在一起：来自网络结构的信息可以被编码到用户网络表示中，随后在移动轨迹的生成过程中得到利用.

为了证明该模型的有效性，我们在真实数据集上使用两个 LBSN 应用来评估我们的模型，即*下一位置推荐*（next-location recommendation）和*好友推荐*（friend recommendation）. 对于第一个任务，轨迹数据占主导地位，而网络结构作为辅助数据. 我们的方法始终优于多个有竞争力的基线方法. 我们发现对于位置数据较少的用户来说，辅助数据（即网络结构）变得更加重要. 对于第二项任务，网络数据占主导地位，而轨迹数据作为辅助数据. 实验结果与第一个任务的结果相似：我们的方法仍然是最好的，特别是对于那些朋友关系很少的用户. 在两个重要应用上的实验结果证明了模型的有效性. 在我们的方法中，网络结构和轨迹信息是相辅相成的. 因此，当网络结构或轨迹数据稀疏时，对基线模型的改进更为显著.

11.2 方法: 网络与轨迹联合模型

在本节中，我们将形式化问题，并提出一种新的神经网络模型用于生成社交网络和移动轨迹数据. 之后，我们将研究如何刻画每个单独的组件. 在此基础上，我们提出了联合模型和参数学习算法.

11.2.1 问题形式化

令 L 表示位置集合. 当用户 v 在时间 s 访问位置 l 时，我们用三元组 $\langle v, l, s\rangle$ 表示这个信息. 给定用户 v，其移动轨迹 T_v 是与 v 相关的一系列三元组：$\langle v, l_1, s_1\rangle, \cdots, \langle v, l_i, s_i\rangle, \cdots, \langle v, l_N, s_N\rangle$，其中 N 是序列长度且三元组按时间顺序排列. 为简洁起见，我们将 T_v 的表示重写为按时间排序的位置序列 $T_v = \{l_1^{(v)}, l_2^{(v)}, \cdots, l_N^{(v)}\}$. 此外，我们可以将轨迹分成多个连续的子轨迹：轨迹 T_v 被分成 m_v 个子轨迹 $T_v^1, \cdots, T_v^{m_v}$. 每个子轨迹本质上是原始轨迹序列的子序列. 为了切分轨迹，我们计算原始轨迹序列中两个访问位置之间的时间间隔，我们和之前的工作（Cheng et al., 2013）一样，当时间间隔大于 6 小时时进行切分. 到此为止，每个用户对应于包含了多个连续子轨迹 $T_v^1, \cdots, T_v^{m_v}$ 的轨迹序列 T_v . 令 T 表示所有用户轨迹的集合.

除了轨迹数据之外，基于位置的服务也在用户之间提供社交联系. 形式上，我们将社交网络建模为图 $G = (V, E)$，其中节点 $v \in V$ 代表一个用户，每条边 $e \in E$ 表示两个用户间的好友关系. 在实际应用中，边可以是无向的或有向的. 我们的模型可以灵活地处理这两种类型的社交网络. 注意，这些链接主要反映在线好友关系，并不一定表明这两个用户在现实生活中是朋友.

任务 1：对于下一个位置推荐的任务，我们的目标是为用户 v 推荐其下次可能访问的位置的排序列表.

任务 2：对于好友推荐的任务，我们的目标是为用户 v 推荐其潜在朋友用户的排序列表.

我们选择这两个任务是因为它们分别代表了移动轨迹挖掘和社交网络分析两个方面，且在 LBSN 中得到了广泛研究. 在介绍模型细节之前，我们首先在表 11.1中总结了本章中使用的符号.

表 11.1 本章使用的主要符号

标记符号	描述
V, E	节点集合和边集合
L	位置集合
T_v, T_v^j	轨迹和用户 v 的第 j 条子轨迹
m_v	用户 v 的轨迹 T_v 上的子轨迹数量
$m_{v,j}$	用户 v 的第 j 条子轨迹上的位置数量
$l_i^{(v,j)}$	用户 v 的第 j 条子轨迹上的第 i 个位置
$\boldsymbol{U}_{l_i}$	用于表示建模的位置 l_i 的表示
$\boldsymbol{U}'_{l_i}$	用于预测的位置 l_i 的表示
$\boldsymbol{P}_v, \boldsymbol{F}_v$	用户 v 的兴趣表示和好友关系表示
$\boldsymbol{F}'_v$	用户 v 的上下文好友信息表示
$\boldsymbol{S}_i$	在访问位置 l_{i-1} 后的短期上下文表示
$\boldsymbol{h}_t$	在访问位置 l_{i-1} 后的长期上下文表示

11.2.2 社交网络构建建模

在任务中，我们基于两方面因素刻画网络表示. 首先，用户可能与他们的朋友具有类似的访问行为，我们可以利用用户链接来探索类似的访问模式. 其次，网络结构可以被用作辅助信息以增强轨迹建模.

形式上，我们用 d 维嵌入向量 $\boldsymbol{F}_v \in \mathbb{R}^d$ 来代表用户 v 的网络表示，矩阵 $\boldsymbol{F} \in \mathbb{R}^{|V|\times d}$ 代表所有节点的网络表示. 我们利用社交网络上的用户链接来学习网络表示，并对用户结构模式信息进行编码.

社交网络将基于用户的网络表示 $\boldsymbol{F}$ 构建. 我们首先研究如何建模一条边 $v_i \to v_j$ 的生成概率，即 $\Pr[(v_i, v_j) \in E]$. 我们的主要思路是，如果两个用户 v_i 和 v_j 在网络上形成了好友链接，则它们的网络表示应该是相似的，即相应的两个网络表示之间的内积 $\boldsymbol{F}_{v_i}^{\mathrm{T}} \cdot \boldsymbol{F}_{v_j}$ 有较大的相似度. 一个潜在的问题是这样的建模只能处理无向网络. 为了同时处理无向和有向网络，我们提出为用户 v_j 引入上下文表示 $\boldsymbol{F}'_{v_j}$，上下文表示仅用于网络构建部分. 给定有向边 $v_i \to v_j$，我们将表示相似度建模为 $\boldsymbol{F}_{v_i}^{\mathrm{T}} \cdot \boldsymbol{F}'_{v_j}$ 以取代 $\boldsymbol{F}_{v_i}^{\mathrm{T}} \cdot \boldsymbol{F}_{v_j}$. 我们将边 $v_i \to v_j$ 的概率定义为

$$\Pr[(v_i, v_j) \in E] = \sigma(-\boldsymbol{F}_{v_i}^{\mathrm{T}} \cdot \boldsymbol{F}'_{v_j}) = \frac{1}{1+\exp(-\boldsymbol{F}_{v_i}^{\mathrm{T}} \cdot \boldsymbol{F}'_{v_j})}. \tag{11.1}$$

当处理无向图时，好友对 (v_i, v_j) 将会被分为两条有向边 $v_i \to v_j$ 和 $v_j \to v_i$. 对于边集 E 中不存在的边，我们使用下述公式：

$$\Pr[(v_i, v_j) \notin E] = 1 - \sigma(-\boldsymbol{F}_{v_i}^{\mathrm{T}} \cdot \boldsymbol{F}'_{v_j}) = \frac{\exp(-\boldsymbol{F}_{v_i}^{\mathrm{T}} \cdot \boldsymbol{F}'_{v_j})}{1 + \exp(-\boldsymbol{F}_{v_i}^{\mathrm{T}} \cdot \boldsymbol{F}'_{v_j})}. \tag{11.2}$$

结合式 (11.1) 和式 (11.2)，我们实际上使用伯努利分布对网络中的链接进行了建模. 仿照网络表示学习的前期工作（Perozzi et al., 2014），我们假设每个用户对在生成过程中是独立的，也就是说不同 (v_i, v_j) 对的概率 $\Pr[(v_i, v_j) \in E|\boldsymbol{F}]$ 是独立的.

通过这个假设，我们可以通过用户对来分解生成概率：

$$\begin{aligned}\mathcal{L}(G) &= \sum_{(v_i,v_j)\in E} \log \Pr[(v_i, v_j) \in E] + \sum_{(v_i,v_j)\notin E} \log \Pr[(v_i, v_j) \notin E] \\ &= -\sum_{v_i,v_j} \log(1 + \exp(-\boldsymbol{F}_{v_i}^{\mathrm{T}} \cdot \boldsymbol{F}'_{v_j})) - \sum_{(v_i,v_j)\notin E} \boldsymbol{F}_{v_i}^{\mathrm{T}} \cdot \boldsymbol{F}'_{v_j}.\end{aligned} \tag{11.3}$$

11.2.3 移动轨迹生成建模

本章中，用户轨迹被形式化为有序的位置序列. 因此，我们使用循环神经网络方法对轨迹生成过程建模. 为了生成轨迹序列，我们基于 4 个重要因素逐一生成每个位置. 我们首先总结以下 4 个影响因素.

一般访问偏好: 用户的偏好或习惯直接决定了其访问行为.

好友影响: 用户的访问行为很可能受到其好友的影响. 前人工作（Cheng et al., 2012; Levandoski et al., 2012）表明社交相关的用户倾向于访问相同的位置.

短期序列上下文: 下一个位置与用户访问的最后几个位置密切相关. 直观上，因为用户的访问行为通常与短时间内的单个活动或一系列活动相关，使得访问位置具有强相关性.

长期序列上下文: 用户可能在长时间内对访问过的位置存在长期依赖. 长期依赖的一个具体情形是定期访问行为. 例如，用户经常在每个暑假期间旅行.

前两个因素主要与用户和位置之间的交互有关，而后两个因素主要反映用户访问位置之间序列相关性.

1. 一般访问偏好的建模

我们先通过兴趣表示来描述一般访问偏好. 我们用 d 维向量 $\boldsymbol{P}_v \in \mathbb{R}^d$ 来代表用户 v 的访问偏好表示，矩阵 $\boldsymbol{P} \in \mathbb{R}^{|V|\times d}$ 代表所有用户的访问偏好. 访问偏好表示根据用户的访问行为，面向用户对位置集合的一般偏好进行编码.

我们假设一个人的一般访问兴趣相对稳定，并且在一段时期内变化不大. 这种假设是合理的，因为用户通常具有固定的生活方式 (如相对固定的居住区域) ，其访问行为很可能会显示出一些全局模式. 访问偏好表示旨在通过一个 d 维嵌入向量来捕捉和编码这种访问模式.

2. 好友影响的建模

为了建模好友影响，一种直接的方法是使用正则化项刻画来自两个好友用户的兴趣表示之间的相关性. 然而，这种方法通常具有较高的计算复杂度. 在本章中，我们采用了更灵活的方法，即将网络表示结合到轨迹生成过程中. 因为网络表示是通过网络链接学习的，所以来自其好友的信息可以隐式地被编码和使用. 具体地，我们使用 4.1 节中介绍的网络表示 $\boldsymbol{F}_v$.

3. 短期序列上下文的建模

通常，用户短时间内访问的位置之间密切相关. 访问位置的短序列往往与某些活动有关. 举例来说，“家 → 交通 → 办公室”对应从家到办公室的交通活动. 此外，地理或交通限制在轨迹生成过程中起着重要作用. 例如，用户更可能访问附近的位置. 因此，当用户决定接下来要访问的位置时，其访问的最后几个位置对于下一位置预测非常重要.

基于上述考虑，我们将短时间内的最后几个访问位置视为序列历史，并基于它们预测下一个位置. 为了捕捉短期访问依赖性，我们使用循环神经网络来建模序列数据，并开发我们的模型. 形式上，给定用户 v 轨迹中的第 j 个子序列 $T_v^j = \{l_1^{(v,j)}, l_2^{(v,j)}, \cdots, l_{m_{v,j}}^{(v,j)}\}$，我们递归地定义短期序列相关性如下：

$$\boldsymbol{S}_i = \tanh(\boldsymbol{U}_{l_{i-1}} + \boldsymbol{W} \cdot \boldsymbol{S}_{i-1}), \tag{11.4}$$

其中，$\boldsymbol{S}_i \in \mathbb{R}^d$ 是访问位置 l_{i-1} 后的状态的嵌入表示，$\boldsymbol{U}_{l_i} \in \mathbb{R}^d$ 是位置 $l_i^{(v,j)}$ 的表示，$\boldsymbol{W} \in \mathbb{R}^{d\times d}$ 是转移矩阵. 与隐马尔可夫模型类似，在这里我们将 $\boldsymbol{S}_i$ 称为状态.

4. 长期序列上下文的建模

在上文中，短期序列上下文（我们的数据集中，平均有 5 个位置）旨在捕获短时间窗口中的序列相关性. 在建模轨迹序列时，长期序列上下文也很重要. 例如，用户可能会有一些定期访问模式. 为了刻画长期依赖性，一种直接的方法是将另一个循环神经网络模型用于整个轨迹序列. 然而，用户在长时间内产生的轨迹序列往往包含上百个甚至更多的地点位置. 在长序列上使用 RNN 模型通常会遇到“梯度消失”问题.

为了解决这个问题，我们采用门控循环单元（Gated Recurrent Unit, GRU）来捕捉轨迹序列中的长期依赖性. 与传统的 RNN 相比，GRU 结合了几个额外的门单元来控制输入和输出. 具体来说，我们在模型中使用了两个门：输入门和遗忘门. 在输入和遗忘门的帮助下，GRU 的状态 $\boldsymbol{C}_t$ 即使在序列很长的情况下也能记住重要的内容，并在必要时忘记不太重要的信息. 我们在图 11.2展示了 GRU 的示意图.

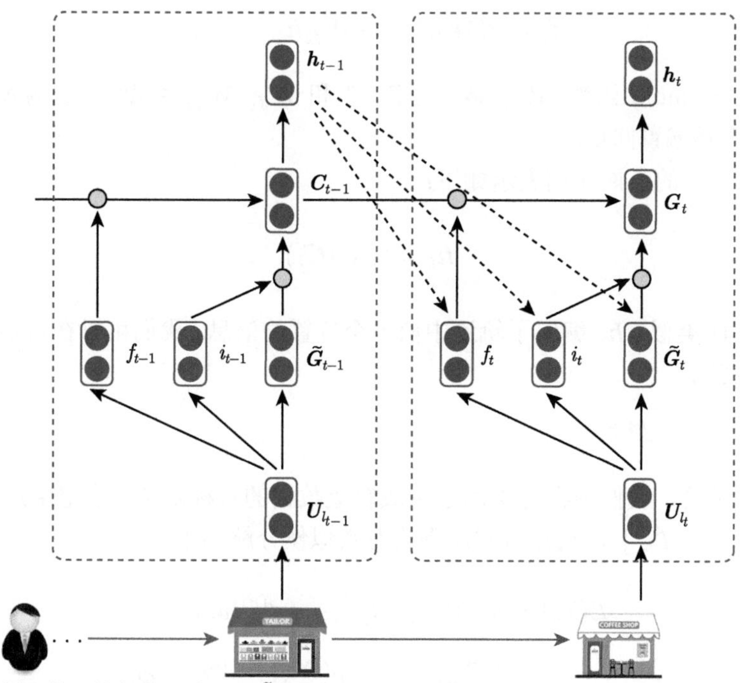

图 11.2 门控循环单元的架构示意图. $\tilde{C}_t$ 是备选状态. 当前状态 C_t 是上个状态 C_{t-1} 和当前备选状态 $\tilde{C}_t$ 的组合. i_t 和 f_t 分别是控制组合比例的输入和遗忘门

形式上，考虑位置序列 $\{l_1, l_2, \cdots, l_m\}$ ，我们将初始状态表示为 $\boldsymbol{C}_0 \in \mathbb{R}^d$ 和 $\boldsymbol{h}_0 = \tanh(\boldsymbol{C}_0) \in \mathbb{R}^d$. 在第 t 步，新的备选状态按下式更新：

$$\widetilde{\boldsymbol{C}_t} = \tanh(\boldsymbol{W}_{c_1}\boldsymbol{U}_{l_t} + \boldsymbol{W}_{c_2}\boldsymbol{h}_{t-1} + \boldsymbol{b}_c), \tag{11.5}$$

其中，$\boldsymbol{W}_{c_1} \in \mathbb{R}^{d\times d}$ 和 $\boldsymbol{W}_{c_2} \in \mathbb{R}^{d\times d}$ 是模型参数, $\boldsymbol{U}_{l_t}$ 是位置 l_t 的表示，和短期序列建模中的参数相同，$\boldsymbol{h}_{t-1}$ 是最后一步的嵌入表示, $\boldsymbol{b}_c \in \mathbb{R}^d$ 是偏置向量. 注意 $\tilde{\boldsymbol{C}}_t$ 的计算和 RNN 一样.

GRU 并不像 RNN 一样直接将 $\tilde{\boldsymbol{C}}_t$ 用作隐状态. 取而代之的是，GRU 在最后的状态 $\boldsymbol{C}_{t-1}$ 和新的备选状态 $\tilde{\boldsymbol{C}}_t$ 之间找到了平衡：

$$\boldsymbol{C}_t = i_t * \tilde{\boldsymbol{C}}_t + f_t * \boldsymbol{C}_{t-1}, \tag{11.6}$$

其中，$*$ 是按位乘操作，$i_t, f_t \in \mathbb{R}^d$ 分别是输入、遗忘门.

输入、遗忘门 $i_t, f_t \in \mathbb{R}^d$ 定义为

$$i_t = \sigma(\boldsymbol{W}_{i_1}\boldsymbol{U}_{l_t} + \boldsymbol{W}_{i_2}\boldsymbol{h}_{t-1} + \boldsymbol{b}_i), \tag{11.7}$$

$$f_t = \sigma(\boldsymbol{W}_{f_1}\boldsymbol{U}_{l_t} + \boldsymbol{W}_{f_2}\boldsymbol{h}_{t-1} + \boldsymbol{b}_f), \tag{11.8}$$

其中，$\sigma(\cdot)$ 是 Sigmoid 函数, $\boldsymbol{W}_{i_1}, \boldsymbol{W}_{i_2} \in \mathbb{R}^{d\times d}$ 和 $\boldsymbol{W}_{f_1}, \boldsymbol{W}_{f_2} \in \mathbb{R}^{d\times d}$ 是输入、遗忘门的参数, $\boldsymbol{b}_i, \boldsymbol{b}_f \in \mathbb{R}^d$ 是偏置向量.

最后，第 t 步的长期序列表示如下：

$$\boldsymbol{h}_t = \tanh(\boldsymbol{C}_t). \tag{11.9}$$

和式 (11.4) 类似，$\boldsymbol{h}_t$ 编码了轨迹中前 t 个位置的信息. 我们可以在每访问一个位置后递归地计算该表示.

5. 生成轨迹数据的最终目标函数

基于上述讨论，我们现在提出用于生成轨迹数据的目标函数. 给定用户 v 的轨迹序列 $T_v = \{l_1^{(v)}, l_2^{(v)}, \cdots, l_m^{(v)}\}$，根据链式法则将对数似然分解如下：

$$\begin{aligned}\mathcal{L}(T_v) &= \log \Pr[l_1^{(v)}, l_2^{(v)}, \cdots, l_m^{(v)}|v, \varPhi] \\ &= \sum_{i=1}^{m} \log \Pr[l_i^{(v)}|l_1^{(v)}, \cdots, l_{i-1}^{(v)}, v, \varPhi],\end{aligned} \tag{11.10}$$

其中 $\varPhi$ 表示所有相关参数. $\mathcal{L}(T_v)$ 是基于用户 v 和参数 $\varPhi$ 的对数概率的和. 注意，T_v 被分为 m_v 个子轨迹 $T_v^1, \cdots, T_v^{m_v}$. 令 $l_i^{(v,j)}$ 为第 j 个子轨迹中的第 i 个位置. $l_i^{(v,j)}$ 的上下文位置包括同一个子轨迹的前 $(i-1)$ 个位置（即 $l_1^{(v,j)}, \cdots, l_{i-1}^{(v,j)}$），记为 $l_1^{(v,j)} : l_{i-1}^{(v,j)}$，前 $(j-1)$ 个子轨迹中的所有位置（即 $T_v^1, \cdots, T_v^{j-1}$）记为 $T_v^1 : T_v^{j-1}$. 基于这些符号，我们重写式 (11.10) 如下：

$$\mathcal{L}(T_v) = \sum_{i=1}^{m} \log \Pr[l_i^{(v,j)} | \underbrace{l_1^{(v,j)} : l_{i-1}^{(v,j)}}_{\text{短期上下文}}, \underbrace{T_v^1 : T_v^{j-1}}_{\text{长期上下文}}, v, \varPhi]. \tag{11.11}$$

给定目标位置 $l_i^{(v,j)}$，$l_1^{(v,j)} : l_{i-1}^{(v,j)}$ 对应短期上下文，$T_v^1 : T_v^{j-1}$ 对应长期上下文，v 对应用户上下文. 关键问题变为如何建模条件概率 $\Pr[l_i^{(v,j)}|l_1^{(v,j)} : l_{i-1}^{(v,j)}, T_v^1 : T_v^{j-1}, v, \varPhi]$.

对于短期上下文，我们使用式 (11.4) 中介绍的 RNN 模型来刻画位置序列 $l_1^{(v,j)} : l_{i-1}^{(v,j)}$. 我们用 $\boldsymbol{S}_i^j$ 代表访问了第 j 个子轨迹中的第 i 个位置后的短期上下文表示；对于长期上下文，子轨迹 $T_v^1, \cdots, T_v^{j-1}$ 中的位置由式 (11.6)～式(11.9) 中的 GRU 建模. 我们用 $\boldsymbol{h}^j$ 代表访问了前 j 个子轨迹中的位置后的长期上下文表示. 我们在图 11.3 中展示了结合短期与长期上下文的模型示意图.

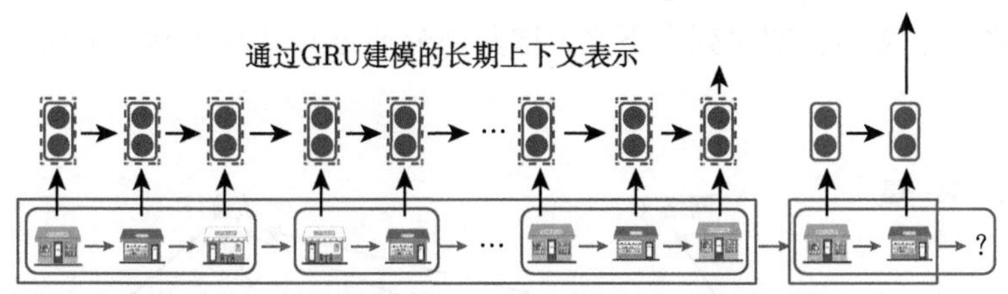

图 11.3 结合短期与长期序列上下文的模型示意图. 圆角矩形内的位置是一个子轨迹. 红色和蓝色矩形内的位置分别为长期和短期序列上下文. “?” 是需要预测的下一个位置

到目前为止，给定目标位置 $l_i^{(v,j)}$ ，我们已经得到了 4 个因素的表示：网络表示 $\boldsymbol{F}_v$、用户偏好表示（$\boldsymbol{P}_v$）、短期上下文表示 $\boldsymbol{S}_{i-1}^j$ 和长期上下文表示 $\boldsymbol{h}^{j-1}$，我们将它们拼接成一个向量 $\boldsymbol{R}_v^{(i,j)}=[\boldsymbol{F}_v;\boldsymbol{P}_v;\boldsymbol{S}_{i-1}^j;\boldsymbol{h}^{j-1}]\in\mathbb{R}^{4d}$ 并用于下一个位置预测. 给定表示 $\boldsymbol{R}_v^{(i,j)}$ ，我们定义 $l_i^{(v,j)}$ 的概率为

$$\begin{aligned}&\Pr[l_i^{(v,j)}|l_1^{(v,j)}:l_{i-1}^{(v,j)},T_v^1:T_v^{j-1},v,\varPhi]\\=&\Pr[l_i^{(v,j)}|\boldsymbol{R}_v^{(i,j)}]\\=&\frac{\exp(\boldsymbol{R}_v^{(i,j)}\cdot\boldsymbol{U}'_{l_i^{(v,j)}})}{\sum_{l\in L}\exp(\boldsymbol{R}_v^{(i,j)}\cdot\boldsymbol{U}'_l)},\end{aligned}\tag{11.12}$$

其中参数 $\boldsymbol{U}'_l\in\mathbb{R}^{4d}$ 是位置 $l\in L$ 用于预测的表示. 注意，这个表示 $\boldsymbol{U}'_l$ 和长短期上下文建模中的位置表示 $\boldsymbol{U}_l\in\mathbb{R}^d$ 完全不同. 我们可以通过将所有位置的对数概率相加来计算轨迹生成的总体对数似然.

11.2.4 整体模型

我们的整体模型是两个部分的目标函数之间的线性组合. 给定社交关系网络 $G=(V,E)$ 和用户轨迹 T，有如下对数似然函数:

$$\begin{aligned}\mathcal{L}(G,T)&=\mathcal{L}_{\text{network}}(G)+\mathcal{L}_{\text{trajectory}}(T)\\&=\mathcal{L}(G)+\sum_{v\in V}\mathcal{L}(T_v),\end{aligned}\tag{11.13}$$

其中，$\mathcal{L}_{\text{network}}(G)$ 由式 (11.3) 定义，$\mathcal{L}_{\text{trajectory}}(T)=\sum_{v\in V}\mathcal{L}(T_v)$ 由式 (11.11) 定义. 我们将模型命名为网络与轨迹联合模型 (Joint Network and Trajectory Model, JNTM).

我们在图 11.4中展示了整体模型 JNTM 的示意图. 我们的模型是一个用于生成社交网络和用户轨迹的 3 层神经网络. 在训练中，我们将社交网络和用户轨迹作为模型的目标输出. 基于这些数据，我们的模型包含两个目标函数. 为了生成社交网络，模型引入了基于网络的用户表示；为了生成用户轨迹，模型考虑了 4 个因素：基于网络的表示，一般访问偏好，短期序列上下文和长期序列上下文. 这两部分通过共享基于网络的用户表示联系在一起.

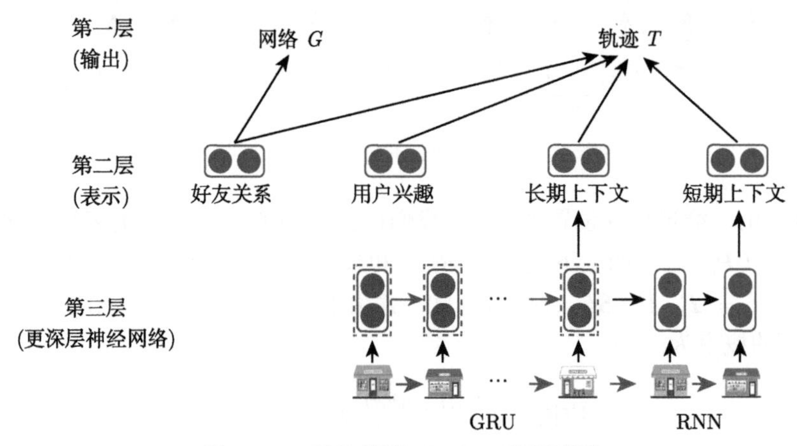

图 11.4 整体模型 JNTM 的示意图

11.2.5 参数学习

现在介绍如何训练我们的模型并学习参数，包括用户偏好表示 $\boldsymbol{P} \in \mathbb{R}^{|V| \times d}$，用户好友网络表示 $\boldsymbol{F}, \boldsymbol{F}' \in \mathbb{R}^{|V| \times d}$，位置表示 $\boldsymbol{U} \in \mathbb{R}^{|L| \times d}, \boldsymbol{U}' \in \mathbb{R}^{|L| \times 4d}$，初始短序列表示 $\boldsymbol{S}_0 \in \mathbb{R}^d$，转移矩阵 $\boldsymbol{W} \in \mathbb{R}^{d \times d}$，初始 GRU 状态 $\boldsymbol{C}_0 \in \mathbb{R}^d$ 和 GRU 参数 $\boldsymbol{W}_{i_1}, \boldsymbol{W}_{i_2}, \boldsymbol{W}_{f_1}, \boldsymbol{W}_{f_2}, \boldsymbol{W}_{c_1}, \boldsymbol{W}_{c_2} \in \mathbb{R}^{d \times d}, \boldsymbol{b}_i, \boldsymbol{b}_f, \boldsymbol{b}_c \in \mathbb{R}^d$.

负采样方法：式 (11.3)中的网络生成的对数似然包括 $|V| \times |V|$ 项，需要至少 $O(|V|^2)$ 的时间复杂度，非常耗时. 因此我们使用负采样方法（Mikolov et al., 2013b）加速训练过程.

注意，真实网络数据一般是稀疏的，也就是 $O(E) = O(V)$. 相连的节点对数量（正例）远远少于不相连节点对的数量（负例）. 负采样的核心思想是大多数节点对都是负例，而我们无须计算所有节点对. 取而代之的是，我们计算所有相连节点对和 n_1 随机不相连节点对作为近似，其中 $n_1 \ll |V|^2$ 是负例数. 在我们的实验中，设 $n_1 = 100|V|$. 对数似然可以写作

$$\mathcal{L}(G|\boldsymbol{F}, \boldsymbol{F}') = \sum_{(v_i, v_j) \in E} \log \Pr[(v_i, v_j) \in E] + \sum_{k=1, (v_{ik}, v_{jk}) \notin E}^{n_1} \log \Pr[(v_{ik}, v_{jk}) \notin E]. \quad (11.14)$$

网络生成部分的似然计算只包括 $O(E + n_1) = O(V)$ 项.

另一方面，式 (11.12) 的计算需要至少 $O(|L|)$ 时间，这是因为分母包含 $|L|$ 项. 注意，我们需要对每个位置进行该条件概率的计算. 因此轨迹生成的计算需要至少 $O(|L|^2)$ 时间，效率很低. 类似地，我们不计算所有的分母项，只计算位置 $l_i^{(v,j)}$ 和其他 n_2 个随机位置. 在本章工作中，我们设置 $n_2=100$. 重写式 (11.12) 为

$$\Pr[l_i^{(v,j)}|\boldsymbol{R}_v^{(i,j)}]=\frac{\exp(\boldsymbol{R}_v^{(i,j)}\cdot\boldsymbol{U}'_{l_i^{(v,j)}})}{\exp(\boldsymbol{R}_v^{(i,j)}\cdot\boldsymbol{U}'_{l_i^{(v,j)}})+\sum_{k=1,l_k\neq l_i^{(v,j)}}^{n_2}\exp(\boldsymbol{R}_v^{(i,j)}\cdot\boldsymbol{U}'_{l_k})}. \tag{11.15}$$

分母的计算将只包含 $O(n_2+1)=O(1)$ 项. 参数可以通过 AdaGrad（Duchi et al., 2011）更新.

11.3 实验分析

在本节中，我们将评估我们提出的模型 JNTM 的性能. 我们考虑了下一个位置推荐和好友推荐两个应用任务. 下面我们将介绍数据收集、基线方法、参数设置和评估指标. 然后，我们将展示实验结果与相关分析.

11.3.1 数据集

我们使用了两个公开的 LBSN 数据集（Cho et al., 2011）, 即 Gowalla and Brightkite. Gowalla 和 Brightkite 为用户提供了移动应用程序. 例如，使用 Brightkite，你可以使用手机内置的 GPS 跟踪好友或附近的任何其他 BrightKite 用户; Gowalla 也具有类似的功能——使用 GPS 数据显示你及你附近用户的位置.

这两个数据集提供了用户链接和用户位置访问记录. 用户链接表示好友关系，位置访问记录包含位置 ID 和相应的时间戳. 我们将访问记录信息转为轨迹序列. 和前人工作（Cheng et al., 2013）类似，我们在两次连续访问之间的间隔大于 6 小时的位置切分轨迹. 我们在两个数据集上执行了一些预处理步骤. 对于 Gowalla，我们去掉了所有少于 10 个位置访问的用户和少于 15 个用户访问的位置，最终得到了 837,352 条子轨迹. 对于 Brightkite，考虑到这个数据较小，我们去掉了所有少于 10 个位置被访问的用户和少于 5 个用户访问的位置，最终得到了 503,037 条子轨迹. 表 11.2展示了数据集预处理后的统计信息. 我们使用的数据集比前人工作（Cheng et al., 2013; feng et al., 2015）拥有更大的规模.

表 11.2 数据集统计. $|V|$ 表示节点数; $|E|$ 表示边数; $|D|$ 表示访问记录数; $|L|$ 表示位置数

数据集	$\|V\|$	$\|E\|$	$\|D\|$	$\|L\|$
Gowalla	37,800	390,902	2,212,652	58,410
Brightkite	11,498	140,372	1,029,959	51,866

我们的主要假设是社交链接和移动轨迹行为之间存在密切关联. 为了验证这一假设，我们构建了一个实验来揭示这两个因素之间的相关模式. 对于每个用户，其访问过的位置构成一个位置集合，然后可以使用重合系数来测量两个用户的位置集合之间的相似度. 对于随机好友用户对，在 Brightkite 和 Gowalla 上的用户间平均重合系数分别为 11.1% 和 15.7%. 作为参照，对于随机非好友用户对，在 Brightkite 和 Gowalla 上的用户间平均重合系数都降到了 0.5% . 这一发现表明有社交连接的用户确实拥有更相似的位置访问特征. 接下来我们将验证具有相似轨迹行为的两个用户是否更有可能存在社交链接. 我们发现 Brightkite 和 Gowalla 数据上两个随机用户是好友的概率分别为 0.1% 和 0.03%. 但如果我们随机选取两个至少访问过 3 个相同位置的用户，他们是好友的概率将分别增长到 9% 和 2%. 上述两个观察结果表明，社交关系与 LBSN 中的移动轨迹行为密切相关.

11.3.2 评估任务与基线方法

1. 下一个位置推荐

对于下一个位置推荐任务，我们考虑了以下基线方法.

Paragraph Vector（PV；Le and Mikolov, 2014）是使用简单神经网络架构的句子和文档的表示学习模型. 为了建模轨迹数据，我们将每个位置视为一个单词，将每个用户视为一个拥有多个单词的段落.

Feature-Based Classification（FBC）通过将其自身看作多分类问题来解决下一个位置推荐任务. 用户特征和位置特征分别通过 DeepWalk 算法和 word2vec（Mikolov et al., 2013b）学习得到. 之后这些特征被送入 softmax 分类器用于预测.

FPMC（Rendle et al., 2010）通过计算基于马尔可夫链假设的转移概率，来对所有用户的转移矩阵的张量进行分解并预测下一个位置.

PRME（Feng et al., 2015）通过在不同的向量空间中对用户–位置对和位置–位置对进行建模来扩展 FPMC.

HRM（Wang et al., 2015）通过将每个子轨迹作为交易篮，我们可以轻松地将 HRM 用于下一个位置推荐.

下面我们将数据划分为训练集和测试集. 一个用户的前 90% 子轨迹被划入训练集，余下的 10% 划为测试集. 为了调参，我们将训练数据的后 10% 作为验证集. 给定一个用户，我们按照顺序，逐一预测测试集中的位置. 对于每个需要被预测的位置，我们为用户推荐 5 或 10 个位置，并将 Recall@5 和 Recall@10 作为评价指标. 对 JNTM，我们按式 (11.12) 中的对数似然对位置进行排序.

2. 好友推荐

对于好友推荐任务，我们根据使用的数据考虑了 3 种类型的基线，包括只使用网络数据的基线（即 DeepWalk）、只使用轨迹数据的基线（即 PMF）和同时使用网络和轨迹的基线（即 PTE 和 TADW）.

DeepWalk（Perozzi et al., 2014）首先生成随机游走路径，并应用词嵌入技术来学习网络节点的表示.

PMF（Mnih and Salakhutdinov, 2007）是一种基于用户–物品矩阵分解的通用协同过滤方法. 在我们的实验中，使用轨迹数据构建用户–位置矩阵，然后利用用户表示来进行好友推荐.

PTE（Tang et al., 2015a）是半监督文本嵌入学习算法. 我们去掉了监督部分，并优化了邻接矩阵和用户–位置共现矩阵，使其适用于无监督嵌入学习. PTE 建模了条件概率 $p(v_j|v_i)$ 来表示 v_i 和 v_j 相连接的概率. 我们计算该条件概率用于好友推荐.

TADW（Yang et al., 2015）进一步扩展了 DeepWalk，用以利用网络中的文本信息. 我们可以通过忽略位置的顺序信息，用用户–位置共现矩阵来替换 TADW 中的文本特征矩阵. TADW 定义了一个邻近度矩阵，其中矩阵的每个元素表示相应用户之间关系的强度. 我们使用邻近度矩阵的相应元素来排序候选用户并进行推荐.

我们随机抽取了 20%~50% 的好友链接作为训练集，其余的作为测试. 我们为每个用户推荐 5 或 10 个好友，并报告 Recall@5 和 Recall@10. 具体地，对每个用户 v，我们将训练集中不是其朋友的所有其他用户作为候选用户. 然后，我们对候选用户进行排序，并推荐分数最高的 5 或 10 个用户. 当我们为用户 v_i 推荐朋友时，需要计算用户 v_j 的排序分数，DeepWalk 和 PMF 使用它们用户表示之间的余弦相似度，PTE 使用条件概率 $p(v_j|v_i)$，TADW 使用邻近度矩阵 $\boldsymbol{A}$ 中的对应单元 A_{ij}. 对于我们的模型，我们使用式（11.1）中的对数似然.

基线方法和我们的模型都涉及一个重要的参数，即表示维度. 我们在 25 和 100 间进行网格搜索，并使用验证集中的最优值. 基线或我们的模型中的其他参数可以以类似的方式进行调整. 对于我们的模型，学习率和负样本数根据经验分别设置为 0.1 和 100. 我们根据均匀分布 $U(-0.02, 0.02)$ 随机初始化参数.

11.3.3 下一个位置推荐任务实验结果

表 11.3 展示了不同方法在下一个位置推荐任务上的实验结果. 与 FPMC 和 PRME 相比，HRM 建模了连续子轨迹之间的序列相关性，而忽略了子轨迹内部的序列相关性. Brightkite 数据集中，子轨迹中的平均位置数要远远小于 Gowalla 中的. 因此，短期序列上下文对 Gowalla 比对 Brightkite 更加有用. 表 11.3中的实验结果验证了我们的直觉：

HRM 在 Brightkite 数据上比 FPMC 和 PRME 表现要好；而 PRME 在 Gowalla 数据上表现最好.

如表 11.3所示，我们的模型 JNTM 一致地超过其他基线方法. 与 Brightkite 数据集上的最佳基线 HRM 和 Gowalla 数据集上的最佳基线 FBC 相比，JNTM 在 Recall@5 评分上分别有 4.9% 和 4.4% 的绝对提升. 注意，JNTM 考虑了 4 个因素，包括用户偏好、好友影响、短期序列上下文和长期序列上下文. 所有基线方法仅考虑了用户偏好（或好友关系）和单一类型的序列上下文. 因此，JNTM 在两个数据集上都达到了最好的效果.

表 11.3 下一个位置推荐任务上不同方法的实验结果（%）

方法	数据集和评价指标					
	BrightKite 数据集			Gowalla 数据集		
	R@1	R@5	R@10	R@1	R@5	R@10
PV	18.5	44.3	53.2	9.9	27.8	36.3
FBC	16.7	44.1	54.2	13.3	34.4	42.3
FPMC	20.6	45.6	53.8	10.1	24.9	31.6
PRME	15.4	44.6	53.0	12.2	31.9	38.2
HRM	17.4	46.2	56.4	7.4	26.2	37.0
JNTM	**22.1**	**51.1**	**60.3**	**15.4**	**38.8**	**48.1**

上述结果是基于对所有用户的结果进行平均而得到的. 在推荐系统中，一个重要的问题是方法在冷启动设置中的表现如何（即新用户或新物品）. 为了检验对仅拥有很少位置访问信息的新用户的有效性，我们在表 11.4中展示了对拥有少于 5 条子轨迹的用户的 Recall@5. 冷启动场景中，一个常用手段是加入辅助信息［如用户链接（Cheng et al., 2012）和文本信息（Gao et al., 2015a; Li et al., 2010; Zhao et al., 2015a)］来缓解数据稀疏性. 对于我们的模型，可以利用网络数据学习到的用户表示在一定程度上改善新用户的推荐性能. 实验结果表明由于引入了网络表示，我们的模型 JNTM 有一定在冷启动设置中完成下一个位置推荐的能力.

表 11.4 对于拥有不多于 5 条子轨迹的用户的下一个位置推荐实验结果（%）

方法	数据集和评价指标					
	BrightKite 数据集			Gowalla 数据集		
	R@1	R@5	R@10	R@1	R@5	R@10
PV	13.2	22.0	26.1	4.6	7.8	9.2
FBC	9.0	29.6	39.5	4.9	12.0	16.3
FPMC	17.1	30.0	33.9	5.5	13.5	18.5
PRME	22.4	36.3	40.0	7.2	12.2	15.1
HRM	12.9	31.2	39.7	5.2	15.2	21.5
JNTM	**28.4**	**53.7**	**59.3**	**10.2**	**24.8**	**32.0**

注意，上述实验基于普通的下一个位置推荐，我们不会检查用户之前是否访问过系统推荐的位置. 为了进一步测试算法的有效性，我们对先前研究（Feng et al., 2015）提出的下一个新位置推荐任务进行了实验. 在这个设置下，我们只向用户推荐其没有访问过的新位置. 特别地，我们在推荐时只对用户所有没访问过的位置进行排序（Feng et al., 2015）. 我们将实验结果列在表 11.5中. 在两个数据集的下一个新位置推荐任务中，我们的方法始终优于所有基线. 结合表 11.3和表 11.4，我们可以看到，与这些基线相比，我们的模型 JNTM 在下一个位置推荐任务中更加有效.

表 11.5 下一个新位置推荐任务上不同方法的实验结果（%）

方法	数据集和评价指标					
	BrightKite 数据集			Gowalla 数据集		
	R@1	R@5	R@10	R@1	R@5	R@10
PV	0.5	1.5	2.3	1.0	3.3	5.3
FBC	0.5	1.9	3.0	1.0	3.1	5.1
FPMC	0.8	2.7	4.3	2.0	6.2	9.9
PRME	0.3	1.1	1.9	0.6	2.0	3.3
HRM	1.2	3.5	5.2	1.7	5.3	8.2
JNTM	**1.3**	**3.7**	**5.5**	**2.7**	**8.1**	**12.1**

在上文中，我们已经展示了 JNTM 对下一个位置推荐任务的有效性. 由于轨迹数据本身就是序列数据，所以 JNTM 模型中的短期和长期序列上下文利用循环神经网络的灵活性来建模. 现在我们研究序列建模对当前任务的影响.

我们研究了 JNTM 的以下 3 个变体.

- $\text{JNTM}_{\text{base}}$: 删除了短期和长期上下文，仅使用用户偏好表示和网络表示来生成轨迹数据.
- $\text{JNTM}_{\text{base+long}}$: 在 $\text{JNTM}_{\text{base}}$ 基础上加入了长期上下文.
- $\text{JNTM}_{\text{base+long+short}}$: 在 $\text{JNTM}_{\text{base}}$ 基础上同时加入了短期和长期上下文.

表 11.6 和表 11.7 展示了 3 个 JNTM 模型变体在 Brightkite 和 Gowalla 数据集上的实验结果. 括号内的数字代表相比于 $\text{JNTM}_{\text{base}}$ 的相对提升. 我们可以观察到性能排序：$\text{JNTM}_{\text{base}} < \text{JNTM}_{\text{base+long}} < \text{JNTM}_{\text{base+long+short}}$. 观察结果表明，两种序列上下文对提升下一个位置推荐的性能都很有用. 在普通的下一个位置推荐中（即新老位置都会被推荐），我们可以看到来自短期和长期上下文的性能提升并不显著. 对此的解释是，用户可能会表现出重复访问某个位置的行为，因此用户偏好对推荐性能的影响比序列上下文更重要. 而对于下一个新位置推荐，序列上下文尤其是短期上下文会产生比基线更大的性能提升. 这些结果表明，在新位置推荐任务中，序列影响比用户偏好更重要. 我们的发现也和前人工作（Feng et al., 2015）一致，即序列上下文对下一个新位置推荐非常重要.

表 11.6 JNTM 的 3 个变体在下一个位置推荐任务上的性能比较（%）

方法	数据集和评价指标					
	BrightKite 数据集			Gowalla 数据集		
	R@1	R@5	R@10	R@1	R@5	R@10
$\text{JNTM}_{\text{base}}$	20.2	49.3	59.2	12.6	36.6	45.5
$\text{JNTM}_{\text{base+long}}$	20.4 (+2%)	50.2 (+2%)	59.8 (+1%)	13.9 (+10%)	36.7 (+0%)	45.6 (+0%)
$\text{JNTM}_{\text{base+long+short}}$	**22.1 (+9%)**	**51.1 (+4%)**	**60.3 (+2%)**	**15.4 (+18%)**	**38.8 (+6%)**	**48.1 (+6%)**

表 11.7 JNTM 的 3 个变体在下一个新位置推荐任务上的性能比较（%）

方法	数据集和评价指标					
	BrightKite 数据集			Gowalla 数据集		
	R@1	R@5	R@10	R@1	R@5	R@10
$\text{JNTM}_{\text{base}}$	0.8	2.5	3.9	0.9	3.3	5.5
$\text{JNTM}_{\text{base+long}}$	1.0 (+20%)	3.3 (+32%)	4.8 (+23%)	1.0 (+11%)	3.5 (+6%)	5.8 (+5%)
$\text{JNTM}_{\text{base+long+short}}$	**1.3 (+63%)**	**3.7 (+48%)**	**5.5 (+41%)**	**2.7 (+200%)**	**8.1 (+145%)**	**12.1 (+120%)**

11.3.4 好友推荐任务实验结果

我们继续介绍和分析好友推荐任务的实验结果. 表 11.8 和表 11.9 展示了当训练比率为 20%~50% 时的实验结果.

表 11.8 Brightkite 数据集上好友推荐任务实验结果（%）

方法	训练比率和评价指标							
	训练比率 20%		训练比率 30 %		训练比率 40 %		训练比率 50 %	
	R@5	R@10	R@5	R@10	R@5	R@10	R@5	R@10
DeepWalk	2.3	3.8	3.9	6.7	5.5	9.2	7.4	12.3
PMF	2.1	3.6	2.1	3.7	2.3	3.4	2.3	3.8
PTE	1.5	2.5	3.8	4.7	4.0	6.6	5.1	8.3
TADW	2.2	3.4	3.6	3.9	2.9	4.3	3.2	4.5
JNTM	**3.7**	**6.0**	**5.4**	**8.7**	**6.7**	**11.1**	**8.4**	**13.9**

在基线方法中，DeepWalk 表现最好，甚至超过了同时使用网络数据和轨迹数据的基线方法（PTE 和 TADW）. 一个主要原因是 DeepWalk 天然适用于网络链接的重建，并采用分布式表示方法来建模拓扑结构. 尽管 PTE 和 TADW 同时利用了网络和轨迹数据，但它们的性能仍然很低. 这两种方法也无法捕捉轨迹序列中的序列相关性. 我们的算法与最先进的网络嵌入方法 DeepWalk 相比效果相当，并且在网络结构信息稀疏时优于 DeepWalk.

其原因是当网络信息不足时，轨迹信息更有用. 随着网络信息变得稠密，轨迹信息不如用户链接信息更直接有用. 为了验证这一解释，我们进一步报告了当训练比率为 50% 时，对于少于 5 个好友的用户的推荐结果，如表 11.10 所示. 在 Brightkite 和 Gowalla 数据集上，我们的方法相比于 DeepWalk 分别有 2.1% 和 1.5% 的绝对提升. 结果表明，对于好友很少的用户，轨迹信息有助于改善好友推荐的性能.

表 11.9 Gowalla 数据集上好友推荐任务实验结果（%）

方法	训练比率和评价指标							
	训练比率 20%		训练比率 30 %		训练比率 40 %		训练比率 50 %	
	R@5	R@10	R@5	R@10	R@5	R@10	R@5	R@10
DeepWalk	2.6	3.9	5.1	8.1	**7.9**	**12.1**	**10.5**	**15.8**
PMF	1.7	2.4	1.8	2.5	1.9	2.7	1.9	3.1
PTE	1.1	1.8	2.3	3.6	3.6	5.6	4.9	7.6
TADW	2.1	3.1	2.6	3.9	3.2	4.7	3.6	5.4
JNTM	**3.8**	**5.5**	**5.9**	**8.9**	**7.9**	**11.9**	**10.0**	**15.1**

表 11.10 当训练比率为 50% 时，对于少于 5 个好友的用户的好友推荐实验结果（%）

方法	数据集和评价指标			
	BrightKite 数据集		Gowalla 数据集	
	R@5	R@10	R@5	R@10
DeepWalk	14.0	18.6	19.8	23.5
JNTM	**16.1**	**20.4**	**21.3**	**25.5**

总结上述实验，我们的方法在下一个位置和好友推荐两个任务上明显优于现有的最先进方法. 两项任务的实验结果证明了我们提出的模型的有效性.

11.4 扩展阅读

在本章中，我们重点讨论一种特定类型网络上的推荐系统，即 LBSN 上的推荐（Bao et al., 2015）. LBSN 中典型的应用任务是位置推荐，目的是推断用户的访问偏好，为用户提供有意义的访问建议. 它可以分为 3 种不同的设置：一般位置推荐、时间感知的位置推荐和下一个位置推荐. 一般位置推荐将生成用户要访问的位置的总体推荐列表；而时间感知或下一个位置推荐通过指定时间段或进行序列预测来对推荐任务施加时间约束.

在一般位置推荐中，很多方法考虑了辅助信息，如地理信息（Cheng et al., 2012; Ye et al., 2011）、时间信息（Zhao et al., 2016）和社交网络信息（Levandoski et al., 2012）. 为了解决数据稀疏性问题，研究者还考虑了包括位置类别标签在内的内容信息（Yin et al., 2013; Zhou et al., 2016). 位置的类别和标签也可以用于概率模型，如 aggregate LDA (Gao et al., 2015). 文本信息包括文本描述 (Gao et al., 2015; Li et al., 2010; Zhao et al., 2015a) 也可用于位置推荐. $\boldsymbol{W}^4$ 对 Who (用户)、What (位置类别)、When (时间)、Where (位置) 使用张量分解进行多维协同推荐 (Bhargava et al., 2015; Zheng et al., 2010).

对于在特定时间段内推荐位置的时间感知型位置推荐任务，也需要对时间作用进行建模，基于协同过滤方法 (Yuan et al., 2013) 将时间和地理信息组合起来. 前人工作 (Yuan et al., 2014b) 提出地理–时间图，并在图上进行偏好传播来进行时间感知的位置推荐. 此外，研究者还通过非负矩阵分解 (Gao et al., 2013)、嵌入 (Xie et al., 2016) 和 RNN (Liu et al., 2016) 研究了时间作用.

与一般的位置推荐不同，下一个位置推荐也需要考虑当前的状态. 因此，在进行下一个位置推荐时，序列信息更为重要. 以往的工作大多基于马尔可夫链假设来建模序列行为，即假设下一个位置仅由当前位置决定，且不依赖之前的位置 (Cheng et al., 2013; Rendle et al., 2010; Ye et al., 2013; Zhang et al., 2014)，从而建立序列行为模型. 例如，个性化马尔可夫链分解 (Factorized Presonali2ed Markov Chain, FPMC) 算法 (Rendle et al., 2010) 对包含所有用户转移概率矩阵的三维张量进行分解. PRME (代表 personalized ranking metric embedding; Feng et al., 2015) 通过在两个不同的向量空间中建模用户–位置距离和位置–位置距离来进一步扩展 FPMC. 这些方法被应用于下一个位置推荐，即给定用户的位置历史和当前位置，预测用户将访问的下一个位置. 需要注意的是，马尔可夫链是一个非常强的假设，即假设下一个位置仅由当前位置确定. 在实际中，下一个位置也可能受到整个位置历史的影响. 最近，基于 RNN 的方法 (Gao et al., 2017a; Li et al., 2020) 对于 LBSN 上推荐的有效性已经得到了证明.

接下来，我们将介绍在更一般的推荐场景中基于图嵌入技术的一些最新进展.

图神经网络被认为是一种将图编码成低维向量表示的有效手段. sRMGCNN (Monti et al., 2017) 和 GCMC (van den Berg et al., 2017) 率先在推荐任务中利用图神经网络，并取得了不错的结果.

sRMGCNN 为用户和商品构建 k 近邻图来提取它们的特征表示，并将特征输入循环神经网络来还原评分矩阵. GCMC 基于图卷积网络 (Kipf and Welling, 2017)，并直接在图的空域进行聚合和更新. GCMC 可以解释为一种编码器–解码器结构. 该模型先通过图编码器获得用户节点和商品节点的表示向量，然后通过双线性解码器预测评分. 由于图卷积网络的有效性，GCMC 在多个现实世界的基准测试中表现出色.

PinSage (Ying et al., 2018) 是一个基于图神经网络的高效推荐算法，为 Pinterest 上的推荐系统设计了一套高效的计算流水线. 尽管 PinSage 很有效，但它严重依赖于节点的文本或视觉特征，从而在许多基准测试中都不可用. STAR-GCN (Zhang et al., 2019b) 采用了多块图自编码器架构，中间的重构监督有效提升了模型性能.

在其他推荐场景中，NGCF（Wang et al., 2019c）将图神经网络应用于序列推荐，GraphRec（Fan et al., 2019）聚焦于社会化推荐问题，采用图注意力（Veličković et al., 2018）捕捉邻居的重要性. KGAT（Wang et al., 2019b）通过构建用户–商品–实体图，研究知识图谱增强的个性化推荐.

本章的部分内容摘自我们 2017 年发表于 ACM（Transactions on Information Systems, TOIS）的论文（Yang et al., 2017）.

第12章　面向信息传播预测的网络嵌入

在过去十几年中，信息的传播和预测引起了很多研究者的关注. 大部分传播预测的工作旨在预测级联级别的宏观属性，如信息传播的最终规模. 现有微观层面的传播预测模型主要聚焦于用户级别的建模. 现有方法要么对一个用户如何被一个级联所影响作出了很强的假设，要么将问题限制在“谁影响了谁”（who infected whom）信息已经被明确标出的特定场景中. 强假设过分简化了复杂的信息传播机制，使得这些模型无法更好地拟合现实世界的级联数据. 此外，针对特定场景的方法无法推广到未观察到传播图的一般设置中. 为了解决上述前人工作中的不足，我们提出了面向一般微观层面传播预测的神经传播模型（Neural Diffusion Model，NDM）. NDM 基于相对宽松的假设，并采用深度学习技术，包括注意力机制和卷积神经网络进行级联建模. 网络嵌入方法也被用来利用社交网络信息，并为模型提供额外的辅助输入. 这些优势使我们的模型能够超越之前方法的限制，更好地拟合传播数据，并推广到训练集之外的级联上. 4 个真实级联数据集上的传播预测任务的实验结果表明，我们的模型相比于基线方法，F1 值可以有 26% 的相对提升.

12.1　概述

信息传播在人们的日常生活中无处不在，例如，谣言的传播、病毒的传染，以及新思想和新技术的传播等. 其传播过程，也称为级联，已经在广泛的领域内得到了研究. 虽然有些工作认为即使最终的级联规模也无法预测（Salganik et al., 2006），近期工作（Cheng et al., 2014; Yu et al., 2015; Zhao et al., 2015b）已经展示了预测级联的规模、增长和许多其他关键性质的能力. 如今，级联的建模和预测已在许多实际应用中发挥着重要作用，例如，产品推荐（Aral and Walker, 2012; Domingos and Richardson, 2001; Leskovec et al., 2006, 2007; Watts and Dodds, 2007）、流行病学（Hethcote, 2000; Wallinga and Teunis, 2004）、社交网络（Dow et al., 2013; Kempe et al., 2003; Lappas et al., 2010），以及新闻和观点的传播（Gruhl et al., 2004; Leskovec et al., 2009; Liben-Nowell and Kleinberg, 2008）. 大部分已有的传播预测工作专注于宏观属性的预测，例如，分享某张照片的用户总数（Cheng et al., 2014）或者一个博客关注度的增长曲线（Yu et al., 2015）. 然而，宏观传播预测是对于级联的粗略估计，且无法适用于图 12.1中的微观层面预测问题. 微观传播预测更注重用户级别而非级联级别的建模和预测，比宏观预测能力要强大得多，并且能够在实际应用中开发针对特定用户的策略. 例如，在推广新产品期间，微观传播预测可以帮助卖家向每个阶段最有可能购买该产品的用户推荐广告. 本章工作专注于微观层面传播预测的研究.

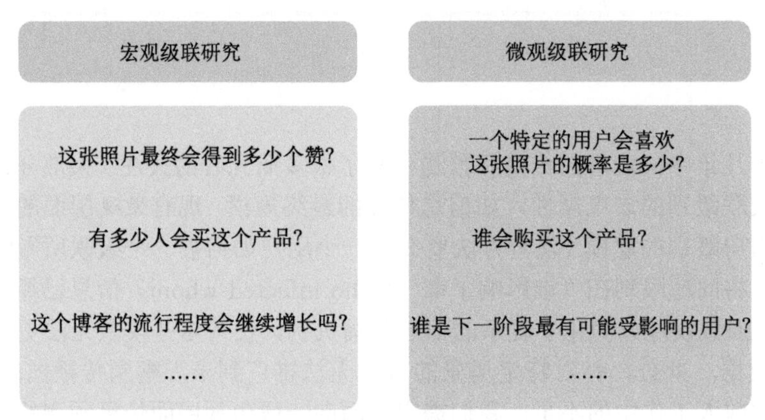

图 12.1 宏观传播预测与微观传播预测的对比

对级联的微观研究面临着巨大的挑战，因为真实世界的扩散过程可能会非常复杂（Romero et al., 2011）且通常只有部分被观察到（Myers and Leskovec, 2010; Wallinga and Teunis, 2004）.

1. 复杂机制

一个具体用户如何被影响[①]的机制十分复杂，基于强假设和简单计算公式的传统传播模型可能并不是微观传播预测的最佳选择. 现有的适用于微观层面预测的传播模型（Bourigault et al., 2016; Gomez-Rodriguez et al., 2012; Gomez Rodriguez et al., 2013; Rodriguez et al., 2014）主要基于独立级联（Independent Cascade，IC）模型（Kempe et al., 2003）. IC 模型基于成对独立假设，为每个用户对 (u, v) 分配一个静态概率 $p_{u,v}$ 表示当用户 u 已经被激活时，用户 v 被 u 影响的概率. 其他传播模型（Bourigault et al., 2014; Gao et al., 2017b）甚至做出了更强的假设，即受影响用户只由源用户决定. 虽然直观且易于理解，但这些级联模型都基于强假设和过度简化的概率估计公式，从而限制了模型的表达能力和适应复杂的真实数据的能力（Li et al., 2017a）. 现实世界中信息传播的复杂机制鼓励为传播建模探索更复杂的模型，例如，深度学习技术.

2. 不完全观测

级联数据通常都是不完全观测的，也就是说只能观测到用户被影响，而不知道是谁影响了这些用户. 然而，大部分深度学习技术驱动的微观传播模型（Hu et al., 2018; Wang

① 我们用“影响”或者“激活”来表示一个用户被级联所影响.

et al., 2017c）都是基于传播图已知的假设. 这里传播图指用户只能通过传播图中的边施加影响和被影响. 举例来说，当研究 Twitter 网络中的转发行为时，“谁影响了谁”信息显式地存在于转发链中，且下一个可能被影响的用户被限制在邻居用户当中而非所有用户. 但是在大多数传播过程中，例如，产品推广或病毒传染，传播图都是观测不到的（Myers and Leskovec, 2010; Wallinga and Teunis, 2004; Zekarias Kefato and Montresor, 2017）. 因此，这些方法实际上考虑了一个更简单的问题，并不能推广到传播图未知的一般设置.

为了填补一般场景下微观层面传播预测的空白，克服传统传播模型的局限性，我们采用了最新的深度学习技术（即注意力机制和卷积神经网络），并提出了一种基于更宽松的假设的神经传播模型用于级联建模. 宽松的假设使得模型可以更灵活且少受约束，而深度学习模型擅长捕捉人工设计的特征难以表达的复杂内在关系. 网络嵌入方法也被用于调用社交网络信息，并为模型提供额外的辅助输入. 这些优势使该模型能够超越基于强假设和过度简化公式的传统方法的局限性，更适合复杂的级联数据. 参照前人工作（Bourigault et al., 2016）的实验设置，本章工作在 4 个真实的级联数据集上进行了传播预测任务实验，以评估本章提出的模型和其他基线方法的性能. 实验结果表明该模型相比于表现最好的基线方法，F1 值有 26% 的相对提升.

12.2 方法：神经传播模型

在本节中，我们从问题形式化开始，并对符号系统进行介绍. 然后，提出两个基于数据观察的启发式假设，并介绍基于这两个模型假设所设计的神经传播模型（Neural Diffusion Model, NDM）. 最后，我们介绍整体的优化函数和其他模型细节.

12.2.1 问题形式化

级联数据集记录了传播对象在何时被传播给谁的信息. 例如，传播对象可以是产品，级联记录了谁在何时购买了该产品. 但是在大多数情况下，用户之间不存在明确的传播图（Bourigault et al., 2016; Saito et al., 2008）. 因此，我们不知道一个用户是如何被其他用户所影响的具体信息.

形式上，给定用户集合 $\mathcal{U}$ 和观察到的级联序列集合 $\mathcal{C}$，每个级联 $c_i \in \mathcal{C}$ 包含一个按被影响时间排序的用户列表 $\{u_0^i, u_1^i, \cdots, u_{|c_i|-1}^i\}$，其中 $|c_i|$ 是序列 c_i 的长度，$u_j^i \in \mathcal{U}$ 是序列 c_i 中的第 j 个用户. 在本章工作中，我们像之前的工作一样（Bourigault et al., 2016; Wang et al., 2017c; Zekarias Kefato and Montresor, 2017），只考虑了用户被影响的顺序，并忽略了对应的确切时间信息.

在本章中，我们的目标是在给定不完全观测的级联序列 $\{u_0, u_1, \cdots, u_j\}$ 时，学习能够预测下一个被影响用户 u_{j+1} 的传播预测模型. 学习到的模型能够基于前几个观察到的受影响用户来预测整个受影响的用户序列，并用于图 12.1中的微观传播预测任务. 在我们的模型中，我们在用户集合 $\mathcal{U}$ 中加入了名为 Terminate 的虚拟用户. 在训练阶段，我们在每个级联序列的末尾添加 Terminate 来表示在这个级联中不会有更多的用户被影响.

更进一步，我们通过参数化的实值向量来表示每个用户，以将用户映射到向量空间中. 实值向量也称为嵌入. 我们将用户 u 的嵌入表示记为 $\text{emb}(u) \in \mathbb{R}^d$，其中 d 是嵌入维度. 在我们的模型中，两个用户的嵌入表示之间的内积越大表明用户之间的相关性越强. 如图 12.2所示，嵌入表示层将用户映射为对应的向量表示，是我们模型的最底层.

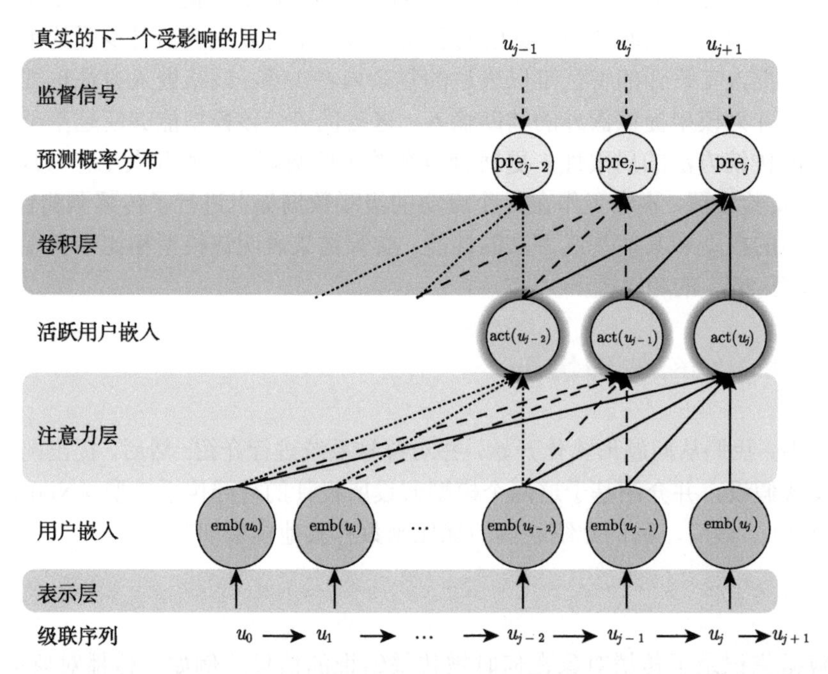

图 12.2 NDM 示意图. NDM 基于最近被激活用户的活跃用户表示（蓝色节点）顺序地预测下一个被影响的用户，并利用所有先前被影响用户的用户表示（绿色节点）上的注意力层计算活跃用户表示

12.2.2 模型假设

在传统的 IC 模型（Kempe et al., 2003）设置中，对于所有已经受影响的用户，无论他们受影响的顺序如何，都可以独立且平等地激活新用户. 很多 IC 模型的扩展进一步考虑了时间衰减信息，例如，连续时间 IC （Continuous Time IC, CTIC；Saito et al., 2009）和 Netrate（Rodriguez et al., 2014）. 但是，这些模型都没有去尝试找出在当前时刻更有可能激活其他用户的真正的活跃用户. 为解决这个问题，我们提出了以下假设.

假设 1：给定最近被影响的用户 u，和用户 u 强相关的用户包括 u 本身更可能是活跃的.

这一假设是直观的. 作为新激活的用户，u 应该是活跃的，并有可能影响其他用户. 和用户 u 强相关的用户很可能是 u 被激活的原因，所以在此时和其他用户相比更可能是活跃的. 我们进一步提出“活跃用户表示”这一概念来建模所有这样的活跃用户.

定义 1：对于每个近期被影响的用户 u，我们的目标是学习一个活跃用户表示 $\text{act}(u) \in \mathbb{R}^d$，即所有和用户 u 相关的活跃用户的嵌入表示，并将其用于预测下一个受影响的用户.

活跃用户表示 $\text{act}(u_j)$ 刻画了和用户 u_j 被激活相关的潜在活跃用户. 从数据观察中，我们可以看到所有最近被影响的用户都可能与下一个受影响的用户相关. 因此，所有最近激活的用户的活跃用户表示都应该有助于预测下一个受影响的用户，从而引出假设 2.

假设 2：所有最近被影响的用户都应该贡献于下一个受影响用户的预测，并根据激活的顺序进行不同的处理.

和基于 IC 的模型中的强假设相比，启发式假设使模型更加灵活，可以更好地拟合级联数据. 接下来将介绍如何基于这两个假设来构建模型，即抽取活跃用户并结合其嵌入表示以进行预测.

12.2.3 使用注意力机制提取活跃用户

为了计算活跃用户表示，我们提出使用注意力机制（Bahdanau et al., 2015; Vaswani et al., 2017）来抽取最可能的活跃用户. 注意力机制会给予活跃用户比其他用户更多的权重. 如图 12.2所示，用户 u_j 的活跃用户表示由先前被影响用户的加权和计算得到：

$$act(u_j) = \sum_{k=0}^{j} w_{jk}\text{emb}(u_k), \tag{12.1}$$

其中用户 u_k 的权重为

$$w_{jk} = \frac{\exp(\text{emb}(u_j)\text{emb}(u_k)^{\text{T}})}{\sum_{m=0}^{j}\exp(\text{emb}(u_j)\text{emb}(u_m)^{\text{T}})}. \tag{12.2}$$

注意，对于所有 k，有 $w_{jk} \in (0,1)$ 且 $\sum_{m=0}^{j} w_{jm} = 1$. w_{jk} 是 u_j 和 u_k 的嵌入表示的归一化内积，表示了 u_j 和 u_k 之间相关性的强度.

从式（12.1）中定义的活跃用户表示 $\text{act}(u_j)$ 中，我们可以看到，$\text{emb}(u_k)$ 与 $\text{emb}(u_j)$ 内积越大，就会被分配越大的权重 w_{jk}. 这个公式遵循了我们的假设：和用户 u 强相关的用户包括 u 本身应该得到更大的关注.

为了充分利用神经模型的优势，我们进一步使用了多头注意力机制（Vaswani et al., 2017）来提高表达能力. 多头注意力用不同的线性变换将用户表示映射到多个子空间中，然后独立地在每个子空间内执行注意力机制. 最后，多头注意力将所有子空间中的注意力表示拼接起来，并再次对结果进行线性变换.

形式上，在有 h 个头的多头注意力机制中，第 i 个头的注意力表示为

$$head_i = \sum_{k=0}^{j} w_{jk}^i \text{emb}(u_k) W_i^V, \tag{12.3}$$

其中，

$$w_{jk}^i = \frac{\exp(\text{emb}(u_j) W_i^Q (\text{emb}(u_k) W_i^K)^{\text{T}})}{\sum_{m=0}^{j} \exp(\text{emb}(u_j) W_i^Q (\text{emb}(u_m) W_i^K)^{\text{T}})}, \tag{12.4}$$

$\boldsymbol{W}_i^V, \boldsymbol{W}_i^Q, \boldsymbol{W}_i^K \in \mathbb{R}^{d\times d}$ 是各个头的线性变换矩阵. 具体地，$\boldsymbol{W}_i^Q$ 和 $\boldsymbol{W}_i^K$ 可以看作将用户表示分别映射到接收者空间和发送者空间，以便进行非对称建模.

我们有活跃用户表示 $\text{act}(u_j)$

$$\text{act}(u_j) = [head_1, head_2, \cdots, head_h] \boldsymbol{W}^O, \tag{12.5}$$

其中，$[\cdot]$ 表示拼接操作，$\boldsymbol{W}^O \in \mathbb{R}^{hd\times d}$ 将拼接后的结果映射到 d 维向量空间.

多头注意力机制可以让模型从不同角度（子空间）独立地处理信息，从而比传统的注意力机制更加强大.

12.2.4 使用卷积神经网络聚合活跃用户表示进行预测

和直接设置时间衰减权重的先前工作（Rodriguez et al., 2011, 2014）不同，我们提出使用参数化神经网络来处理不同位置的活跃用户表示. 与预定义的指数衰减权重相比（Rodriguez et al., 2014），参数化的神经网络可以自动学习并拟合现实世界数据集，并捕捉每个位置的活跃用户表示与下一个受影响用户预测之间的内在关系. 在本章中，我们考虑使用 CNN 来实现这一目的.

CNN 已经在计算机视觉（Lecun et al., 2015）、推荐系统（Van den Oord et al., 2013）和自然语言处理（Collobert and Weston, 2008）等领域中得到了广泛应用. CNN 是平移不变的神经网络，这使得我们可以分配特定于位置的线性变换.

图 12.2 给出了卷积层窗口大小 $win = 3$ 时的示意图. 卷积层首先用位置特定的线性变换矩阵 $\boldsymbol{W}_n^C \in \mathbb{R}^{d\times|\mathcal{U}|}$ $(n = 0, 1, \cdots, win-1)$，将每个活跃用户表示 $\text{act}(u_{j-n})$ 转换为 $|\mathcal{U}|$ 维的向量. 然后卷积层对转换后的向量求和并用 softmax 函数对求和进行归一化.

形式上，给定不完全观测的级联序列 $(u_0, u_1, \cdots, u_j)$，预测概率分布 $pre_j \in \mathbb{R}^{|\mathcal{U}|}$ 为

$$pre_j = \text{softmax}(\sum_{n=0}^{win-1} act(u_{j-n}) \boldsymbol{W}_n^C), \tag{12.6}$$

其中，$\text{softmax}(\boldsymbol{x})[i] = \frac{\exp(x[i])}{\sum_p \exp(x[p])}$，$x[i]$ 表示向量 $\boldsymbol{x}$ 的第 i 维. pre_j 的每一维代表对应用户在下一步被影响的概率.

因为初始用户 u_0 在整个传播过程中扮演着重要的角色，我们进一步考虑了 u_0：

$$pre_j = \text{softmax}(\sum_{n=0}^{win-1} \text{act}(u_{j-n})\boldsymbol{W}_n^C + \text{act}(u_0)\boldsymbol{W}_{\text{init}}^C \cdot F_{\text{init}}), \tag{12.7}$$

其中，$\boldsymbol{W}_{\text{init}}^C \in \mathbb{R}^{d\times|\mathcal{U}|}$ 是初始用户 u_0 的映射矩阵，$F_{\text{init}} \in \{0,1\}$ 是控制是否将初始用户加入预测的超参数.

12.2.5 整体架构、模型细节和学习算法

我们以最大化所有观察到的级联序列的对数似然作为整体优化目标：

$$\mathcal{L}(\Theta) = \sum_{c_i\in\mathcal{C}} \sum_{j=0}^{|c_i|-2} \log\ \text{pre}_j^i[u_{j+1}^i], \tag{12.8}$$

其中，$\text{pre}_j^i[u_{j+1}^i]$ 是级联 c_i 的第 j 个位置的真实的下个被影响用户 u_{j+1}^i 的预测概率，Θ 是需要学习的所有参数的集合，包括每个用户 $u \in \mathcal{U}$ 的嵌入表示 $\text{emb}(u) \in \mathbb{R}^d$，多头注意力机制的线性变换矩阵 $\boldsymbol{W}_n^V, \boldsymbol{W}_n^Q, \boldsymbol{W}_n^K \in \mathbb{R}^{d\times d}$，$n = 1, 2, \cdots, h$，$\boldsymbol{W}^O \in \mathbb{R}^{hd\times d}$ 及卷积层的矩阵 $\boldsymbol{W}_{\text{init}}^C, \boldsymbol{W}_n^C \in \mathbb{R}^{d\times|\mathcal{U}|}$，$n = 0, 1, \cdots, \text{win}-1$.

复杂度

我们模型的空间复杂度是 $O(d|\mathcal{U}|)$，其中 d 是嵌入维度，远小于用户集的大小. 注意训练传统 IC 模型的空间复杂度会有 $O(|\mathcal{U}|^2)$，因为我们需要对每对有潜在联系的用户对分配一个影响概率. 因此，我们的神经传播模型的空间复杂度低于传统的 IC 方法.

每个活跃用户表示的计算需要 $O(|c_i|d^2)$ 时间，其中 c_i 是对应级联的长度. 式 (12.7) 中的下一受影响用户概率预测需要 $O(d|U|)$ 时间. 所以训练一个级联的时间复杂度是 $O(\sum_{c_i\in\mathcal{C}}(|c_i|^2d^2 + |c_i|d|\mathcal{U}|))$，和已有的神经网络模型［如 Embedded IC 模型（Bourigault et al., 2016)］相当.

12.3 实验分析

遵循先前工作（Bourigault et al., 2016）的设置，我们用微观层面的传播预测实验来评估我们的模型和其他基线方法的表现. 首先，介绍基线方法、评估指标和超参数设置. 然后，展示实验结果并进一步分析评估.

12.3.1 数据集

我们收集了 4 个真实的级联数据集，涵盖了各种应用场景. 级联是在一群用户之间传播的某种信息. 每个级联包含了一个 (用户, 时间戳) 对的序列，其中每对 (用户, 时间戳) 表示该用户在此时间点被激活的事件.

Lastfm 是一个音乐流网站. 该数据集包含了近 1,000 名用户一年内听过的歌曲的完整历史记录. 我们将每首歌当作一个用户间的传播对象并去掉了收听不多于 5 首歌的用户.

Irvine 是加州大学尔湾（Irvine）分校学生的在线社区（Opsahl and Panzarasa, 2009）. 学生可以在不同的论坛上参与和撰写帖子. 我们将每个论坛当作一个传播对象，并去掉了参加不多于 5 个论坛的用户.

Memetracker 收集了一百万条新闻报道和博客文章，并追踪其中最常见的引用和短语，即模因，来研究模因在人群中的传播. 每个模因被看作一个传播对象，而每个网站或博客的 URL 则被看作一个用户. 遵循先前工作（Bourigault et al., 2016）的设置，我们只保留了最活跃的一部分 URL 以避免噪声的影响.

Twitter 数据集（Hodas and Lerman, 2014）收集了 2010 年 10 月 Twitter 上包含 URL 的推文信息，囊括了每个 URL 的完整推文历史记录. 我们将每个不同的 URL 看作 Twitter 用户间的传播对象，并过滤掉了不超过 5 条推文的不活跃用户.

上述所有数据集都没有明确的“用户是被谁影响”的信息. 虽然 Twitter 数据集拥有用户之间的好友关系，但除非用户直接转发，否则我们仍然无法追踪某个用户发布特定 URL 的传播来源.

我们在表 12.1中列出了数据集的统计信息. 我们假设如果两个用户出现在同一级联序列中，则这两个用户之间存在链接. 在传统 IC 模型中，每条虚拟的“链接”都会被分配一个参数化的概率，因此，传统方法的空间复杂性相对较高，特别是对于大型数据集. 我们还在最后一列中计算了每个数据集的平均级联长度.

表 12.1 数据集统计

数据集	用户数	链接数	级联数	平均长度
Lastfm	982	506,582	23,802	7.66
Irvine	540	62,605	471	13.63
Memetracker	498	158,194	8,304	8.43
Twitter	19,546	18,687,423	6,158	36.74

12.3.2 基线模型

我们考虑了许多基线方法来证明我们的算法的有效性. 大多数基线方法会从级联序列中学习转移概率矩阵 $\boldsymbol{M} \in \mathbb{R}^{|\mathcal{U}|\times|\mathcal{U}|}$，其中 M_{ij} 表示当用户 u_i 被影响时，u_j 被 u_i 影响的概率.

Netrate（Rodriguez et al., 2014）考虑了传播概率的时变动态性，并定义了指数、幂律和瑞利这 3 种传播概率模型，它们促使传播概率随着时间间隔的增加而减小.

Infopath（Gomez Rodriguez et al., 2013）也基于传播数据推断动态的传播概率. Infopath 采用随机梯度来估算时间动态并研究了信息路径的时间演变.

Embedded IC（Bourigault et al., 2016）利用表示学习技术，通过用户嵌入表示的函数而非静态值来建模两个用户之间的传播概率. Embedded IC 模型采用随机梯度下降法进行训练.

LSTM 是一个面向序列建模的广泛使用的神经网络框架（Hochreiter and Schmidhuber, 1997），并在最近用于级联建模. 先前工作在一些更简单的任务场景中利用了 LSTM，例如，规模预测（Li et al., 2017a）和概率图已知的传播预测（Hu et al., 2018; Wang et al., 2017c）. 因为这些算法无法直接和我们的模型进行比较，我们通过在 LSTM 的隐状态上添加 softmax 分类器来让 LSTM 网络适用于下一个受影响用户预测.

12.3.3 超参数设置

虽然基于神经网络的方法的参数空间远小于传统的 IC 模型，但我们仍需设置几个超参数来训练神经模型. 为了调整超参数，我们随机选择 10% 的训练级联作为验证集. 需要注意的是，包括验证集在内的所有训练级联序列将被用于训练测试用的最终模型.

对于 Embedded IC 模型，与原始论文（Bourigault et al., 2016）一样，用户表示维度从 $\{25, 50, 100\}$ 中选取. 对于 LSTM 模型，用户表示和隐状态维度设为 $\{16, 32, 64, 128\}$ 中的最佳值. 对于我们的模型 NDM，多头注意力中的头数 $h = 8$，卷积层窗口大小 $win = 3$，用户表示维度 $d = 64$. 对于所有数据集，我们使用同样的 (h, win, d). 式（12.7）中的 F_{init} 决定了初始用户是否用于预测：对于 Twitter 数据集，$F_{\text{init}} = 1$；对于其他 3 个数据集，$F_{\text{init}} = 0$.

12.3.4 微观级别的传播预测

为了比较级联建模的能力，我们在微观传播预测任务上评估我们的模型和所有基线方法. 我们采用 Embedded IC（Bourigault et al., 2016）中的实验设置，随机选取了 90% 的级联序列作为训练集，其余的作为测试集. 对测试集中的每个级联序列 $c = (u_0, u_1, u_2, \cdots)$，只有初始用户 u_0 已知，所有后续被影响用户 $G^c = \{u_1, u_2, \cdots, u_{|G^c|}\}$ 需要被预测.

所有基线方法和我们的模型需要预测一个用户集合，并将结果与实际受影响的用户集合 G 进行比较. 对于基于 IC 模型的基线方法，即 Netrate、Infopath 和 Embedded IC，我们将根据学习到的用户间传播概率及其相应的生成过程来模拟传播过程.

对于 LSTM 和我们的模型，我们将根据 softmax 分类器的概率分布顺序地采样用户. 注意实际被影响的用户集合也可能是不完全观测的，因为数据集都是在一个相对较窄的时间窗口

内爬取的. 因此，对于每个包含 $|G^c|$ 个受影响用户的测试级联 c，所有的算法在一次模拟中只需要预测前 $|G^c|$ 个受影响的用户. 同时要注意模拟过程可能会在激活 $|G^c|$ 个用户前终止.

对于所有算法，我们对每个测试级联序列 c 进行了 1,000 次的蒙特卡罗模拟，并计算了每个用户 $u \in \mathcal{U}$ 被传播到的概率 P_u^c. 我们用两个经典的评价指标 Macro-F1 和 Micro-F1 作为评价标准.

为了进一步评估级联早期预测的性能，我们通过仅预测每个测试级联中的前 5 个受影响用户进行了补充实验. 我们在表 12.2和表 12.3中展示了实验结果. 这里“—”表示算法没有在 72 小时内收敛. 最后一列表示 NDM 相对于最好的基线方法的相对提升. 我们观察到如下结论.

表 12.2 微观级别传播预测的实验结果

评价指标	数据集	方法					性能提升
		Netrate	**Infopath**	**Embedded IC**	**LSTM**	**NDM**	
Macro-F1	Lastfm	0.017	0.030	0.020	0.026	**0.056**	+87%
	Memetracker	0.068	0.110	0.060	0.102	**0.139**	+26%
	Irvine	0.032	0.052	0.054	0.041	**0.076**	+41%
	Twitter	—	0.044	—	0.103	**0.139**	+35%
Micro-F1	Lastfm	0.007	0.046	0.085	0.072	**0.095**	+12%
	Memetracker	0.050	0.142	0.115	0.137	**0.171**	+20%
	Irvine	0.029	0.073	0.102	0.080	**0.108**	+6%
	Twitter	—	0.010	—	0.052	**0.087**	+67%

表 12.3 只预测每个级联前 5 个用户的微观级别传播早期预测的实验结果

评价指标	数据集	方法					性能提升
		Netrate	**Infopath**	**Embedded IC**	**LSTM**	**NDM**	
Macro-F1	Lastfm	0.018	0.028	0.010	0.018	**0.048**	+71%
	Memetracker	0.071	0.094	0.042	0.091	**0.122**	+30%
	Irvine	0.031	0.030	0.027	0.018	**0.064**	+106%
	Twitter	—	0.040	—	0.097	**0.123**	+27%
Micro-F1	Lastfm	0.016	0.035	0.013	0.019	**0.045**	+29%
	Memetracker	0.076	0.106	0.040	0.094	**0.126**	+19%
	Irvine	0.028	0.030	0.029	0.020	**0.065**	+117%
	Twitter	—	0.050	—	0.093	**0.118**	+27%

（1）NDM 显著且一致地超过所有基线方法. 如表 12.2 所示，就 Macro-F1 值而言，NDM 相比于最好的基线方法至少有 26% 的相对提升. Micro-F1 值的提升进一步证明了我们提出的模型的有效性和鲁棒性. 结果还表明，精心设计的神经网络模型能够超越传统的级联建模方法.

（2）NDM 在早期传播预测上有更加显著的提升. 如表 12.3 所示，NDM 在 Macro-F1 和 Micro-F1 值上都远远超过了所有基线方法. 在实际应用中，准确地预测第一批受影响用户非常重要，因为错误的预测会导致后续阶段的错误传播. 在传播早期对受影响用户的精确预测可以帮助通过用户更好地控制信息的传播. 例如，我们可以通过提前警告最脆弱的用户来防止谣言的传播或者通过向最有潜力的客户提供广告来促进产品的推广. 该实验表明 NDM 具有用于实际应用的潜力.

(3)NDM 可以应用于大规模数据集. Embedded IC 在拥有约 20,000 名用户和 19,000,000 个潜在链接的 Twitter 数据集上没能在 72 小时内收敛. 相反，NDM 在同样的 GPU 设备上可以在 6 小时内收敛，速度是 Embedded IC 的至少 10 倍. 这一观察证明了 NDM 的高效.

12.3.5 网络嵌入的好处

有时用户间的社交网络是可以观测到的，如我们实验中所用的 Twitter 数据集. 在 Twitter 数据集中，虽然信息传播并不一定通过社交网络中的好友关系，但是我们仍然希望传播预测过程可以从观察到的社交网络结构中受益. 因此，我们对 NDM 模型进行了简单的修改以利用社交网络信息. 下面将详细介绍.

首先，我们用 DeepWalk (Perozzi et al., 2014)，一个广泛使用的网络嵌入算法，将社交网络的拓扑结构映射为实值用户特征. 将 DeepWalk 学习的网络表示维度设置为 32，即我们的模型维度 $d = 64$ 的一半. 其次，我们用学习到的网络嵌入来初始化我们模型中用户表示的前 32 维，并在后续的训练过程中保持不变. 换句话说，64 维的用户表示由 DeepWalk 从网络结构中学习的 32 维的固定向量和 32 维随机初始化的向量构成. 我们将结合了社交网络信息的模型命名为 NDM+SN. 这是一个简单但实用的改动. 图 12.3 和图 12.4展示了 NDM 和 NDM+SN 的对比.

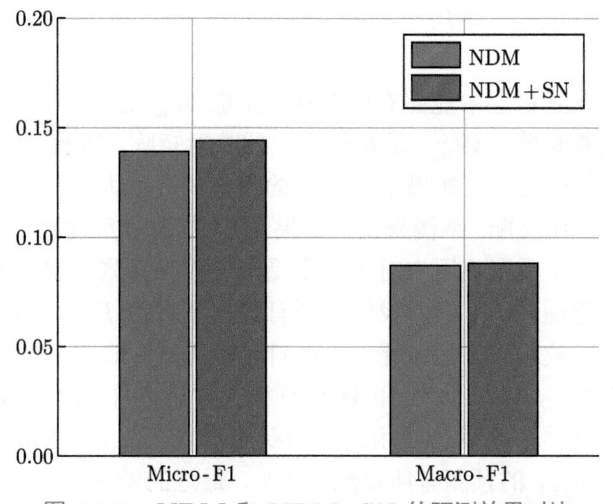

图 12.3 NDM 和 NDM+SN 的预测效果对比

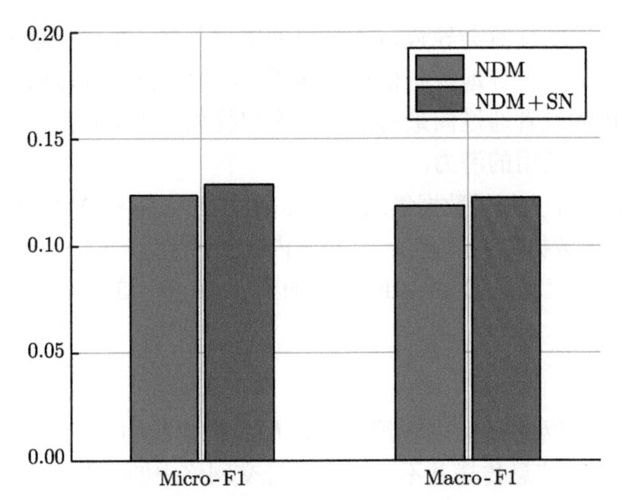

图 12.4 只预测前 5 个受影响用户的微观传播早期预测时的 NDM 和 NDM+SN 的预测效果对比

实验结果表明 NDM+SN 借助于将社交网络结构作为先验知识，能够略微提升传播预测任务的性能. Micro-F1 的相对提升大约为 4%. 实验结果表明，我们的神经传播模型非常灵活，可以方便地扩展以利用外部特征.

12.3.6 可解释性

不可否认，可解释性通常是神经网络模型的一个弱点. 与特征工程方法相比，基于神经的模型将用户编码为实值向量表示，并且用户表示的每个维度都没有明确的含义. 在我们的模型中，每个用户表示被 8 头的注意力机制映射到 16 个子空间中. 直觉上看，每个子空间中的用户表示都代表了一种用户角色. 但我们很难将 16 种表示和可理解的人工设计特征联系起来.

幸运的是，我们在卷积层中能够有所发现. 注意 $\boldsymbol{W}_n^C \in \mathbb{R}^{d\times|\mathcal{U}|}$，$n=0,1,2$ 是卷积层中位置特定的线性变换矩阵，$\boldsymbol{W}_{\text{init}}^C$ 是初始用户的映射矩阵. 所有 4 个矩阵在训练之前随机初始化. 在训练后的模型中，如果某个矩阵的数值尺度远大于其他矩阵，则预测向量更可能由相应位置的信息所支配. 举例来说，如果 $\boldsymbol{W}_0^C$ 的数值尺度比其他矩阵更大，那么我们可以推断，最近的一个受影响用户对下一个受影响用户预测贡献最大.

在这个实验中，遵循式 (12.7)，我们对所有数据集设置 $F_{\text{init}}=1$，并计算了所有映射矩阵的弗罗贝尼乌斯范数. 如表 12.4所示，我们观察到如下结论.

(1) 对于所有数据集，$\boldsymbol{W}_0^C, \boldsymbol{W}_1^C$ 和 $\boldsymbol{W}_2^C$ 规模大致相当且 $\boldsymbol{W}_0^C$ 总是比其他两个稍大一点. 这一观察表明，最近 3 个受影响用户的活跃用户表示 $\text{act}(u_j), \text{act}(u_{j-1}), \text{act}(u_{j-2})$ 都对下一个受影响用户 u_{j+1} 的预测有所贡献. 此外，最近的受影响用户 u_j 是 3 个中最重要的. 这一发现和我们的直觉相符，且验证了 12.2 节中提出的假设 2.

（2）$\boldsymbol{W}_{\text{init}}^{C}$ 在 Twitter 数据集上最大. 这表明初始用户在 Twitter 上的传播过程中非常重要. 这可能是因为 Twitter 数据集包含了 URL 传播的完整历史记录，而初始用户实际上是第一个发布该 URL 的人. 而在其他 3 个数据集中，初始用户只是爬取数据的时间窗口内的第一个用户. 在传播预测任务中，我们只对 Twitter 数据集设置 $F_{\text{init}}=1$，因为我们发现在其他 3 个数据集上，如果设置 $F_{\text{init}}=1$，表现基本相当甚至更差.

表 12.4 通过弗罗贝尼乌斯范数 $\|\cdot\|_F^2$ 衡量的卷积层映射矩阵的数值尺度

数据集	$\boldsymbol{W}_{\text{init}}^{C}$	$\boldsymbol{W}_{0}^{C}$	$\boldsymbol{W}_{1}^{C}$	$\boldsymbol{W}_{2}^{C}$
Lastfm	32.3	60.0	49.2	49.1
Memetracker	13.3	16.6	13.3	13.0
Irvine	13.9	13.9	13.7	13.7
Twitter	130.3	93.6	91.5	91.5

12.4 扩展阅读

信息传播预测方法主要分为宏观和微观层面.

1. 宏观层面的传播预测

大部分传播预测工作专注于宏观层面，例如，一个级联的最终规模（Zhao et al., 2015b）和增长趋势（Yu et al., 2015）. 宏观传播预测方法可以进一步分为基于特征的方法、生成式的方法和深度学习方法. 基于特征的方法将其看作分类（Cheng et al., 2014; Cui et al., 2013）或者回归（Tsur and Rappoport, 2012; Weng et al., 2014）问题，使用 SVM、逻辑回归和其他机器学习算法应用于人工设计的时序特征（Pinto et al., 2013）和结构特征（Cheng et al., 2014）. 生成式的方法将级联规模的增长看作受影响用户的到达过程，并利用诸如 Hawkes 自激点过程（Gao et al., 2015b; Zhao et al., 2015b）等随机过程来建模. 随着深度学习技术在各种应用中的成功，基于深度学习的方法，例如，DeepCas（Li et al., 2017a）和 DeepHawkes（Cao et al., 2017），提出使用 RNN 编码级联序列以取代人工设计的特征. 与特征工程相比，基于深度学习的方法在不同场景上具有更好的泛化能力，在宏观预测任务上具有更好的性能.

2. 微观层面的传播预测

微观层面的传播预测侧重于用户级建模和预测. 我们将相关工作分为 3 类：基于 IC 模型的方法、基于嵌入表示的方法和基于深度学习的方法.

IC 模型（Goldenberg et al., 2001; Gruhl et al., 2004; Kempe et al., 2003; Saito et al., 2008）假设每对用户间的传播概率是独立的，是最普遍使用的传播模型之一. IC 模型的扩展通过引入预定义的时间衰减权重函数进一步考虑了时间延迟信息，例如，continuous time

IC（Saito et al., 2009）、CONNIE（Myers and Leskovec, 2010）、NetInf（Gomez-Rodriguez et al., 2012）和 Netrate（Rodriguez et al., 2014）. Infopath（Gomez Rodriguez et al., 2013）提出基于信息传播数据推断动态传播概率并研究了信息路径的时间演化. MMRate（Wang et al., 2014）通过研究不同方面下的用户行为和传播模式来学习多方面传播概率. 以上所有方法都从级联序列中学习了用户间的传播概率. 当模型完成训练时，我们可以通过蒙特卡罗模拟级联中用户序列的生成过程以进行微观传播预测.

基于嵌入表示的方法将每个用户编码为一个参数化的实值向量，并通过最大化目标函数来学习参数. Embedded IC（Bourigault et al., 2016）遵循 IC 模型中的成对独立假设，并通过用户嵌入表示对两个用户之间的传播概率进行建模. 其他基于嵌入表示的传播模型（Bourigault et al., 2014; Gao et al., 2017b）甚至做出了更强的假设，即受影响的用户仅由源用户和信息内容决定. 然而，基于嵌入的方法不能建模受影响的历史，即受影响用户的顺序.

对于基于深度学习的方法，Hu 等人（2018）使用 LSTM 来建模、研究社交网络中的转发行为，“谁影响谁”的信息显式地存在于转发链中. 然而，对于大多数传播过程来说，传播图通常是未知的（Myers and Leskovec, 2010; Wallinga and Teunis, 2004）. TopoLSTM（Wang et al., 2017c）将循环神经网络中隐状态的序列结构替换为根据社交网络结构抽取的有向无环图，扩展了标准的 LSTM 模型. CYAN-RNN（Wang et al., 2017h）、DAN（Wang et al., 2018b）和 DeepDiffuse（Islam et al., 2018）都使用了循环神经网络和注意力机制来利用用户被影响的时间戳信息. SNIDSA（Wang et al., 2018c）计算了所有用户两两之间的相似度并将结构信息通过门机制引入循环神经网络. 在过去的 5 年中，基于深度学习的方法已经成为该领域的主流方法.

本章的部分内容摘自我们 2019 年发表于 TKDE 的论文（Yang et al., 2019）.

第五部分

网络嵌入展望

第13章　网络嵌入的未来方向

前文所述网络嵌入方法的有效性已经在各种场景和应用中得以证明. 随着数据规模的快速增长和深度学习技术的发展，网络嵌入的下一阶段研究也面临着新的挑战和机遇. 在本书的最后一章，我们将展望网络嵌入的未来发展方向. 具体来说，我们将考虑使用先进技术、考虑细粒度场景和为特定应用使用网络嵌入.

13.1　基于先进技术的网络嵌入

随着深度学习技术在许多领域的普及并取得了很好的效果，我们已经看到了一些深度学习模型的兴起，如变分自编码器（Variational AutoEncoder, VAE；Kingma and Welling, 2013）和生成式对抗网络（Generative Adversarial Network, GAN；Goodfellow et al., 2014）. 这些先进的模型在后续工作中先后被用于网络嵌入，如 GraphVAE（Simonovsky and Komodakis, 2018）、GraphGAN（Wang et al., 2017b）和 GraphSGAN（Ding et al., 2018）. 最近，在网络嵌入中也出现了融入自监督学习、对比学习（Hafidi et al., 2020; Hassani and Khasahmadi, 2020; Zhu et al., 2020）等新技术的趋势. 另一方面，图神经网络技术在计算机视觉和自然语言处理领域得到了广泛的应用. 因此，使用最先进的建模技术永远不会过时.

13.2　更细粒度场景中的网络嵌入

网络嵌入方法的研究已有近 20 年的历史. 作为网络嵌入的主要分支和最普遍的情况，仅使用网络拓扑结构学习节点表示已经得到了充分的研究. 然而，在更细粒度的场景上仍有一些改进的空间. 事实上，本书的大部分内容都集中在这些细粒度设置上，例如，属性网络嵌入和专门用于大型图的网络嵌入. 现实世界中的网络通常是高度动态的、异构的和大规模的. 虽然现有的研究已经单独考虑了这些特性，但将这些特性结合起来将会给网络嵌入带来许多新的挑战，简单的组合建模在实践中可能无法很好地发挥作用. 例如，动态大规模图上的网络嵌入需要处理新加入节点的嵌入学习，而不需要对整个模型进行重新训练（也称为增量学习）. 因此，未来的一个重要方向是在更真实、更细粒度的场景中开发网络嵌入，这使得学习的表示更适用于真实场景.

13.3 具有更好的可解释性的网络嵌入

模型透明性和可解释性是人工智能的一个重要研究课题. 对于与伦理、隐私和安全相关的关键决策应用，模型生成人类可解释的预测是必要的.

然而，与人工设计的节点度、中心度系数等节点特征不同，大多数网络嵌入缺乏模型透明性，特别是对于深度模型，如 SDNE（Wang et al., 2016a）. 换句话说，我们不知道嵌入网络的每个维度是如何与原始输入相对应的. 为了将网络嵌入技术应用于关键决策应用，需要提高现有方法的模型可解释性和透明性. 最近，GNNExplainer（Ying et al., 2019）被用于解释图神经网络的预测，我们期待更多的研究来提高模型的可解释性，以促进网络嵌入在各个领域的广泛应用.

13.4 面向应用的网络嵌入

一个实际的研究方向是将网络嵌入技术应用于特定的应用，而非提出新的网络表示模型. 值得注意的是，这两方面对网络分析的研究同样重要，工业应用也将反过来激励网络嵌入方法的发展. 在本书第四部分中，我们介绍了网络嵌入的几个应用，包括社会关系抽取、推荐系统和信息传播预测.

事实上，网络嵌入的应用不应局限于机器学习和数据挖掘领域. 图结构数据普遍存在于各种领域，如生物化学中的分子或蛋白质建模. 例如，有一些最近的工作（You et al., 2018）的目标是图生成，以发现具有所需性质的新分子. 网络嵌入的这些跨领域应用将对相关研究产生强烈的影响.

参考文献

[1] Y.-Y. Ahn, J. P. Bagrow, and S. Lehmann. 2010. Link communities reveal multiscale complexity in networks. *Nature*. DOI: 10.1038/nature09182

[2] E. M. Airoldi, D. M. Blei, S. E. Fienberg, and E. P. Xing. 2008. Mixed Membership Stochastic Blockmodels. *JMLR*, 9(Sep):1981–2014.

[3] E. Akbas and M. E. Aktas. 2019. Network Embedding: on Compression and Learning. In *IEEE International Conference on Big Data (Big Data)*, pages 4763–4772. DOI: 10.1109/bigdata47090.2019.9006142

[4] R. Andersen, F. Chung, and K. Lang. 2006. Local Graph Partitioning using PageRank Vectors. In *Proc. of FOCS*, pages 475–486, IEEE. DOI: 10.1109/focs.2006.44

[5] S. Aral and D. Walker. 2012. Identifying Influential and Susceptible Members of Social Networks. *Science*. DOI: 10.1126/science.1215842

[6] S. Auer, C. Bizer, G. Kobilarov, J. Lehmann, R. Cyganiak, and Z. Ives. 2007. Dbpedia: A Nucleus for a Web of Open Data. In *The Semantic Web*, pages 722–735. DOI: 10.1007/978-3-540-76298-0_52

[7] D. Bahdanau, K. Cho, and Y. Bengio. 2015. Neural Machine Translation by Jointly Learning to Align and Translate. In *Proc. of ICLR*.

[8] M. Balcilar, G. Renton, P. Héroux, B. Gauzere, S. Adam, and P. Honeine. 2020. Bridging the Gap between Spectral and Spatial Domains in Graph Neural Networks. *arXiv Preprint arXiv:2003.11702*.

[9] J. Bao, Y. Zheng, and M. F. Mokbel. 2012. Location-based and preference-aware recommendation using sparse geo-social networking data. In *Proc. of the 20th International Conference on Advances in Geographic Information Systems*, pages 199–208, ACM. DOI: 10.1145/2424321.2424348

[10] J. Bao, Y. Zheng, D. Wilkie, and M. Mokbel. 2015. Recommendations in location-based social networks: a survey. *GeoInformatica*, 19(3):525–565. DOI: 10.1007/s10707-014-0220-8

[11] M. Belkin and P. Niyogi. 2001. Laplacian Eigenmaps and Spectral Techniques for Embedding and Clustering. In *Proc. of NeurIPS*, 14:585–591. DOI: 10.7551/mitpress/1120.003.0080

[12] A. Ben-Hur and J. Weston. 2010. A User's Guide to Support Vector Machines. *Data Mining Techniques for the Life Sciences*. DOI: 10.1007/978-1-60327-241-4_13

[13] Y. Bengio, J. Louradour, R. Collobert, and J. Weston. 2009. Curriculum Learning. In *Proc. of ICML*, pages 41–48. DOI: 10.1145/1553374.1553380

[14] Y. Bengio, A. Courville, and P. Vincent. 2013. Representation Learning: A Review and New Perspectives. *IEEE Transactions on Pattern Analysis and Machine Intelligence*, 35(8):1798–1828. DOI: 10.1109/tpami.2013.50

[15] P. Bhargava, T. Phan, J. Zhou, and J. Lee. 2015. Who, What, When, and Where: Multi-Dimensional Collaborative Recommendations Using Tensor Factorization on Sparse User-Generated Data. In *Proc. of the 24th International Conference on World Wide Web*, pages 130–140, ACM. DOI: 10.1145/2736277.2741077

[16] M. H. Bhuyan, D. Bhattacharyya, and J. K. Kalita. 2014. Network Anomaly Detection: Methods, Systems and Tools. *IEEE Communications Surveys and Tutorials*, 16(1):303–336. DOI: 10.1109/surv.2013.052213.00046

[17] D. M. Blei, A. Y. Ng, and M. I. Jordan. 2003. Latent Dirichlet allocation. *JMLR*, 3:993–1022. DOI: 10.1109/asru.2015.7404785

[18] V. D. Blondel, J.-L. Guillaume, R. Lambiotte, and E. Lefebvre. 2008. Fast Unfolding of Communities in Large Networks. *JSTAT*. DOI: 10.1088/1742-5468/2008/10/p10008

[19] P. Blunsom, E. Grefenstette, and N. Kalchbrenner. 2014. A Convolutional Neural Network for Modelling Sentences. In *Proc. of ACL*. DOI: 10.3115/v1/p14-1062

[20] K. Bollacker, C. Evans, P. Paritosh, T. Sturge, and J. Taylor. 2008. Freebase: a collaboratively created graph database for structuring human knowledge. In *Proc. of SIGMOD*, pages 1247–1250. DOI: 10.1145/1376616.1376746

[21] A. Bordes, N. Usunier, A. Garcia-Duran, J. Weston, and O. Yakhnenko. 2013. Translating Embeddings for Modeling Multi-Relational Data. In *Proc. of NIPS*, pages 2787–2795.

[22] J. A. Botha, E. Pitler, J. Ma, A. Bakalov, A. Salcianu, D. Weiss, R. McDonald, and S. Petrov. 2017. Natural Language Processing with Small Feed-Forward Networks. *arXiv Preprint arXiv:1708.00214*. DOI: 10.18653/v1/d17-1309

[23] S. Bourigault, C. Lagnier, S. Lamprier, L. Denoyer, and P. Gallinari. 2014. Learning Social Network Embeddings for Predicting Information Diffusion. In *Proc. of WSDM*, ACM. DOI: 10.1145/2556195.2556216

[24] S. Bourigault, S. Lamprier, and P. Gallinari. 2016. Representation Learning for Information Diffusion through Social Networks: an Embedded Cascade Model. In *Proc. of WSDM*, ACM. DOI: 10.1145/2835776.2835817

[25] A. Broder, R. Kumar, F. Maghoul, P. Raghavan, S. Rajagopalan, R. Stata, A. Tomkins, and J. Wiener. 2000. Graph structure in the Web. *Computer Networks*, 33(1–6): 309–320. DOI: 10.1016/s1389-1286(00)00083-9

[26] Q. Cao, H. Shen, K. Cen, W. Ouyang, and X. Cheng. 2017. Deephawkes: Bridging the Gap between Prediction and Understanding of Information Cascades. In *Proc. of CIKM*, ACM. DOI: 10.1145/3132847.3132973

[27] S. Cao, W. Lu, and Q. Xu. 2015. GraRep: Learning Graph Representations with Global Structural Information. In *Proc. of CIKM*. DOI: 10.1145/2806416.2806512

[28] S. Cavallari, V. W. Zheng, H. Cai, K. C.-C. Chang, and E. Cambria. 2017. Learning Community Embedding with Community Detection and Node Embedding on Graphs. In *Proc. of the ACM on Conference on Information and Knowledge Management*, pages 377–386. DOI: 10.1145/3132847.3132925

[29] O. Celma. 2010. *Music Recommendation and Discovery in the Long Tail.* Springer. DOI: 10.1007/978-3-642-13287-2

[30] J. Chang, L. Wang, G. Meng, S. Xiang, and C. Pan. 2017. Deep Adaptive Image Clustering. In *Proc. of ICCV*, pages 5879–5887. DOI: 10.1109/iccv.2017.626

[31] S. Chang, W. Han, J. Tang, G.-J. Qi, C. C. Aggarwal, and T. S. Huang. 2015. Heterogeneous Network Embedding via Deep Architectures. In *Proc. of SIGKDD*, pages 119–128, ACM. DOI: 10.1145/2783258.2783296

[32] H. Chen, B. Perozzi, Y. Hu, and S. Skiena. 2017. Harp: Hierarchical Representation Learning for Networks. *arXiv Preprint arXiv:1706.07845.*

[33] H. Chen, H. Yin, W. Wang, H. Wang, Q. V. H. Nguyen, and X. Li. 2018. PME: Projected Metric Embedding on Heterogeneous Networks for Link Prediction. In *Proceeding of SIGKDD*, pages 1177–1186. DOI: 10.1145/3219819.3219986

[34] M. Chen, Q. Yang, and X. Tang. 2007. Directed graph embedding. In *Proc. of IJCAI*, pages 2707–2712. DOI: 10.1101/110668

[35] W. Chen, J. Wilson, S. Tyree, K. Weinberger, and Y. Chen. 2015. Compressing Neural Networks with the Hashing Trick. In *International Conference on Machine Learning*, pages 2285–2294.

[36] X. Chen, Y. Duan, R. Houthooft, J. Schulman, I. Sutskever, and P. Abbeel. 2016. InfoGAN: Interpretable Representation Learning by Information Maximizing Generative Adversarial Nets. In *Advances in Neural Information Processing Systems*, pages 2172–2180.

[37] Z. Chen, F. Chen, L. Zhang, T. Ji, K. Fu, L. Zhao, F. Chen, and C.-T. Lu. 2020. Bridging the Gap between Spatial and Spectral Domains: A Survey on Graph Neural Networks. *arXiv Preprint arXiv:2002.11867.*

[38] C. Cheng, H. Yang, I. King, and M. R. Lyu. 2012. Fused Matrix Factorization with Geographical and Social Influence in Location-Based Social Networks. In *AAAI*, 12:17–23.

[39] C. Cheng, H. Yang, M. R. Lyu, and I. King. 2013. Where You Like to Go Next: Successive Point-of-Interest Recommendation. In *Proc. of IJCAI.*

[40] J. Cheng, L. Adamic, P. A. Dow, J. M. Kleinberg, and J. Leskovec. 2014. Can cascades be predicted? In *Proc. of WWW*, ACM. DOI: 10.1145/2566486.2567997

[41] E. Cho, S. A. Myers, and J. Leskovec. 2011. Friendship and mobility: User movement in location-based social networks. In *Proc. of SIGKDD.* DOI: 10.1145/2020408.2020579

[42] Y.-S. Cho, G. Ver Steeg, and A. Galstyan. 2013. Socially Relevant Venue Clustering from Check-in Data. In *KDD Workshop on Mining and Learning with Graphs.*

[43] F. R. Chung and F. C. Graham. 1997. *Spectral Graph Theory.* American Mathematical Society. DOI: 10.1090/cbms/092

[44] R. Collobert and J. Weston. 2008. A unified architecture for natural language processing: deep neural networks with multitask learning. In *Proc. of ICML*, ACM. DOI: 10.1145/1390156.1390177

[45] K. Crammer and Y. Singer. 2002. On the Learnability and Design of Output Codes for Multiclass Problems. *Machine Learning*, 47(2–3):201–233. DOI: 10.1023/A:1013637720281

[46] G. Cui, J. Zhou, C. Yang, and Z. Liu. 2020. Adaptive Graph Encoder for Attributed Graph Embedding. In *Proc. of SIGKDD*. DOI: 10.1145/3394486.3403140

[47] P. Cui, S. Jin, L. Yu, F. Wang, W. Zhu, and S. Yang. 2013. Cascading outbreak prediction in networks: a data-driven approach. In *Proc. of SIGKDD*, ACM. DOI: 10.1145/2487575.2487639

[48] A. Dalmia, M. Gupta, et al. 2018. Towards interpretation of node embeddings. In *Companion of the Web Conference*, pages 945–952, International World Wide Web Conferences Steering Committee. DOI: 10.1145/3184558.3191523

[49] P.-E. Danielsson. 1980. Euclidean distance mapping. *Computer Graphics and Image Processing*, 14(3):227–248. DOI: 10.1016/0146-664x(80)90054-4

[50] D. L. Davies and D. W. Bouldin. 1979. A cluster Separation Measure. *IEEE Transactions on Pattern Analysis and Machine Intelligence*, (2):224–227. DOI: 10.1109/tpami.1979.4766909

[51] C. Deng, Z. Zhao, Y. Wang, Z. Zhang, and Z. Feng. 2019. GraphZoom: A Multi-Level Spectral Approach for Accurate and Scalable Graph Embedding. *arXiv Preprint arXiv:1910.02370.*

[52] M. Denil, B. Shakibi, L. Dinh, N. De Freitas, et al. 2013. Predicting Parameters in Deep Learning. In *Advances in Neural Information Processing Systems*, pages 2148–2156.

[53] M. Ding, J. Tang, and J. Zhang. 2018. Semi-supervised Learning on Graphs with Generative Adversarial Nets. In *Proc. of the 27th ACM International Conference on Information and Knowledge Management*, pages 913–922. DOI: 10.1145/3269206.3271768

[54] P. Domingos and M. Richardson. 2001. Mining the network value of customers. In *Proc. of SIGKDD*, ACM. DOI: 10.1145/502512.502525

[55] Y. Dong, N. V. Chawla, and A. Swami. 2017. metapath2vec: Scalable Representation Learning for Heterogeneous Networks. In *Proc. of SIGKDD*, pages 135–144, ACM. DOI: 10.1145/3097983.3098036

[56] C. N. dos Santos, M. Tan, B. Xiang, and B. Zhou. 2016. Attentive pooling networks. *CoRR, abs/1602.03609.*

[57] P. A. Dow, L. A. Adamic, and A. Friggeri. 2013. The Anatomy of Large Facebook Cascades. In *8th International AAAI Conference on Weblogs and Social Media*, pages 145–154.

[58] L. Du, Z. Lu, Y. Wang, G. Song, Y. Wang, and W. Chen. 2018. Galaxy Network Embedding: A Hierarchical Community Structure Preserving Approach. In *IJCAI*, pages 2079–2085. DOI: 10.24963/ijcai.2018/287

[59] J. Duchi, E. Hazan, and Y. Singer. 2011. Adaptive Subgradient Methods for Online Learning and Stochastic Optimization. *The Journal of Machine Learning Research*, 12:2121–2159.

[60] A. Epasto and B. Perozzi. 2019. Is a Single Embedding Enough? Learning Node Representations that Capture Multiple Social Contexts. In *The World Wide Web Conference*, pages 394–404. DOI: 10.1145/3308558.3313660

[61] R.-E. Fan, K.-W. Chang, C.-J. Hsieh, X.-R. Wang, and C.-J. Lin. 2008. LIBLINEAR: A Library for Large Linear Classification. *JMLR*.

[62] W. Fan, Y. Ma, Q. Li, Y. He, E. Zhao, J. Tang, and D. Yin. 2019. Graph Neural Networks for Social Recommendation. In *The World Wide Web Conference*, pages 417–426. DOI: 10.1145/3308558.3313488

[63] Y. Fan, S. Hou, Y. Zhang, Y. Ye, and M. Abdulhayoglu. 2018. Gotcha—Sly Malware!: Scorpion A Metagraph2vec Based Malware Detection System. In *Proc. of SIGKDD*, pages 253–262. DOI: 10.1145/3219819.3219862

[64] K. Faust. 1997. Centrality in affiliation networks. *Social Networks*, 19(2):157–191. DOI: 10.1016/s0378-8733(96)00300-0

[65] S. Feng, X. Li, Y. Zeng, G. Cong, Y. M. Chee, and Q. Yuan. 2015. Personalized Ranking Metric Embedding for Next New POI Recommendation. In *Proc. of IJCAI*.

[66] S. Fortunato. 2010. Community detection in graphs. *Physics Reports*. DOI: 10.1016/j.physrep. 2009. 11.002

[67] F. Fouss, A. Pirotte, J.-M. Renders, and M. Saerens. 2007. Random-Walk Computation of Similarities between Nodes of a Graph with Application to Collaborative Recommendation. *IEEE Transactions on Knowledge and Data Engineering*, 19(3):355–369. DOI: 10.1109/tkde.2007.46

[68] T.-Y. Fu, W.-C. Lee, and Z. Lei. 2017. Hin2vec: Explore Meta-paths in Heterogeneous Information Networks for Representation Learning. In *Proc. of CIKM*, pages 1797–1806, ACM. DOI: 10.1145/3132847.3132953

[69] G. Gan, C. Ma, and J. Wu. 2007. *Data Clustering: Theory, Algorithms, and Applications*, vol. 20. SIAM. DOI: 10.1137/1.9780898718348

[70] H. Gao and H. Huang. 2018. Deep Attributed Network Embedding. In *IJCAI*, 18:3364–3370, New York. DOI: 10.24963/ijcai.2018/467

[71] H. Gao, J. Tang, X. Hu, and H. Liu. 2013. Exploring temporal effects for location recommendation on location-based social networks. In *Proc. of the 7th ACM Conference on Recommender Systems*, pages 93–100, ACM. DOI: 10.1145/2507157.2507182

[72] H. Gao, J. Tang, X. Hu, and H. Liu. 2015(a). Content-Aware Point of Interest Recommendation on Location-Based Social Networks. In *AAAI*, pages 1721–1727, CiteSeer.

[73] Q. Gao, F. Zhou, K. Zhang, G. Trajcevski, X. Luo, and F. Zhang. 2017(a). Identifying Human Mobility via Trajectory Embeddings. In *IJCAI*, 17:1689–1695. DOI: 10.24963/ijcai.2017/234

[74] S. Gao, J. Ma, and Z. Chen. 2015(b). Modeling and Predicting Retweeting Dynamics on Microblogging Platforms. In *Proc. of WSDM*, ACM. DOI: 10.1145/2684822.2685303

[75] S. Gao, H. Pang, P. Gallinari, J. Guo, and N. Kato. 2017(b). A Novel Embedding Method for Information Diffusion Prediction in Social Network Big Data. *IEEE Transactions on Industrial Informatics*. DOI: 10.1109/tii.2017.2684160

[76] J. Goldenberg, B. Libai, and E. Muller. 2001. Talk of the Network: A Complex Systems Look at the Underlying Process of Word-of-Mouth. *Marketing Letters.* DOI: 10.1023/A:1011122126881

[77] M. Gomez-Rodriguez, J. Leskovec, and A. Krause. 2012. Inferring Networks of Diffusion and Influence. *ACM Transactions on Knowledge Discovery from Data (TKDD)*, 5(4):21. DOI: 10.1145/2086737.2086741

[78] M. Gomez Rodriguez, J. Leskovec, and B. Schölkopf. 2013. Structure and Dynamics of Information Pathways in Online Media. In *Proc. of WSDM*, ACM. DOI: 10.1145/2433396.2433402

[79] I. Goodfellow, J. Pouget-Abadie, M. Mirza, B. Xu, D. Warde-Farley, S. Ozair, A. Courville, and Y. Bengio. 2014. Generative adversarial nets. In *Advances in Neural Information Processing Systems*, pages 2672–2680. DOI: 10.1145/3422622

[80] T. L. Griffiths and M. Steyvers. 2004. Finding scientific topics. *PNAS.* DOI: 10.1073/pnas.0307752101

[81] A. Grover and J. Leskovec. 2016. node2vec: Scalable Feature Learning for Networks. DOI: 10.1145/2939672.2939754

[82] D. Gruhl, R. Guha, D. Liben-Nowell, and A. Tomkins. 2004. Information Diffusion through Blogspace. In *Proc. of WWW.* DOI: 10.1145/988672.988739

[83] H. Hafidi, M. Ghogho, P. Ciblat, and A. Swami. 2020. Graphcl: Contrastive Self-Supervised Learning of Graph Representations. *arXiv Preprint arXiv:2007.08025.*

[84] W. Hamilton, Z. Ying, and J. Leskovec. 2017(a). Inductive Representation Learning on Large Graphs. In *Proc. of NIPS*, pages 1024–1034.

[85] W. L. Hamilton, R. Ying, and J. Leskovec. 2017(b). Representation Learning on Graphs: Methods and Applications. *IEEE Data(base) Engineering Bulletin*, 40(3):52–74.

[86] S. Han, H. Mao, and W. J. Dally. 2015(a). Deep compression: Compressing Deep Neural Networks with Pruning, Trained Quantization and Huffman Coding. *arXiv Preprint arXiv:1510.00149.*

[87] S. Han, J. Pool, J. Tran, and W. Dally. 2015(b). Learning both Weights and Connections for Efficient Neural Network. In *Advances in Neural Information Processing Systems*, pages 1135–1143.

[88] X. Han, C. Shi, S. Wang, S. Y. Philip, and L. Song. 2018. Aspect-Level Deep Collaborative Filtering via Heterogeneous Information Networks. In *Proc. of IJCAI*, pages 3393–3399. DOI: 10.24963/ijcai.2018/471

[89] J. A. Hanley and B. J. McNeil. 1982. The Meaning and Use of the Area under a Receiver Operating Characteristic (roc) Curve. *Radiology.* DOI: 10.1148/radiology.143.1.7063747

[90] K. Hassani and A. H. Khasahmadi. 2020. Contrastive Multi-View Representation Learning on Graphs. *arXiv Preprint arXiv:2006.05582.*

[91] M. A. Hearst, S. T. Dumais, E. Osman, J. Platt, and B. Scholkopf. 1998. Support vector machines. *IEEE Intelligent Systems and their Applications*, 13(4):18–28. DOI: 10.1109/5254.708428

[92] H. W. Hethcote. 2000. The Mathematics of Infectious Diseases. *SIAM Review*, 42(4):599–653. DOI: 10.1137/s0036144500371907

[93] S. Hochreiter and J. Schmidhuber. 1997. Long Short-Term Memory. *Neural Computation*, 9(8):1735–1780. DOI: 10.1162/neco.1997.9.8.1735

[94] N. O. Hodas and K. Lerman. 2014. The Simple Rules of Social Contagion. *Scientific Reports*, 4:4343. DOI: 10.1038/srep04343

[95] R. Hoffmann, C. Zhang, X. Ling, L. Zettlemoyer, and D. S. Weld. 2011. Knowledge-Based Weak Supervision for Information Extraction of Overlapping Relations. In *Proc. of ACL-HLT*, pages 541–550.

[96] T. Hofmann. 1999. Probabilistic Latent Semantic Indexing. In *Proc. of the 22nd Annual International ACM SIGIR Conference on Research and Development in Information Retrieval*, pages 50–57. DOI: 10.1145/312624.312649

[97] R. A. Horn and C. R. Johnson. 2012. *Matrix Analysis*. Cambridge University Press. DOI: 10.1017/ cbo9780511810817

[98] C.-K. Hsieh, L. Yang, Y. Cui, T.-Y. Lin, S. Belongie, and D. Estrin. 2017. Collaborative Metric Learning. In *Proc. of WWW*, pages 193–201. DOI: 10.1145/3038912.3052639

[99] W. Hu, K. K. Singh, F. Xiao, J. Han, C.-N. Chuah, and Y. J. Lee. 2018. Who Will Share My Image?: Predicting the Content Diffusion Path in Online Social Networks. In *Proc. of the 11th ACM International Conference on Web Search and Data Mining*, pages 252–260. DOI: 10.1145/3159652.3159705

[100] H. Huang, J. Tang, S. Wu, L. Liu, et al. 2014. Mining triadic closure patterns in social networks. In *Proc. of the 23rd International Conference on World Wide Web*, pages 499–504, ACM. DOI: 10.1145/2567948.2576940

[101] X. Huang, J. Li, N. Zou, and X. Hu. 2018. A General Embedding Framework for Heterogeneous Information Learning in Large-Scale Networks. *ACM Transactions on Knowledge Discovery from Data (TKDD)*, 12(6):1–24. DOI: 10.1145/3241063

[102] I. Hubara, M. Courbariaux, D. Soudry, R. El-Yaniv, and Y. Bengio. 2016. Quantized Neural Networks: Training Neural Networks with Low Precision Weights and Activations. *arXiv Preprint arXiv:1609.07061.*

[103] M. R. Islam, S. Muthiah, B. Adhikari, B. A. Prakash, and N. Ramakrishnan. 2018. DeepDiffuse: Predicting the "Who" and "When" in Cascades. In *Proc. of ICDM*. DOI: 10.1109/icdm.2018.00134

[104] Y. Jacob, L. Denoyer, and P. Gallinari. 2014. Learning latent representations of nodes for classifying in heterogeneous social networks. In *Proc. of WSDM*, pages 373–382, ACM. DOI: 10.1145/2556195.2556225

[105] M. Jaderberg, A. Vedaldi, and A. Zisserman. 2014. Speeding up Convolutional Neural Networks with Low Rank Expansions. *arXiv Preprint arXiv:1405.3866*. DOI: 10.5244/c.28.88

[106] T. Joachims. 1999. Making Large-Scale Support Vector Machine Learning Practical. In *Advances in Kernel Methods: Support Vector Learning*, pages 169–184.

[107] R. Johnson and T. Zhang. 2014. Effective Use of Word Order for Text Categorization with Convolutional Neural Networks. *arXiv Preprint arXiv:1412.1058*. DOI: 10.3115/v1/n15-1011

[108] S. S. Keerthi, S. Sundararajan, K.-W. Chang, C.-J. Hsieh, and C.-J. Lin. 2008. A Sequential Dual Method for Large Scale Multi-Class Linear SVMs. In *Proc. of the 14th ACM SIGKDD International Conference on Knowledge Discovery and Data Mining*, pages 408–416. DOI: 10.1145/1401890.1401942

[109] D. Kempe, J. Kleinberg, and É. Tardos. 2003. Maximizing the spread of influence through a social network. In *Proc. of SIGKDD*, pages 137–146, ACM. DOI: 10.1145/956750.956769

[110] B. W. Kernighan and S. Lin. 1970. An efficient heuristic procedure for partitioning graphs. *The Bell System Technical Journal*, 49(2):291–307. DOI: 10.1002/j.1538-7305.1970.tb01770.x

[111] Y. Kim. 2014. Convolutional Neural Networks for Sentence Classification. DOI: 10.3115/v1/d14-1181

[112] Y. Kim, Y. Jernite, D. Sontag, and A. M. Rush. 2016. Character-Aware Neural Language Models. In *AAAI*, pages 2741–2749.

[113] D. Kingma and J. Ba. 2015. Adam: A Method for Stochastic Optimization. In *Proc. of ICLR*.

[114] D. P. Kingma and M. Welling. 2013. Auto-Encoding Variational Bayes. *arXiv Preprint arXiv:1312.6114*.

[115] T. N. Kipf and M. Welling. 2016. Variational Graph Auto-Encoders. In *NIPS Workshop on Bayesian Deep Learning*.

[116] T. N. Kipf and M. Welling. 2017. Semi-Supervised Classification with Graph Convolutional Networks. In *Proc. of ICLR*.

[117] R. Kiros, Y. Zhu, R. R. Salakhutdinov, R. Zemel, R. Urtasun, A. Torralba, and S. Fidler. 2015. Skip-thought vectors. In *Proc. of NIPS*, pages 3294–3302.

[118] H. W. Kuhn. 1955. The Hungarian method for the assignment problem. *Naval Research Logistics Quarterly*, 2(1–2):83–97. DOI: 10.1002/nav.3800020109

[119] J. M. Kumpula, M. Kivelä, K. Kaski, and J. Saramäki. 2008. Sequential algorithm for fast clique percolation. *Physical Review E*. DOI: 10.1103/physreve.78.026109

[120] Y.-A. Lai, C.-C. Hsu, W. H. Chen, M.-Y. Yeh, and S.-D. Lin. 2017. Prune: Preserving Proximity and Global Ranking for Network Embedding. In *Advances in Neural Information Processing Systems*, pages 5257–5266.

[121] M. Lam. 2018. Word2Bits-Quantized Word Vectors. *arXiv Preprint arXiv:1803.05651*.

[122] T. Lappas, E. Terzi, D. Gunopulos, and H. Mannila. 2010. Finding Effectors in Social Networks. In *Proc. of SIGKDD*. DOI: 10.1145/1835804.1835937

[123] D. LaSalle and G. Karypis. 2013. Multi-threaded Graph Partitioning. In *Parallel and Distributed Processing (IPDPS), IEEE 27th International Symposium on*, pages 225–236. DOI: 10.1109/ipdps.2013.50

[124] Q. V. Le and T. Mikolov. 2014. Distributed Representations of Sentences and Documents. *Computer Science*, 4:1188–1196.

[125] Y. LeCun et al. 2015. LeNET-5, convolutional neural networks.

[126] J. Leskovec, J. Kleinberg, and C. Faloutsos. 2005. Graphs over time: Densification laws, shrinking diameters and possible explanations. In *Proc. of KDD*, pages 177–187. DOI: 10.1145/1081870.1081893

[127] J. Leskovec, A. Singh, and J. Kleinberg. 2006. Patterns of Influence in a Recommendation Network. In *Pacific-Asia Conference on Knowledge Discovery and Data Mining*, pages 380–389, Springer. DOI: 10.1007/11731139_44

[128] J. Leskovec, L. A. Adamic, and B. A. Huberman. 2007. The dynamics of viral marketing. *ACM Transactions on the Web (TWEB)*, 1(1):5. DOI: 10.1145/1232722.1232727

[129] J. Leskovec, L. Backstrom, and J. Kleinberg. 2009. Meme-tracking and the dynamics of the news cycle. In *Proc. of SIGKDD*. DOI: 10.1145/1557019.1557077

[130] J. J. Levandoski, M. Sarwat, A. Eldawy, and M. F. Mokbel. 2012. Lars: A Location-Aware Recommender System. In *IEEE 28th International Conference on Data Engineering*, pages 450–461. DOI: 10.1109/icde.2012.54

[131] O. Levy and Y. Goldberg. 2014. Neural Word Embedding as Implicit Matrix Factorization. In *Proc. of NIPS*.

[132] M. Ley. 2002. The DBLP Computer Science Bibliography: Evolution, Research Issues, Perspectives. In *International Symposium on String Processing and Information Retrieval*. DOI: 10.1007/3-540-45735-6_1

[133] C. Li, J. Ma, X. Guo, and Q. Mei. 2017(a). DeepCas: An End-to-end Predictor of Information Cascades. In *Proc. of WWW*. DOI: 10.1145/3038912.3052643

[134] G. Li, Q. Chen, B. Zheng, H. Yin, Q. V. H. Nguyen, and X. Zhou. 2020. Group-Based Recurrent Neural Networks for POI Recommendation. *ACM Transactions on Data Science*, 1(1):1–18. DOI: 10.1145/3343037

[135] J. Li, J. Zhu, and B. Zhang. 2016. Discriminative Deep Random Walk for Network Classification. In *Proc. of ACL*. DOI: 10.18653/v1/p16-1095

[136] J. Li, H. Dani, X. Hu, J. Tang, Y. Chang, and H. Liu. 2017(b). Attributed Network Embedding for Learning in a Dynamic Environment. In *Proc. of the ACM on Conference on Information and Knowledge Management*, pages 387–396. DOI: 10.1145/3132847.3132919

[137] Q. Li, Z. Han, and X.-M. Wu. 2018. Deeper Insights into Graph Convolutional Networks for Semi-Supervised Learning. In *Proc. of AAAI*, pages 3538–3545.

[138] Y. Li, J. Nie, Y. Zhang, B. Wang, B. Yan, and F. Weng. 2010. Contextual Recommendation based on Text Mining. In *Proc. of the 23rd International Conference on Computational Linguistics: Posters*, pages 692–700, Association for Computational Linguistics.

[139] J. Liang, S. Gurukar, and S. Parthasarathy. 2018. MILE: A Multi-Level Framework for Scalable Graph Embedding. *arXiv Preprint arXiv:1802.09612*.

[140] L. Liao, X. He, H. Zhang, and T.-S. Chua. 2018. Attributed Social Network Embedding. *IEEE Transactions on Knowledge and Data Engineering*, 30(12):2257–2270. DOI: 10.1109/tkde.2018.2819980

[141] D. Liben-Nowell and J. Kleinberg. 2007. The Link-Prediction Problem for Social Networks. *Journal of the Association for Information Science and Technology*, 58(7):1019–1031. DOI: 10.1002/asi.20591

[142] D. Liben-Nowell and J. Kleinberg. 2008. Tracing information flow on a global scale using Internet chain-letter data. *Proc. of the National Academy of Sciences*, 105(12):4633–4638. DOI: 10.1073/pnas.0708471105

[143] Y. Lin, S. Shen, Z. Liu, H. Luan, and M. Sun. 2016. Neural Relation Extraction with Selective Attention over Instances. In *Proc. of ACL*, 1:2124–2133. DOI: 10.18653/v1/p16-1200

[144] N. Liu, Q. Tan, Y. Li, H. Yang, J. Zhou, and X. Hu. 2019(a). Is a Single Vector Enough? Exploring Node Polysemy for Network Embedding. In *Proc. of the 25th ACM SIGKDD International Conference on Knowledge Discovery and Data Mining*, pages 932–940. DOI: 10.1145/3292500.3330967

[145] Q. Liu, S. Wu, L. Wang, and T. Tan. 2016. Predicting the Next Location: A Recurrent Model with Spatial and Temporal Contexts. In *30th AAAI Conference on Artificial Intelligence.*

[146] X. Liu, T. Murata, K.-S. Kim, C. Kotarasu, and C. Zhuang. 2019(b). A General View for Network Embedding as Matrix Factorization. In *Proc. of the 12th ACM International Conference on Web Search and Data Mining*, pages 375–383. DOI: 10.1145/3289600.3291029

[147] S. Lloyd. 1982. Least squares quantization in PCM. *IEEE Transactions on Information Theory*, 28(2):129–137. DOI: 10.1109/tit.1982.1056489

[148] L. Lü and T. Zhou. 2011. Link prediction in complex networks: A survey. *Physica A*. DOI: 10.1016/j.physa.2010.11.027

[149] Y. Lu, C. Shi, L. Hu, and Z. Liu. 2019. Relation Structure-Aware Heterogeneous Information Network Embedding. In *Proc. of the AAAI Conference on Artificial Intelligence*, 33:4456–4463. DOI: 10.1609/aaai.v33i01.33014456

[150] H. Ma. 2014. On measuring social friend interest similarities in recommender systems. In *Proc. of the 37th International ACM SIGIR Conference on Research and Development in Information Retrieval*, pages 465–474. DOI: 10.1145/2600428.2609635

[151] A. Machanavajjhala, A. Korolova, and A. D. Sarma. 2011. Personalized social recommendations: accurate or private. *Proc. of the VLDB Endowment*, 4(7):440–450. DOI: 10.14778/1988776.1988780

[152] H. Maron, H. Ben-Hamu, H. Serviansky, and Y. Lipman. 2019. Provably Powerful Graph Networks. In *Advances in Neural Information Processing Systems*, pages 2156–2167.

[153] A. McCallum, K. Nigam, J. Rennie, and K. Seymore. 2000. Automating the Construction of Internet Portals with Machine Learning. *Information Retrieval Journal*, 3:127–163. DOI: 10.1023/A:1009953814988

[154] M. McPherson, L. Smith-Lovin, and J. M. Cook. 2001. Birds of a Feather: Homophily in Social Networks. *Annual Review of Sociology*. DOI: 10.1146/annurev.soc.27.1.415

[155] Q. Mei, D. Cai, D. Zhang, and C. Zhai. 2008. Topic modeling with network regularization. In *Proc. of the 17th International Conference on World Wide Web*, pages 101–110. DOI: 10.1145/1367497.1367512

[156] H. Meyerhenke, P. Sanders, and C. Schulz. 2017. Parallel Graph Partitioning for Complex Networks. *IEEE Transactions on Parallel and Distributed Systems*, 28(9):2625–2638. DOI: 10.1109/tpds.2017.2671868

[157] T. Mikolov, K. Chen, G. Corrado, and J. Dean. 2013(a). Efficient Estimation of Word Representations in Vector Space. In *Proc. of ICIR*.

[158] T. Mikolov, I. Sutskever, K. Chen, G. S. Corrado, and J. Dean. 2013(b). Distributed Representations of Words and Phrases and their Compositionality. In *Proc. of NIPS*, pages 3111–3119.

[159] M. Mintz, S. Bills, R. Snow, and D. Jurafsky. 2009. Distant supervision for relation extraction without labeled data. In *Proc. of IJCNLP*, pages 1003–1011. DOI: 10.3115/1690219.1690287

[160] S. Mittal. 2016. A survey of techniques for approximate computing. *ACM Computing Surveys (CSUR)*, 48(4):62. DOI: 10.1145/2893356

[161] A. Mnih and R. Salakhutdinov. 2007. Probabilistic Matrix Factorization. In *Advances in NIPS*.

[162] F. Monti, M. Bronstein, and X. Bresson. 2017. Geometric Matrix Completion with Recurrent Multi-Graph Neural Networks. In *Proc. of NIPS*, pages 3697–3707.

[163] S. Myers and J. Leskovec. 2010. On the Convexity of Latent Social Network Inference. In *Proc. of NIPS*.

[164] N. Natarajan and I. S. Dhillon. 2014. Inductive matrix completion for predicting gene-disease associations. *Bioinformatics*, 30(12):i60–i68. DOI: 10.1093/bioinformatics/btu269

[165] M. E. Newman. 2001. Clustering and preferential attachment in growing networks. *Physical Review E*, 64(2):025102. DOI: 10.1103/physreve.64.025102

[166] M. E. Newman. 2006. Modularity and community structure in networks. *PNAS*. DOI: 10.1073/pnas.0601602103

[167] A. Y. Ng, M. I. Jordan, and Y. Weiss. 2002. On Spectral Clustering: Analysis and an algorithm. In *Proc. of NIPS*, pages 849–856.

[168] K. Nowicki and T. A. B. Snijders. 2001. Estimation and Prediction for Stochastic Blockstructures. *Journal of the American Statistical Association*, 96(455):1077–1087. DOI: 10.1198/016214501753208735

[169] T. Opsahl and P. Panzarasa. 2009. Clustering in weighted networks. *Social Networks*, 31(2):155–163. DOI: 10.1016/j.socnet.2009.02.002

[170] M. Ou, P. Cui, J. Pei, Z. Zhang, and W. Zhu. 2016. Asymmetric Transitivity Preserving Graph Embedding. In *Proc. of the 22nd ACM SIGKDD International Conference on Knowledge Discovery and Data Mining*, pages 1105–1114. DOI: 10.1145/2939672.2939751

[171] G. Palla, I. Derényi, I. Farkas, and T. Vicsek. 2005. Uncovering the overlapping community structure of complex networks in nature and society. *Nature*, 435(7043):814–818. DOI: 10.1038/nature03607

[172] S. Pan, J. Wu, X. Zhu, C. Zhang, and Y. Wang. 2016. Tri-party deep network representation. *Network*, 11(9):12. DOI: 10.1007/s11771-019-4210-8

[173] S. Pan, R. Hu, G. Long, J. Jiang, L. Yao, and C. Zhang. 2018. Adversarially Regularized Graph Autoencoder for Graph Embedding. In *Proc. of IJCAI*, pages 2609–2615. DOI: 10.24963/ijcai.2018/362

[174] J. Park, M. Lee, H. J. Chang, K. Lee, and J. Y. Choi. 2019. Symmetric Graph Convolutional Autoencoder for Unsupervised Graph Representation Learning. In *Proc. of ICCV*, pages 6519–6528. DOI: 10.1109/iccv.2019.00662

[175] F. Pedregosa, G. Varoquaux, A. Gramfort, V. Michel, B. Thirion, O. Grisel, M. Blondel, P. Prettenhofer, R. Weiss, V. Dubourg, et al. 2011. Scikit-Learn: Machine Learning in Python. *JMLR*, 12:2825–2830.

[176] W. Pei, T. Ge, and B. Chang. 2014. Max-Margin Tensor Neural Network for Chinese Word Segmentation. In *Proc. of ACL*, pages 293–303. DOI: 10.3115/v1/p14-1028

[177] B. Perozzi, R. Al-Rfou, and S. Skiena. 2014. DeepWalk: Online learning of social representations. In *Proc. of SIGKDD*, pages 701–710. DOI: 10.1145/2623330.2623732

[178] H. Pham, C. Shahabi, and Y. Liu. 2013. EBM: an entropy-based model to infer social strength from spatiotemporal data. In *Proc. of the ACM SIGMOD International Conference on Management of Data*, pages 265–276. DOI: 10.1145/2463676.2465301

[179] H. Pinto, J. M. Almeida, and M. A. Gonçalves. 2013. Using early view patterns to predict the popularity of Youtube videos. In *Proc. of WSDM*. DOI: 10.1145/2433396.2433443

[180] A. Pothen, H. D. Simon, and K.-P. Liou. 1990. Partitioning Sparse Matrices with Eigenvectors of Graphs. *SIAM Journal on Matrix Analysis and Applications*, 11(3):430–452. DOI: 10.1137/0611030

[181] J. Qiu, Y. Dong, H. Ma, J. Li, K. Wang, and J. Tang. 2018. Network Embedding as Matrix Factorization: Unifying DeepWalk, line, pte, and node2vec. In *Proc. of the 11th ACM International Conference on Web Search and Data Mining*, pages 459–467. DOI: 10.1145/3159652.3159706

[182] J. Qiu, Y. Dong, H. Ma, J. Li, C. Wang, K. Wang, and J. Tang. 2019. NetSMF: Large-Scale Network Embedding as Sparse Matrix Factorization. In *The World Wide Web Conference*, pages 1509–1520. DOI: 10.1145/3308558.3313446

[183] B. Recht, C. Re, S. Wright, and F. Niu. 2011. Hogwild: A Lock-Free Approach to Parallelizing Stochastic Gradient Descent. In *Advances in Neural Information Processing Systems*, pages 693–701.

[184] S. Rendle, C. Freudenthaler, and L. Schmidt-Thieme. 2010. Factorizing personalized Markov chains for next-basket recommendation. In *Proc. of WWW*. DOI: 10.1145/1772690.1772773

[185] S. Riedel, L. Yao, and A. McCallum. 2010. Modeling relations and their mentions without labeled text. In *Proc. of ECML-PKDD*, pages 148–163. DOI: 10.1007/978-3-642-15939-8_10

[186] T. Rocktäschel, E. Grefenstette, K. M. Hermann, T. Kočiský, and P. Blunsom. 2015. Reasoning about Entailment with Neural Attention. *arXiv Preprint arXiv:1509.06664*.

[187] M. G. Rodriguez, D. Balduzzi, and B. Schölkopf. 2011. Uncovering the Temporal Dynamics of Diffusion Networks. *arXiv Preprint arXiv:1105.0697.*

[188] M. G. Rodriguez, J. Leskovec, D. Balduzzi, and B. Schölkopf. 2014. Uncovering the structure and temporal dynamics of information propagation. *Network Science*, 2(1):26–65. DOI: 10.1017/nws.2014.3

[189] B. T. C. G. D. Roller. 2004. Max-margin Markov Networks. In *Proc. of NIPS.*

[190] D. M. Romero, B. Meeder, and J. Kleinberg. 2011. Differences in the mechanics of information diffusion across topics: idioms, political hashtags, and complex contagion on twitter. In *Proc. of WWW*, pages 695–704, ACM. DOI: 10.1145/1963405.1963503

[191] S. T. Roweis and L. K. Saul. 2000. Nonlinear dimensionality reduction by locally linear embedding. *Science*, 290(5500):2323–2326. DOI: 10.1126/science.290.5500.2323

[192] T. N. Sainath, B. Kingsbury, V. Sindhwani, E. Arisoy, and B. Ramabhadran. 2013. Low-rank matrix factorization for Deep Neural Network training with high-dimensional output targets. In *Acoustics, Speech and Signal Processing (ICASSP), IEEE International Conference on*, pages 6655–6659. DOI: 10.1109/icassp.2013.6638949

[193] K. Saito, R. Nakano, and M. Kimura. 2008. Prediction of Information Diffusion Probabilities for Independent Cascade Model. In *Knowledge-Based Intelligent Information and Engineering Systems*, pages 67–75, Springer. DOI: 10.1007/978-3-540-85567-5_9

[194] K. Saito, M. Kimura, K. Ohara, and H. Motoda. 2009. Learning Continuous-Time Information Diffusion Model for Social Behavioral Data Analysis. In *Asian Conference on Machine Learning*, pages 322–337, Springer. DOI: 10.1007/978-3-642-05224-8_25

[195] M. J. Salganik, P. S. Dodds, and D. J. Watts. 2006. Experimental Study of Inequality and Unpredictability in an Artificial Cultural Market. *Science.* DOI: 10.1126/science.1121066

[196] G. Salton and M. J. McGill. *Introduction to Modern Information Retrieval.* New York: McGraw-Hill, 1986.

[197] P. Sanders and C. Schulz. 2011. Engineering Multilevel Graph Partitioning Algorithms. In *European Symposium on Algorithms*, pages 469–480, Springer. DOI: 10.1007/978-3-642-23719-5_40

[198] A. See, M.-T. Luong, and C. D. Manning. 2016. Compression of Neural Machine Translation Models via Pruning. *arXiv Preprint arXiv:1606.09274.* DOI: 10.18653/v1/k16-1029

[199] P. Sen, G. M. Namata, M. Bilgic, L. Getoor, B. Gallagher, and T. Eliassi-Rad. 2008. Collective Classification in Network Data. *AI Magazine.* DOI: 10.1609/aimag.v29i3.2157

[200] J. Shang, M. Qu, J. Liu, L. M. Kaplan, J. Han, and J. Peng. 2016. Meta-Path Guided Embedding for Similarity Search in Large-Scale Heterogeneous Information Networks. *arXiv Preprint arXiv:1610.09769.*

[201] D. Shen, X. Zhang, R. Henao, and L. Carin. 2018. Improved Semantic-Aware Network Embedding with Fine-Grained Word Alignment. In *Proc. of the Conference on Empirical Methods in Natural Language Processing*, pages 1829–1838. DOI: 10.18653/v1/d18-1209

[202] C. Shi, X. Kong, Y. Huang, S. Y. Philip, and B. Wu. 2014. Hetesim: A General Framework for Relevance Measure in Heterogeneous Networks. *IEEE Transactions on Knowledge and Data Engineering*, 26(10):2479–2492. DOI: 10.1109/tkde.2013.2297920

[203] C. Shi, Y. Li, J. Zhang, Y. Sun, and S. Y. Philip. 2017. A survey of heterogeneous information network analysis. *IEEE Transactions on Knowledge and Data Engineering*, 29(1):17–37. DOI: 10.1109/TKDE.2016.2598561

[204] C. Shi, B. Hu, X. Zhao, and P. Yu. 2018. Heterogeneous Information Network Embedding for Recommendation. *IEEE Transactions on Knowledge and Data Engineering*. DOI: 10.1109/tkde.2018.2833443

[205] R. Shu and H. Nakayama. 2017. Compressing Word Embeddings via Deep Compositional Code Learning. *arXiv Preprint arXiv:1711.01068*.

[206] M. Simonovsky and N. Komodakis. 2018. GraphVAE: Towards Generation of Small Graphs Using Variational Autoencoders. In *International Conference on Artificial Neural Networks*, pages 412–422, Springer. DOI: 10.1007/978-3-030-01418-6_41

[207] N. Srivastava, G. Hinton, A. Krizhevsky, I. Sutskever, and R. Salakhutdinov. 2014. Dropout: A Simple Way to Prevent Neural Networks from Overfitting. *The Journal of Machine Learning Research*, 15(1):1929–1958.

[208] F. M. Suchanek, G. Kasneci, and G. Weikum. 2007. Yago: A core of semantic knowledge. In *Proc. of WWW*, pages 697–706. DOI: 10.1145/1242572.1242667

[209] X. Sun, J. Guo, X. Ding, and T. Liu. 2016. A General Framework for Content-Enhanced Network Representation Learning. *arXiv Preprint arXiv:1610.02906*.

[210] Y. Sun, J. Han, X. Yan, P. S. Yu, and T. Wu. 2011. Pathsim: Meta path-based top-K similarity search in heterogeneous information networks. *Proc. of VLDB*, 4(11):992–1003. DOI: 10.14778/3402707.3402736

[211] Y. Sun, B. Norick, J. Han, X. Yan, P. S. Yu, and X. Yu. 2013. PathSelClus: Integrating Meta-Path Selection with User-Guided Object Clustering in Heterogeneous Information Networks. *ACM Transactions on Knowledge Discovery from Data (TKDD)*, 7(3):11. DOI: 10.1145/2513092.2500492

[212] M. Surdeanu, J. Tibshirani, R. Nallapati, and C. D. Manning. 2012. Multi-instance Multi-label learning for Relation Extraction. In *Proc. of EMNLP*, pages 455–465.

[213] K. S. Tai, R. Socher, and C. D. Manning. 2015. Improved Semantic Representations From Tree-Structured Long Short-Term Memory Networks. In *Proc. of ACL*. DOI: 10.3115/v1/p15-1150

[214] J. Tang, J. Zhang, L. Yao, J. Li, L. Zhang, and Z. Su. 2008. ArnetMiner: extraction and mining of academic social networks. In *Proc. of the 14th ACM SIGKDD International Conference on Knowledge Discovery and Data Mining*, pages 990–998. DOI: 10.1145/1401890.1402008

[215] J. Tang, M. Qu, and Q. Mei. 2015(a). PTE: Predictive Text Embedding through Large-Scale Heterogeneous Text Networks. In *Proc. of SIGKDD*. DOI: 10.1145/2783258.2783307

[216] J. Tang, M. Qu, M. Wang, M. Zhang, J. Yan, and Q. Mei. 2015(b). LINE: Large-Scale Information Network Embedding. In *Proc. of WWW*. DOI: 10.1145/2736277.2741093

[217] L. Tang and H. Liu. 2009. Relational learning via latent social dimensions. In *Proc. of SIGKDD*, pages 817–826, ACM. DOI: 10.1145/1557019.1557109

[218] L. Tang and H. Liu. 2011. Leveraging social media networks for classification. *Data Mining and Knowledge Discovery*, 23(3):447–478. DOI: 10.1007/s10618-010-0210-x

[219] B. Taskar, D. Klein, M. Collins, D. Koller, and C. D. Manning. 2004. Max-Margin Parsing. In *Proc. of EMNLP*, 1:3.

[220] G. Taubin. 1995. A signal processing approach to fair surface design. In *Proc. of the 22nd Annual Conference on Computer Graphics and Interactive Techniques*, pages 351–358. DOI: 10.1145/218380.218473

[221] J. B. Tenenbaum, V. De Silva, and J. C. Langford. 2000. A Global Geometric Framework for Nonlinear Dimensionality Reduction. *Science*, 290(5500):2319–2323. DOI: 10.1126/science.290.5500.2319

[222] Y. Tian, H. Chen, B. Perozzi, M. Chen, X. Sun, and S. Skiena. 2019. Social Relation Inference via Label Propagation. In *European Conference on Information Retrieval*, pages 739–746, Springer. DOI: 10.1007/978-3-030-15712-8_48

[223] O. Tsur and A. Rappoport. 2012. What's in a hashtag?: content based prediction of the spread of ideas in microblogging communities. In *Proc. of WSDM*, pages 643–652, ACM. DOI: 10.1145/2124295.2124320

[224] C. Tu, X. Zeng, H. Wang, Z. Zhang, Z. Liu, M. Sun, B. Zhang, and L. Lin. 2018. A Unified Framework for Community Detection and Network Representation Learning. *IEEE Transactions on Knowledge and Data Engineering*, 31(6):1051-1065. DOI: 10.1109/TKDE.2018.2852958

[225] C. Tu, W. Zhang, Z. Liu, and M. Sun. 2016(b). Max-margin DeepWalk: Discriminative learning of network representation. In *Proc. of IJCAI.*

[226] C. Tu, H. Liu, Z. Liu, and M. Sun. 2017(a). CANE: Context-Aware Network Embedding for Relation Modeling. In *Proc. of the 55th Annual Meeting of the Association for Computational Linguistics* (*Volume 1: Long Papers*), pages 1722–1731. DOI: 10.18653/v1/p17-1158

[227] C. Tu, Z. Zhang, Z. Liu, and M. Sun. 2017(b). TransNet: Translation-Based Network Representation Learning for Social Relation Extraction. In *IJCAI*, pages 2864–2870. DOI: 10.24963/ijcai.2017/399

[228] R. van den Berg, T. N. Kipf, and M. Welling. 2017. Graph Convolutional Matrix Completion. *arXiv Preprint arXiv:1706.02263.*

[229] A. Van den Oord, S. Dieleman, and B. Schrauwen. 2013. Deep content-based music recommendation. In *Advances in Neural Information Processing Systems*, pages 2643–2651.

[230] L. Van Der Maaten. 2014. Accelerating t-SNE using Tree-Based Algorithms. *The Journal of Machine Learning Research*, 15(1):3221–3245.

[231] A. Vaswani, N. Shazeer, N. Parmar, J. Uszkoreit, L. Jones, A. N. Gomez, Ł. Kaiser, and I. Polosukhin. 2017. Attention Is All You Need. In *Advances in Neural Information Processing Systems*, pages 5998–6008.

[232] P. Veličković, G. Cucurull, A. Casanova, A. Romero, P. Lio, and Y. Bengio. 2018. Graph Attention Networks. In *Proc. of ICLR.*

[233] E. M. Voorhees et al. 1999. The TREC-8 Question Answering Track Report. In *Trec*, 99:77–82. DOI: 10.1017/s1351324901002789

[234] J. Wallinga and P. Teunis. 2004. Different Epidemic Curves for Severe Acute Respiratory Syndrome Reveal Similar Impacts of Control Measures. *American Journal of Epidemiology.* DOI: 10.1093/aje/kwh255

[235] C. Wang, S. Pan, G. Long, X. Zhu, and J. Jiang. 2017(a). MGAE: Marginalized Graph Autoencoder for Graph Clustering. In *Proc. of CIKM*, pages 889–898. DOI: 10.1145/3132847.3132967

[236] C. Wang, S. Pan, R. Hu, G. Long, J. Jiang, and C. Zhang. 2019(a). Attributed Graph Clustering: A Deep Attentional Embedding Approach. In *Proc. of IJCAI*, pages 3670–3676. DOI: 10.24963/ijcai.2019/509

[237] D. Wang, P. Cui, and W. Zhu. 2016(a). Structural Deep Network Embedding. In *Proc. of KDD.* DOI: 10.1145/2939672.2939753

[238] D. Wang, X. Zhang, D. Yu, G. Xu, and S. Deng. 2020. CAME: Content-and Context-Aware Music Embedding for Recommendation. *IEEE Transactions on Neural Networks and Learning Systems.* DOI: 10.1109/tnnls.2020.2984665

[239] F. Wang, T. Li, X. Wang, S. Zhu, and C. Ding. 2011. Community discovery using nonnegative matrix factorization. *Data Mining and Knowledge Discovery.* DOI: 10.1007/s10618-010-0181-y

[240] H. Wang, J. Wang, J. Wang, M. Zhao, W. Zhang, F. Zhang, X. Xie, and M. Guo. 2017(b). GraphGAN: Graph Representation Learning with Generative Adversarial Nets. *arXiv Preprint arXiv:1711.08267.*

[241] H. Wang, F. Zhang, M. Hou, X. Xie, M. Guo, and Q. Liu. 2018(a). SHINE: Signed Heterogeneous Information Network Embedding for Sentiment Link Prediction. In *Proc. of WSDM*, pages 592–600, ACM. DOI: 10.1145/3159652.3159666

[242] J. Wang, V. W. Zheng, Z. Liu, and K. C.-C. Chang. 2017(c). Topological Recurrent Neural Network for Diffusion Prediction. In *ICDM*, pages 475–484, IEEE. DOI: 10.1109/icdm.2017.57

[243] P. Wang, J. Guo, Y. Lan, J. Xu, S. Wan, and X. Cheng. 2015. Learning Hierarchical Representation Model for Nextbasket Recommendation. In *Proc. of SIGIR.* DOI: 10.1145/2766462.2767694

[244] Q. Wang, Z. Mao, B. Wang, and L. Guo. 2017(d). Knowledge Graph Embedding: A Survey of Approaches and Applications. *IEEE Transactions on Knowledge and Data Engineering*, 29(12):2724–2743. DOI: 10.1109/tkde.2017.2754499

[245] S. Wang, X. Hu, P. S. Yu, and Z. Li. 2014. MMRate: Inferring multi-aspect diffusion networks with multi-pattern cascades. In *Proc. of SIGKDD*, pages 1246–1255, ACM. DOI: 10.1145/2623330.2623728

[246] S. Wang, J. Tang, C. Aggarwal, and H. Liu. 2016(b). Linked Document Embedding for Classification. In *Proc. of the 25th ACM International on Conference on Information and Knowledge Management*, pages 115–124. DOI: 10.1145/2983323.2983755

[247] S. Wang, C. Aggarwal, J. Tang, and H. Liu. 2017(e). Attributed Signed Network Embedding. In *Proc. of the ACM on Conference on Information and Knowledge Management*, pages 137–146. DOI: 10.1145/3132847.3132905

[248] S. Wang, J. Tang, C. Aggarwal, Y. Chang, and H. Liu. 2017(f). Signed Network Embedding in Social Media. In *Proc. of SDM*. DOI: 10.1137/1.9781611974973.37

[249] X. Wang, P. Cui, J. Wang, J. Pei, W. Zhu, and S. Yang. 2017(g). Community Preserving Network Embedding. In *Proc. of AAAI*.

[250] X. Wang, X. He, Y. Cao, M. Liu, and T.-S. Chua. 2019(b). KGAT: Knowledge Graph Attention Network for Recommendation. In *Proc. of SIGKDD*, pages 950–958. DOI: 10.1145/3292500.3330989

[251] X. Wang, X. He, M. Wang, F. Feng, and T.-S. Chua. 2019(c). Neural graph collaborative filtering. In *Proc. of SIGIR*, pages 165–174. DOI: 10.1145/3331184.3331267

[252] Y. Wang, H. Shen, S. Liu, J. Gao, and X. Cheng. 2017(h). Cascade Dynamics Modeling with Attention-Based Recurrent Neural Network. In *Proc. of IJCAI*. DOI: 10.24963/ijcai.2017/416

[253] Z. Wang, C. Chen, and W. Li. 2018(b). Attention Network for Information Diffusion Prediction. In *Proc. of WWW*. DOI: 10.1145/3184558.3186931

[254] Z. Wang, C. Chen, and W. Li. 2018(c). A Sequential Neural Information Diffusion Model with Structure Attention. In *Proc. of CIKM*. DOI: 10.1145/3269206.3269275

[255] S. Wasserman and K. Faust. 1994. *Social Network Analysis: Methods and Applications*, vol. 8. Cambridge University Press. DOI: 10.1017/cbo9780511815478

[256] D. J. Watts and P. S. Dodds. 2007. Influentials, Networks, and Public Opinion Formation. *Journal of Consumer Research*, 34(4):441–458. DOI: 10.1086/518527

[257] L. Weng, F. Menczer, and Y.-Y. Ahn. 2014. Predicting Successful Memes Using Network and Community Structure. In *8th International AAAI Conference on Weblogs and Social Media*, pages 535–544.

[258] F. Wu, T. Zhang, A. H. d. Souza Jr, C. Fifty, T. Yu, and K. Q. Weinberger. 2019(a). Simplifying Graph Convolutional Networks. In *Proc. of ICML*, pages 6861–6871.

[259] L. Wu, C. Quan, C. Li, Q. Wang, B. Zheng, and X. Luo. 2019(b). A Context-Aware User-Item Representation Learning for Item Recommendation. *ACM Transactions on Information Systems (TOIS)*, 37(2):1–29. DOI: 10.1145/3298988

[260] M. Xie, H. Yin, H. Wang, F. Xu, W. Chen, and S. Wang. 2016. Learning Graph-based POI Embedding for Location-based Recommendation. In *Proc. of the 25th ACM International on Conference on Information and Knowledge Management*, pages 15–24. DOI: 10.1145/2983323.2983711

[261] K. Xu, W. Hu, J. Leskovec, and S. Jegelka. 2018. How Powerful are Graph Neural Networks? *arXiv Preprint arXiv:1810.00826*.

[262] L. Xu, X. Wei, J. Cao, and P. S. Yu. 2017. Embedding of Embedding (EOE): Joint Embedding for Coupled Heterogeneous Networks. In *Proc. of WSDM*, pages 741–749, ACM. DOI: 10.1145/3018661.3018723

[263] C. Yang and Z. Liu. 2015. Comprehend DeepWalk as Matrix Factorization. *arXiv Preprint arXiv:1501.00358.*

[264] C. Yang, Z. Liu, D. Zhao, M. Sun, and E. Y. Chang. 2015. Network Representation Learning with Rich Text Information. In *Proc. of IJCAI.*

[265] C. Yang, M. Sun, Z. Liu, and C. Tu. 2017(a). Fast Network Embedding Enhancement via High Order Proximity Approximation. In *Proc. of IJCAI.* DOI: 10.24963/ijcai.2017/544

[266] C. Yang, M. Sun, W. X. Zhao, Z. Liu, and E. Y. Chang. 2017(b). A Neural Network Approach to Jointly Modeling Social Networks and Mobile Trajectories. *ACM Transactions on Information Systems (TOIS)*, 35(4):1–28. DOI: 10.1145/3041658

[267] C. Yang, M. Sun, H. Liu, S. Han, Z. Liu and H. Luan. 2019. Neural Diffusion Model for Microscopic Cascade Study. *IEEE Transactions on Knowledge and Data Engineering.* DOI: 10.1109/tkde.2019.2939796

[268] J. Yang and J. Leskovec. 2012. Community-Affiliation Graph Model for Overlapping Network Community Detection. In *Proc. of ICDM.* DOI: 10.1109/icdm.2012.139

[269] J. Yang and J. Leskovec. 2013. Overlapping community detection at scale: A nonnegative matrix factorization approach. In *Proc. of WSDM.* DOI: 10.1145/2433396.2433471

[270] J. Yang, J. McAuley, and J. Leskovec. 2013. Community Detection in Networks with Node Attributes. In *Proc. of ICDM.* DOI: 10.1109/icdm.2013.167

[271] L. Yang, Y. Guo, and X. Cao. 2018(b). Multi-facet Network Embedding: Beyond the General Solution of Detection and Representation. In *32nd AAAI Conference on Artificial Intelligence.*

[272] Z. Yang, W. W. Cohen, and R. Salakhutdinov. 2016. Revisiting Semi-Supervised Learning with Graph Embeddings. *arXiv Preprint arXiv:1603.08861.*

[273] J. Ye, Z. Zhu, and H. Cheng. 2013. What's Your Next Move: User Activity Prediction in Location-based Social Networks. In *Proc. of the SIAM International Conference on Data Mining.* DOI: 10.1137/1.9781611972832.19

[274] M. Ye, P. Yin, W.-C. Lee, and D.-L. Lee. 2011. Exploiting geographical influence for collaborative point-of-interest recommendation. In *Proc. of the 34th International ACM SIGIR Conference on Research and Development in Information Retrieval*, pages 325–334. DOI: 10.1145/2009916.2009962

[275] H. Yin, Y. Sun, B. Cui, Z. Hu, and L. Chen. 2013. LCARS: a location-content-aware recommender system. In *Proc. of the 19th ACM SIGKDD International Conference on Knowledge Discovery and Data Mining*, pages 221–229. DOI: 10.1145/2487575.2487608

[276] R. Ying, R. He, K. Chen, P. Eksombatchai, W. L. Hamilton, and J. Leskovec. 2018. Graph Convolutional Neural Networks for Web-Scale Recommender Systems. In *Proc. of SIGKDD*, pages 974–983, ACM. DOI: 10.1145/3219819.3219890

[277] R. Ying, D. Bourgeois, J. You, M. Zitnik, and J. Leskovec. 2019. GNNExplainer: Generating explanations for graph neural networks. In *Advances in Neural Information Processing Systems*, pages 9240–9251.

[278] J. You, B. Liu, Z. Ying, V. Pande, and J. Leskovec. 2018. Graph Convolutional Policy Network for Goal-Directed Molecular Graph Generation. In *Advances in Neural Information Processing Systems*, pages 6410–6421.

[279] H.-F. Yu, P. Jain, and I. S. Dhillon. 2014. Large-scale multi-label learning with missing labels. In *Proc. of ICML*.

[280] L. Yu, P. Cui, F. Wang, C. Song, and S. Yang. 2015. From Micro to Macro: Uncovering and Predicting Information Cascading Process with Behavioral Dynamics. In *ICDM*. DOI: 10.1109/icdm.2015.79

[281] J. Yuan, N. Gao, L. Wang, and Z. Liu. 2018. MultNet: An Efficient Network Representation Learning for Large-Scale Social Relation Extraction. In *International Conference on Neural Information Processing*, pages 515–524, Springer. DOI: 10.1007/978-3-030-04182-3_45

[282] Q. Yuan, G. Cong, Z. Ma, A. Sun, and N. M. Thalmann. 2013. Time-aware point-of-interest recommendation. In *Proc. of the 36th International ACM SIGIR Conference on Research and Development in Information Retrieval*, pages 363–372. DOI: 10.1145/2484028.2484030

[283] Q. Yuan, G. Cong, and C.-Y. Lin. 2014(a). COM: a generative model for group recommendation. In *Proc. of the 20th ACM SIGKDD International Conference on Knowledge Discovery and Data Mining*, pages 163–172. DOI: 10.1145/2623330.2623616

[284] Q. Yuan, G. Cong, and A. Sun. 2014(b). Graph-based Point-of-interest Recommendation with Geographical and Temporal Influences. In *Proc. of the 23rd ACM International Conference on Conference on Information and Knowledge Management*, pages 659–668. DOI: 10.1145/2661829.2661983

[285] S. Yuan, X. Wu, and Y. Xiang. 2017. SNE: Signed Network Embedding. In *Pacific-Asia Conference on Knowledge Discovery and Data Mining*, pages 183–195, Springer. DOI: 10.1007/978-3-319-57529-2_15

[286] W. W. Zachary. 1977. An Information Flow Model for Conflict and Fission in Small Groups. *JAR*. DOI: 10.1086/jar.33.4.3629752

[287] N. S. Zekarias Kefato and A. Montresor. 2017. Deepinfer: Diffusion Network Inference through Representation Learning. In *Proc. of the 13th International Workshop on Mining and Learning with Graphs (MLG)*, p. 5.

[288] D. Zhang, J. Yin, X. Zhu, and C. Zhang. 2016. Homophily, Structure, and Content Augmented Network Representation Learning. In *IEEE 16th International Conference on Data Mining (ICDM)*, pages 609–618. DOI: 10.1109/icdm.2016.0072

[289] H. Zhang, I. King, and M. R. Lyu. 2015. Incorporating implicit link preference into overlapping community detection. In *Proc. of AAAI*.

[290] J. Zhang, C. Xia, C. Zhang, L. Cui, Y. Fu, and S. Y. Philip. 2017(a). Bl-MNE: Emerging Heterogeneous Social Network Embedding through Broad Learning with Aligned Autoencoder. In *Proc. of ICDM*, pages 605–614, IEEE. DOI: 10.1109/icdm.2017.70

[291] J. Zhang, Y. Dong, Y. Wang, J. Tang, and M. Ding. 2019(a). ProNE: Fast and Scalable Network Representation Learning. In *IJCAI*, pages 4278–4284. DOI: 10.24963/ijcai.2019/594

[292] J. Zhang, X. Shi, S. Zhao, and I. King. 2019(b). STAR-GCN: Stacked and Reconstructed Graph Convolutional Networks for Recommender Systems. In S. Kraus, Ed., *Proc. of IJCAI*, pages 4264–4270. DOI: 10.24963/ijcai.2019/592

[293] J.-D. Zhang, C.-Y. Chow, and Y. Li. 2014. LORE: Exploiting Sequential Influence for Location Recommendations. In *Proc. of the 22nd ACM SIGSPATIAL International Conference on Advances in Geographic Information Systems*, pages 103–112. DOI: 10.1145/2666310.2666400

[294] X. Zhang, W. Chen, F. Wang, S. Xu, and B. Xu. 2017(b). Towards Compact and Fast Neural Machine Translation Using a Combined Method. In *Proc. of the Conference on Empirical Methods in Natural Language Processing*, pages 1475–1481. DOI: 10.18653/v1/d17-1154

[295] X. Zhang, H. Liu, Q. Li, and X.-M. Wu. 2019(c). Attributed graph clustering via adaptive graph convolution. In *Proc. of IJCAI*, pages 4327–4333. DOI: 10.24963/ijcai.2019/601

[296] Z. Zhang, P. Cui, H. Li, X. Wang, and W. Zhu. 2018(a). Billion-Scale Network Embedding with Iterative Random Projection. In *IEEE International Conference on Data Mining (ICDM)*, pages 787–796. DOI: 10.1109/icdm.2018.00094

[297] Z. Zhang, C. Yang, Z. Liu, M. Sun, Z. Fang, B. Zhang, and L. Lin. 2020. COSINE: Compressive Network Embedding on Large-Scale Information Networks. *IEEE Transactions on Knowledge and Data Engineering*. DOI: 10.1109/tkde.2020.3030539

[298] K. Zhao, G. Cong, Q. Yuan, and K. Q. Zhu. 2015(a). SAR: A sentiment-aspect-region model for user preference analysis in geo-tagged reviews. In *IEEE 31st International Conference on Data Engineering*, pages 675–686. DOI: 10.1109/icde.2015.7113324

[299] Q. Zhao, M. A. Erdogdu, H. Y. He, A. Rajaraman, and J. Leskovec. 2015(b). SEISMIC: A Self-Exciting Point Process Model for Predicting Tweet Popularity. In *Proc. of SIGKDD*. DOI: 10.1145/2783258.2783401

[300] W. X. Zhao, N. Zhou, W. Zhang, J.-R. Wen, S. Wang, and E. Y. Chang. 2016. A Probabilistic Lifestyle-Based Trajectory Model for Social Strength Inference from Human Trajectory Data. *ACM Transactions on Information Systems (TOIS)*, 35(1):8. DOI: 10.1145/2948064

[301] A. Zheng, C. Feng, F. Yang, and H. Zhang. 2019. EsiNet: Enhanced Network Representation via Further Learning the Semantic Information of Edges. In *IEEE 31st International Conference on Tools with Artificial Intelligence (ICTAI)*, pages 1011–1018. DOI: 10.1109/ictai.2019.00142

[302] V. W. Zheng, Y. Zheng, X. Xie, and Q. Yang. 2010. Collaborative location and activity recommendations with GPS history data. In *Proc. of the 19th International Conference on World Wide Web*, pages 1029–1038, ACM. DOI: 10.1145/1772690.1772795

[303] Y. Zheng. 2015. Trajectory Data Mining: An Overview. *ACM Transactions on Intelligent Systems and Technology (TIST)*, 6(3):29. DOI: 10.1145/2743025

[304] Y. Zheng, L. Zhang, Z. Ma, X. Xie, and W.-Y. Ma. 2011. Recommending friends and locations based on individual location history. *ACM Transactions on the Web (TWEB)*, 5(1):5. DOI: 10.1145/1921591.1921596

[305] C. Zhou, Y. Liu, X. Liu, Z. Liu, and J. Gao. 2017. Scalable graph embedding for asymmetric proximity. In *Proc. of the 31st AAAI Conference on Artificial Intelligence*, pages 2942–2948.

[306] J. Zhou, G. Cui, Z. Zhang, C. Yang, Z. Liu, L. Wang, C. Li, and M. Sun. 2018. Graph Neural Networks: A Review of Methods and Applications. *arXiv Preprint arXiv:1812.08434*.

[307] N. Zhou, W. X. Zhao, X. Zhang, J.-R. Wen, and S. Wang. 2016. A General Multi-Context Embedding Model for Mining Human Trajectory Data. *IEEE Transactions on Knowledge and Data Engineering*. DOI: 10.1109/tkde.2016.2550436

[308] T. Zhou, L. Lü, and Y.-C. Zhang. 2009. Predicting missing links via local information. *The European Physical Journal B*, 71(4):623–630. DOI: 10.1140/epjb/e2009-00335-8

[309] J. Zhu, A. Ahmed, and E. P. Xing. 2009. MedLDA: maximum margin supervised topic models for regression and classification. *JMLR*, 13(1):2237–2278. DOI: 10.1145/1553374.1553535

[310] Y. Zhu, Y. Xu, F. Yu, Q. Liu, S. Wu, and L. Wang. 2020. Deep Graph Contrastive Representation Learning. *arXiv Preprint arXiv:2006.04131*.